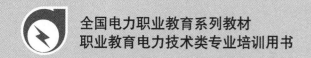

全国电力职业教育系列教材
职业教育电力技术类专业培训用书

电业安全

张良瑜　编
杨家森　主审

U0322452

中国电力出版社
CHINA ELECTRIC POWER PRESS

内 容 提 要

本书主要讲述火力发电安全生产方面的基本知识和安全技术,内容包括电业安全概论、电业安全管理、安全用电知识、电力生产安全技术、事故案例及事故预防、电力设备的防火防爆、防止电力生产重大事故技术措施、职业病预防与紧急救护等。重点介绍了电力生产的安全技术和事故预防方面的知识。为便于学生更好地理解掌握,各章选编了适当的复习思考题。

本书可作为高职高专电力技术类火电厂集控运行、热力设备运行与维护及电厂热能动力装置专业电业安全课程的教材,也可供现场电力生产和管理人员参考使用。

图书在版编目(CIP)数据

电业安全/张良瑜编. —北京:中国电力出版社,
2010.1 (2021.7重印)

全国电力职业教育规划教材

ISBN 978 - 7 - 5083 - 9567 - 8

Ⅰ.电… Ⅱ.张… Ⅲ.电力工业－安全技术－职
业教育－教材 Ⅳ.TM08

中国版本图书馆 CIP 数据核字(2009)第 189206 号

中国电力出版社出版、发行
(北京市东城区北京站西街19号 100005 http://www.cepp.sgcc.com.cn)
三河市航远印刷有限公司印刷
各地新华书店经售
*
2010年1月第一版 2021年7月北京第八次印刷
787毫米×1092毫米 16开本 11印张 266千字
定价 35.00 元

前 言

　　本书是根据当前电力高等职业技术教育的发展，按高职高专火电厂集控运行、电厂热能动力装置及热力设备运行与维护专业课程的教学要求编写。本课程是火电厂集控运行、热能动力装置专业的一门专业技术课，主要讲授发电厂锅炉、汽轮机、电气设备及系统运行、检修方面的安全知识。通过本课程的学习，使学生明确电业安全工作规程的作用和执行电业安全工作规程的重要性，牢固树立电力安全生产的观念；让学生掌握发电厂锅炉、汽轮机、电气设备及系统运行、检修作业必须具备的安全知识和技能。

　　本书力求适应高等职业教育火电厂运行和检修岗位对中、高级应用型人才的职业能力和素质的要求，针对火力发电专业工作的特点，重点讲述了电力安全生产基础知识，并结合科学技术的发展和现场生产需要，将国家及电力部门颁布的有关电业安全生产的法规和规程要点、电力企业新型的安全组织结构和规章制度，以及我国电力工业高参数、大容量机组重大事故反事故技术措施，尽可能在教材中得到反映。为便于学生更好地理解和掌握，各章选编了适当的复习思考题。

　　本书由武汉电力职业技术学院张良瑜编写。在编写过程中，得到文群英老师的支持和同行们的热情帮助，在此一并致谢。

　　本书由湖北荆门热电厂杨家森总工程师主审。杨总认真审阅并提出了不少宝贵意见，编者深表谢意！

　　由于编者水平所限，疏漏之处在所难免，敬请广大师生和读者对本书的缺点和不足给予批评指正。

编　者

2009 年 11 月

目 录

第 一 章

电 业 安 全 概 论

安全生产是我国的一项基本国策,是保证国民经济建设持续、稳定、协调发展和社会安定的基本条件,是社会文明进步的重要标志。2002年6月29日第九届全国人民代表大会常务委员会第二十八次会议通过的《中华人民共和国安全生产法》第一条就明确了立法目的:为了加强安全生产监督管理,防止和减少生产安全事故,保障人民群众生命和财产安全,促进经济发展,制定本法。2004年国务院就做好安全生产工作再一次做出了《关于进一步加强安全生产工作的决定》强调"充分认识安全生产工作的重要性。搞好安全生产工作,切实保障人民群众的生命财产安全,体现了最广大人民群众的根本利益,反映了先进生产力的发展要求和先进文化的前进方向。做好安全生产工作是全面建设小康社会、统筹经济社会全面发展的重要内容,是实施可持续发展战略的组成部分,是政府履行社会管理和市场监管职能的基本任务,是企业生存发展的基本要求。"

电力是国民经济发展的基础,它广泛应用于国民经济的各个领域和人民物质文化生活的各个方面。电力企业必须坚持安全生产,这不仅是国民经济发展的基础和前提,也是电力企业提高企业自身经济效益和发挥社会效益的保证。为了实现电力企业的安全生产。电力各生产经营企业必须始终抓好安全工作,以安全求发展,以安全求效益,以安全求稳定;科学管理,提高职工安全技术素质,加强职工安全生产意识,让电力企业全体员工明确"生产必须安全,安全促进生产"的辩证统一关系,防止发生对社会构成重大影响、对生产造成重大损失的事故,尤其是杜绝人身伤亡事故。

第一节 电力安全生产的重要性和基本方针

一、电力安全生产的重要性

(一)电力安全生产的内容

电力工业是资金、技术密集型现代化生产的大工业,是提供国民经济能源的基础性行业,也是关系城乡人民生活的公共事业。电能的生产、传输、消费过程具有连续进行、同时完成的特点。电力生产是由锅炉(及其系统)、汽轮机(及其系统)、发电机、变压器、各级输配电线路和用户的用电设备组成的一个统一的电力系统。

电力安全生产指的是为使电力生产全过程在符合电力生产客观规律和正常秩序下进行,以防止人身伤亡、设备损坏和电网及环境污染事故以及各种灾害的发生,保障职工的安全健康和设备、电网的安全以及发、输、变、配、用电各个环节的正常进行而采取的各项措施和活动。

电力安全生产应包括发电、输电、变电、配电、用电、电网的生产安全;电力基本建设的生产安全,即火电建设施工、水电建设施工、送变电建设施工等的生产安全;此外还有电力生产(建设施工)多种经营的生产安全。

（二）电力安全生产的要求

电力系统的任何一个环节发生故障都会影响电力生产过程的正常进行，严重时甚至会危及整个电网的安全。发电厂的锅炉、汽轮机运行时的高温、高压（高能），电能以高电压、大电流的形式存在于生产、传输和消耗电能的电气设备之中，电力生产过程中所涉及的油、氢及其他易燃易爆物品可能引发的火灾等，稍有疏忽就可能危及设备的安全和工作人员的人身安全。因此，在电力生产中重视生产安全，就是要保证生产过程中的人身安全、设备安全和电网安全、环境安全，即满足下列四方面的要求：

（1）确保人身安全，杜绝人身伤亡事故；

（2）确保设备安全，保证设备正常可靠运行；

（3）确保电网安全，防止出现电网瓦解和大范围停电事故；

（4）确保环境安全，防止出现大面积环境污染事故。

这四方面是电力企业安全生产的十分重要的组成部分，缺一不可。

人民群众的生命和财产安全，是人民群众的根本利益所在，直接关系到社会的稳定，影响到改革和发展的大局。因此，保障人民群众的生命和财产安全是电力生产中必不可少的，人身伤亡事故不仅给个人和家庭带来不可挽回的伤害、给企业带来较大的经济损失，还严重打击了工作人员的积极性，影响企业的正常工作秩序，甚至还将给企业的稳定性造成威胁，造成不良的社会影响。

设备安全是电力生产的基础，没有完好的设备就无法保证电力生产的正常进行，特别是主设备安全，电力主设备发生损坏，需要投资者大量的资金投入，而且设备发生故障时，会危及电网的安全运行和人身安全。

电网安全是电力生产的目的所决定的，一旦电网安全运行被破坏，造成大面积、长时间停电，不仅会中断对众多电力用户的电力供应，给电力企业自身和社会造成重大的经济损失，而且会影响社会的安定，严重损害电力企业形象。

环境安全是电力企业贯彻落实科学发展观，实现可持续发展的重要方面。例如：火电厂灰坝一旦发生垮坝事故将给下游的人民生命和财产安全造成重大损失；核电站一旦发展核泄漏事故将会给周边的居民生命财产带来不可估量的灾难性的损害。这类事故将会导致严重的社会影响和危及国家的安全稳定。

例如：2003年美加大停电事故，2003年8月14日下午4时11分左右美国东北部部分地区以及加拿大东部地区出现的大范围停电。事故发生的最初3min内，包括9座核电站在内的21座电厂停止运行。随后美国和加拿大的100多座电厂跳闸，其中包括22座核电站。负荷损失总计6180万kW，停电范围为9300多平方英里，涉及美国的密歇根、俄亥俄、纽约、新泽西、康涅狄格等8个州和加拿大的安大略、魁北克省，受影响的人估计在加拿大有一千万（1/3的人口），在美国有四千万。这是北美历史上最大范围的停电，到8月15日晚9时30分，纽约城在停电29h后全面恢复供电。

断电的大城市空调失灵、公共交通瘫痪、地铁停运、纽约和多伦多的机场关闭。此时正逢下班高峰，数以百万计的人在电梯不能运作的情况下被迫步行从写字楼中撤出。像这样涉及5000万人口的大面积断电在美国历史上还从来没有过。经历了这次大停电的纽约市民说，"感觉这次大停电比'9·11'似乎还要可怕"。

美国部分地区大约在停电后5个小时左右，一些地方陆续开始恢复供电。加拿大总理办公室发言人哈迪马在 8 月 14 日晚些时候表示，美加地区发生的大面积停电事故是位于美宾夕法尼亚州的一家核电站停电引起的，而并非是早些时候被美加两国官员认定的纽约州的一家电站遭雷击引起的。

（三）电力安全生产的重要性

电力生产和建设的客观规律、生产特点及社会作用决定了电力安全生产的重要性。电力安全生产不仅关系到电力系统自身的稳定、效益和发展，而且直接影响广大电力用户的利益和安全，影响国民经济的健康发展、社会秩序的稳定和人民的日常生活。随着国民经济的迅速发展、社会的不断进步、人民生活水平的日益提高，不仅对电力工业提出了相应的发展要求，而且对电力安全生产也提出了更高的要求。

1. 从电力工业在国民经济中的地位看安全生产的重要性

电力工业是国民经济的先行基础产业，在国民经济中占有极其重要的地位。电力使用的广泛性和不可缺性，决定了电力工业还是一种具有社会公用事业性质的行业。现代工业、农业、国防、交通运输和科研，乃至人民的生活，都离不开电力的供应，而且对电力的需求和依赖越来越强烈。电力供应的片刻中断，可能造成各行各业的瘫痪、社会和人民生活秩序的混乱以及国民经济的巨大损失；电力系统运行频率和电压在允许的偏移范围内变动，电能质量的降低也会直接损害用户的利益。如：对炼铁高炉停电，时间超过 30min，铁水就要凝固；对矿井停电，井下通风停止，瓦斯浓度增加，可能引起井下人员窒息和瓦斯爆炸；对医院停电，正在做手术的病人可能因停电死于手术台；对某些企业停电将严重影响产品质量等。因此，电力安全生产事关国计民生，具有重要的政治意义。

2. 从电力企业的自身需要看安全生产的重要性

安全可靠、高效是电力企业的两大基本任务。安全生产是电力企业的基础，安全是保持电力生产连续的重要保证，没有连续稳定可靠的生产，就无法保证电网的安全稳定，同时无法发挥电力工业的社会作用，企业自身也就无法生存、发展。

电力企业要生存、发展，必须讲求经济效益。如果电力企业没有一个良好的安全生产基础，必将会造成对外供电减少，各类费用支出增加，其结果是成本上升，效益降低。尤其是近年来电力走向市场，作为电力市场的主体之一的发电企业，降低发电成本和上网电价，是占领市场的重要保证。要保持企业的可持续发展和员工的经济收入增长，可通过降低成本来实现。企业的可变成本和固定成本都是可控的，唯一不可控的因素就是事故造成的经济损失，要实现降低发电成本和上网电价，占领市场，首先必须搞好安全生产，这是因为发电企业的安全生产情况好坏将直接影响其发电成本的高低和市场的占有率。如果，一个企业事故频发，尤其是发电企业，首先会失去电力市场的信誉，使得人民对你的供电可靠性不信任；同时事故会带来经济损失，一台发电机组一次事故停机直接经济损失可以达到几万甚至几十万元，如果造成主设备损坏经济损失会更大，若发生重大事故，不仅会给企业带来几十万甚至数百万的经济损失，还会对社会造成极坏的影响。因此，唯有安全生产，使得发电机组安全经济运行，减少各种损失，才能有效的降低企业成本，提高经济效益。

可见，搞好安全生产也是电力企业取得好的经济效益的基础。

"人民电业为人民"是社会主义电力企业的根本宗旨，为此，电力行业必须要抓好行风建设和优质服务。假若安全生产搞不好，供电可靠性就难以保证，电能的质量就难以提高，向社会提供优质服务就无从谈起。因此，搞好安全生产又是电力企业落实"人民电业为人民"宗旨的前提。

3. 从电力生产的特点看安全生产的重要性

电力生产的特点是高度自动化，由许多发电厂、输电线路、变配电设施和用电设备组成电力网，互相牵连、互相制约地联合运行，构成一个十分庞大、复杂的电力生产、流通、分配、消费系统。在这个系统中，发、供、用电同时进行，电力的生产、输送、使用一次性同时完成，并随时处于平衡。电力生产的这些内在的特点和规律要求电网运行必须十分稳定、可靠，任何一个环节发生事故，如不能及时排除，都可能带来联锁反应，导致主设备严重损坏或大面积停电，甚至可能造成局部电网崩溃的灾难性事故。目前，我国电力工业已经步入以"高参数、大机组、大电厂、大电网、高电压、高度自动化"为主要特点的新阶段，尤其是我国已经建成投产的特高压输电系统已经居世界领先地位，这给电力安全生产带来了新的课题，提出了更新、更高的要求。

4. 从电力生产的劳动环境特点看安全生产的重要性

电力生产的劳动环境具有几个明显的特点：

（1）电气设备（包括高压和低压）多；

（2）高温、高压设备多（如火电厂的锅炉、汽轮机、压力容器和热管道等）；

（3）易燃、易爆和有毒、有害物品多（如火电厂的燃煤、燃油、强酸、强碱、液氯、噪声、粉尘和充油电气设备及制氢系统、氢冷设备等）；

（4）高速旋转机械多（如汽轮发电机、泵、风机、电动机等）；

（5）特种作业多（如带电作业、高处作业、焊接作业、起重作业等）。

这些特点表明，电力生产的劳动条件和环境相当复杂，本身就潜伏着许多不安全因素，极具潜在的危险性对职工的人身存在较大的安全威胁。因此，安全工作稍有疏忽，潜伏的不安全因素随时会转变为不安全的事实，潜在危险性随时会转变为现实的人身伤害事故。这就要求我们必须从保障电力职工的人身安全和身体健康、保护电力职工的切身利益的高度，进一步认识电力安全生产的重要意义。

二、电力安全生产的基本方针及含义

电力安全生产的基本方针是"安全第一，预防为主"。"安全第一"是指在处理电力生产过程中安全与其他工作的关系时，把安全工作放在首要位置，当作头等大事来做；"预防为主"是指在保证电力安全生产的具体操作和各项措施中，把预防措施置于主导地位，把安全生产工作的重点放在事故或事故险兆发生之前，并贯彻始终。

"安全第一"是认识论，没有两个"第一"，只有安全是第一位的，所有工作都必须服从安全生产。"安全第一"体现了人们对安全生产的一种理性认识，这种理性认识包含两个层面。第一层面，生命观。它体现了人们对安全生产的价值取向，也体现了人类对自我生命的价值观。人的生命是至高无上的，每个人的生命只有一次，要珍惜生命、爱护生命、保护生命。事故意味着对生命的摧残与毁灭，因此，生产活动中，应把保护生命的安全放在第一位。第二层面，协调观，即生产与安全的协调观。任何一个系统的有效运行，其前提是该系统处于正常状态。因此，"正常"是基础，是前提。从生产系统来说，保证系统正常就是保证系统安全。安全就是保证生产系统有效运转的基础条件和前提条件，如果基础和前提条件得不到保证，就谈不上有效运转。因此，"安全第一"应为重中之重。

"预防为主"是方法论，指对待安全生产的管理方法。安全工作应当做在生产活动开始之前，并贯彻始终。凡事预则立，不预则废。安全工作的重点应放在预防事故的发生上，事先分析事故发生的可能性，对可能导致发生事故的风险或危险点（源）进行分析，采取有效措施以尽量减少并避免事故的发生和事故造成的损失。因此，必须在从事生产活动之前，充分认识、分析和评价系统可能存在的风险或危险点（源），针对性的制定相应的组织措施、技术措施，排除事故隐患。以"安全第一"的原则，处理生产过程中出现的安全与生产、与经营、与效益的矛盾，保证生产活动符合安全生产、文明生产的要求。

"安全第一，预防为主"是相辅相成、辩证统一的关系。只有重视安全，才会去做预防工作。只有做好预防工作，才能实现安全。"安全第一"的关键就是要坚持预防为主，防患于未然，将事故苗头消灭在萌芽状态。怎样理解预防为主，我们坚持一个理念：除人力不可抗拒的自然灾害外，通过努力，所有事故都可以预防，任何安全隐患都可以控制。预防为主是实现安全的最好举措，是安全第一的基本做法。安全第一重在预防，难也在预防；只有全体员工牢固树立安全意识，才能做好预防工作。因此，对安全工作要警钟长鸣，常抓不懈。坚持预防为主，就是要加强职工的安全意识教育，提高工作人员的安全技术水平，规范员工的安全行为，避免发生重大的人为错误；坚持预防为主，就是要及时发现和消除设备的缺陷，按要求对设备定期进行预防性试验和日常维护，保证设备检修质量，依靠科技，采用先进技术和管理方法，提高设备的健康水平；坚持预防为主，就是要科学地制定和健全并严格执行各种规章制度，严格遵守安全生产的规程。

应当指出，我国现行的安全生产基本方针是"安全第一，预防为主，综合治理"。综合治理是指适应我国安全生产形势的要求，自觉遵守安全生产规律，正视安全生产工作的长期性、艰巨性和复杂性，抓住安全生产工作中的主要矛盾和关键环节，综合运用经济、法律、行政等手段，人管、法管、技防多管齐下，并充分发挥社会、职工、舆论的监督作用，有效解决安全生产领域的问题。

"安全第一，预防为主，综合治理"的安全生产方针是一个有机的整体，安全第一是预防为主、综合治理的统帅和灵魂，没有安全第一的思想，预防为主就失去了思想支撑，综合治理就失去了整治依据。预防为主是实现安全第一的根本途径。只有把安全生产的重点放在建立事故隐患预防体系上，超前防范，才能有效减少事故损失，实现安全第一。综合治理是落实安全第一、预防为主的手段和方法。只有不断健全和完善综合治理工作机制，才能有效贯彻安全生产方针，真正把安全第一、预防为主落到实处，不断开创安全生产工作的新局面。

从电力生产活动中可以看出，导致发生安全事故有人为的原因，如工作人员的误操作；有设备的原因，如设备没有按额定参数运行或带病运行，没有按要求进行维护，检修质量差，因而导致设备事故；有生产管理上的原因，如规章制度不健全或没有严格执行。所以，规纪严明、训练有素的员工队伍是保证安全生产的决定因素，完好的设备和先进技术是保证安全生产的物质基础，科学地制定的各种规章制度可以规范和指导工作人员的行为，这三者构成了电力安全生产的"三要素"。电力企业要实现安全生产，就是要从人、设备和技术、管理制度这"三要素"上下功夫。

电力生产"安全第一，预防为主"的基本方针是由电力工业的特点和电力生产客观规律所决定的，是电力生产多年实践的结晶，是无数电力行业的前辈在认识电力生产客观规律过程中付出了血的教训之后总结出来的。在电力企业进行改革，逐步走向市场经济的新形势下，仍然要坚定不移地执行这一方针。在生产活动中正确处理好安全与经济效益、安全与质量、安全与速度等关系，当安全与其他方面要求发生矛盾时，首先要服从安全需要。电力企业的各级工作人员必须清楚地认识到：只有在安全生产得到保证的前提下，企业才能获得最佳的经济效益，企业生产才有真正的高速度、高质量和高效率。"安全第一"的观念在任何时候都不能动摇，只有将安全生产放在首位，才能避免发生安全事故，为国民经济建设和人民生活水平提供可靠的能源供应，保证电力企业的顺利发展。

第二节　电力安全生产与法制

一、电业安全生产与法制教育

我国党和政府历来十分关心和重视电力安全生产。在第一个五年计划时期，当时的燃料工业部党组向中央汇报工作时，中央领导同志曾对电力事故作过"电力事故是国民经济一大灾害"的批示。《中华人民共和国电力法》（简称《电力法》）第十九条规定："电力企业应当加强安全生产管理，坚持'安全第一、预防为主'的方针，建立健全安全生产责任制度。电力企业应当对电力设施定期进行检修和维护，保证其正常运行。"这表明，国家对电力安全生产的要求已上升到法律的高度。《电力法》于1995年12月28日第八届全国人民代表大会常务委员会第十七次会议通过，自1996年4月1日起施行。在我国电业史上，《电力法》是我国最高立法机构颁布的第一部电力基本大法，在电力法规体系的建立上具有奠基意义。《电力法》把多年来电力工业发展的成功经验和已经成熟的方针、政策全部作了法律形式的表述。《电力法》在总则中写明："电力事业应当适应国民经济和社会发展的需要，适当超前发展"，第一次以法律的形式明确作为关系国计民生的基础产业——电力工业必须先行，从而确定了电力工业在整个国民经济发展中的地位，这是具有突破性的。《电力法》体现我国正在走上依法办电、依法管电、依法用电的法制道路，其目的是为了保障和促进电力事业的发展，维护电力投资者、经营者和使用者的合法权益，保障电力安全运行，并对违反《电力法》的行为也明确了法律责任。《电力法》设总则、电力建设、电力生产与电网管理、电力供应与使用、电价与电费、农村电力建设和农业用电、电力设施保护、监督检查、法律责任、附则共十章75条。

人们在电业生产活动中科学地总结出许多客观规律，国家和行业管理部门依此以法规性文件的形式制定了各种安全法规和技术规程。依照国家和行业管理部门颁布的安全法规和技术规程，以及工作环境和设备的有关技术资料，电力企业根据现场生产需要还制定出一系列现场工作规程。这些法规和规程是电业生产中的行为规范和准则，具有纪律约束力和法律效力，它规定了电力职工在生产过程中，哪些行为是合法的，是必须做和可以做的；哪些行为是违法的，是禁止做和不可以做的。电力企业职工应加强法制观念，应该懂得造成责任事故的责任人，不仅要受到劳动纪律处分和经济惩罚，严重者还要负刑事责任。电力企业应按国家和行业管理部门的要求，认识安全教育培训的重要性，对各级工作人员加强安全生产方面的法制宣传教育。通过法制宣传教育，切实做到：

（1）增强职工的法制观念。使大家知法、守法，从而在思想上提高警惕，防止麻痹大意，提高职工对安全生产的重视程度和遵守各种规章制度的自觉性，以减少违章、违纪事件和各类事故的发生。

（2）严格依法按章处理各类责任事故。体现党和政府对国家财产和人民生命安全的高度负责，树立良好的企业形象。

(3) 提高职工的安全技术素质。防止由于无知造成责任事故，触犯法律而导致违法犯罪。

二、《中华人民共和国刑法》（简称《刑法》）中有关安全生产的条文及说明

在我国，安全生产是受到法律保护的，《刑法》的第一百三十四条、第一百三十六条、第三百九十七条作了明确规定。

1. 有关条文

(1)《刑法》第一百三十四条。工厂、矿山、林场、建筑企业和其他企业、事业单位职工，由于不服从管理而违反规章制度，或者强令工人违章冒险作业，因而发生重大伤亡事故，或者造成其他严重后果的，处 3 年以下有期徒刑或者扣役；情节特别恶劣的，处 3 年以上、7 年以下有期徒刑。

(2)《刑法》第一百三十六条。违反爆炸性、易燃性、放射性、毒害性，腐蚀性物品管理规定，在生产、储存、运输、使用中发生重大事故、造成严重后果的，处 3 年以下有期徒刑或者拘役；后果特别严重的，处 3 年以上、7 年以下有期徒刑。

(3)《刑法》第三百九十七条。国家机关工作人员滥用职权或者玩忽职守，致使公共财产、国家和人民利益遭受重大损失的，处 3 年以下有期徒刑或者拘役；情节特别严重的，处 3 年以上、7 年以下有期徒刑。

2. 条文中有关概念含义的说明

(1) 规章制度。是指国家颁发的各种法规性文件和企、事业单位及其上级管理机关制定的反映安全生产客观规律的各种制度，它包括工艺技术、生产操作、劳动保护、安全管理等方面的规程、规则、条例和制度等。如与电力企业有关的《电业安全工作规程》、《安全生产工作规定》、《电业生产人员培训制度》等，这些规章制度具有不同的约束力和法律效力。

(2) 严重后果。是指造成死亡 1 人或重伤 3 人的重大伤亡事故或直接经济损失达 5 万元以上的重大经济损失。

(3) 情节特别恶劣。是指经常违反规章制度，屡教不改；明知安全没有保证，不听劝阻，强令工人违章冒险作业；发生事故，不引以为戒，仍继续蛮干；发生事故后不组织抢救，使事故危害蔓延扩大；为逃避责任，伪造或破坏现场，嫁祸于人。

(4) 玩忽职守。国家工作人员不履行或不正常履行自己应负的职责。如对所负责的工作漫不经心、马虎从事、敷衍应付；隐瞒真相、弄虚作假、谎报数字、篡改账目；任意违反规章制度、违抗命令、拒不执行上级或有关管理监督部门的有关规定；严重官僚主义，对所管工作放任自流，不检查、不指导、不报告等。

三、《中华人民共和国电力法》（简称《电力法》）中有关责任事故惩处的条文

《电力法》对电力管理部门工作人员玩忽职守、电力企业职工违反规章制度造成责任事故，制定了依法惩处的有关条文：

(1)《电力法》第七十三条。电力管理部门的工作人员滥用职权、玩忽职守、徇私舞弊，构成犯罪的，依法追究刑事责任；尚不构成犯罪的，依法给予行政处分。

(2)《电力法》第七十四条。电力企业职工违反规章制度、违章调度或者不服从调度指令，造成重大事故的，比照《刑法》第一百一十四条的规定追究刑事责任。

电力企业职工故意延误电力设施抢修或者抢险救灾供电，造成严重后果的，比照刑法第一百一十四条的规定追究刑事责任。

电力企业的管理人员和查电人员、抄表收费人员勒索用户、以电谋私,构成犯罪的,依法追究刑事责任;尚不构成犯罪的,依法给予行政处分。

四、实例

上述法律文件表明国家将安全生产纳入了法制的范畴。一旦发生责任事故,无论是造成人身伤亡或设备损坏,造成严重后果者要受到纪律处分和法律制裁。

案例 1:违章操作,造成工程班数人烧伤。

某 110kV 变电站值班长,接到地区调度命令对检修完成的一回 10kV 线路恢复供电。该值班长未填写操作票,在无人监护的情况下就进行操作。由于没有操作票,也没有核对操作设备编号,走错间隔,误合正在施工的另一回 10kV 线路断路器。该线路刚做完安全措施,工程班正在准备施工,仅是短路产生的电弧使数人烧伤。

该值班长在无操作票、无监护的情况下违章操作,并造成工程班数人轻伤,属恶性违章人为责任事故,处以开除工作籍处分。

案例 2:玩忽职守,造成民工死亡。

某供电站外线班在对一条 10kV 线路改道工程中,该班班长不顾施工安全,在电杆无拉线、无架设临时风绳、抱杆没放置好的情况下,就让工人在杆基处开挖马槽,上杆解线。当杆上工人解完边相导线时,电杆倒下,致使杆上工人受重伤,不治死亡。

该班长违反安全工作规程,严重失职,玩忽职守,被当地人民法院判处有期徒刑 2 年,缓刑 2 年。

第三节 保证电业安全生产的基本规程和制度

电力生产是一种安全可靠性要求高、技术资金密集、组织纪律严密、协同工作的社会化大生产。同各行各业的劳动一样,保证安全——切实地保证电力职工的人身安全和健康,保证电气设备的安全正常运行,始终是电力企业安全生产经营管理中的首要。一系列的电力行业标准,其中的各种规程、规范、条例和规定等,是现今电力企业安全生产最重要的保证和唯一的准则。无数的事实证明,准确理解、严格遵守、贯彻落实规程,是电力生产安全与否的根本所在。不执行规程,安全生产将寸步难行,生产经营活动无从保证。电力企业数 10 种工作岗位都有自己的安全规程。安全规程对劳动者作业全过程的行为给予提示、引导和约束,是作业人员生命与健康的"保护神"。强制性行业标准《电业安全工作规程》(简称《安规》)是长期以来电力生产中经验乃至用血和生命换来的经验总结。它不仅是从事电业工作的所有发、变、配、送电设计、制造、安装、运行、维修、测试管理等人员安全工作行为的科学规范,而且它还规定了进行现场工作的保证安全的组织管理措施和技术措施,限定了电力作业时的距离以及其他安全规定,形成了一套完整的人身、设备的安全防护制度。因此,《安规》是衡量电业生产现场工作是否符合安全技术要求的依据,也是鉴别违章作业的试金石。所有从事电力设备上工作的各类人员,都应对《安规》有一个原则性的认识和深入地理解,并且在实际生产中无条件地、不折不扣地贯彻执行。

一、国家颁发的与电业安全生产有关的规程制度

国家颁发的与电业安全生产有关的规程制度主要有:《工厂安全卫生规程》;《建筑工程安全技术规程》;《工人职员伤亡事故报告规程》;《工业企业设计卫生标准》;《中华人民共和

国消防条例》；《劳动保护监察条例》；《锅炉压力容器安全监察暂行条例》；各种与电力生产有关的国家标准；其他与电力安全生产有关的规程、条例。

二、原部颁与电业安全生产有关的规程制度

原部颁与电业安全生产有关的规程制度主要有：《电业安全工作规程》（发电厂和变电所部分）、（线路部分）、（热力机械部分）；《电力工业技术管理法规》；《电力工业锅炉监察规程》；《电力工业热力系统压力容器监察规程》；《电业生产事故调查规程》；《电力系统安全稳定导则》；《城市电力网规划设计导则（试行）》；《电业生产人员培训制度》；有关电力工程设计方面的各种技术规程；有关电力基本建设、施工方面的各种技术规程；有关电力生产方面的各种运行规程，检修规程和其他典型规程制度；有关电力试验方面的各种技术规程。

三、电力企业内部颁发的各种规程和管理制度

企业按照现场需要，依照国家和行业管理部门颁布的安全法规和技术规程，有关的技术资料，为保证安全生产制定出一系列规程和管理制度。如《锅炉运行规程》、《汽轮机运行规程》、《发电机运行规程》、《锅炉检修规程》、《汽轮机检修规程》等，各级工作人员安全责任制、"两票三制"（工作票、操作票、交接班制、巡回检查制、设备定期轮换和试验制）等规程和制度。

在上述法律、规程、条例和制度中，对发电厂工作人员最基本、最重要的是《电业安全工作规程》，这是保证发电工作人员安全生产的法律性文件。

四、有关电力安全生产法规简介

1.《电业安全工作规程》简介

原电力部制定的《电业安全工作规程》分为发电厂和变电所电气部分、电力线路部分、热力和机械部分三册。国家电网公司重新修订了1991年制定《安规》的发电厂和变电所电气部分、电力线路部分，新颁变电所和发电厂电气部分、电力线路部分于2005年3月1日执行；热力和机械部分对原《安规》一些条款作了部分修改补充后1994年4月重新颁发执行。《安规》内容的实质主要是电力生产的安全技术措施，即锅炉设备、汽轮机设备、发电机设备及其辅助系统运行与检修方面的生产安全技术措施，但也有安全管理方面的成分，如操作票、工作票制度等。电力系统各级领导人员、生产工人、技术人员以及电力工业的设计、安装、试验、修造等部门的有关人员均应熟悉该规程的有关部分，并在工作中认真贯彻执行。

《电业安全工作规程（发电厂和变电所电气部分）》（DL 408—1991）对高压设备工作的基本要求，保证安全的组织措施（工作票制度，工作许可制度，工作监护制度，工作间断、转移和终结制度），保证安全的技术措施（停电、验电，装设接地线，悬挂标示牌和装设遮栏），线路作业时变电站和发电厂的安全措施，带电作业，发电机、同期调相机和高压电动机的检修、维护工作，在六氟化硫电气设备上工作，在停电的低压配电装置和低压导线上的工作，在继电保护、仪表等二次回路上的工作，电气试验，电力电缆工作，一般安全措施，起重与运输，高处作业等作了明确规定，必须一丝不苟按规定和步骤切实履行，绝对不准弄虚作假。实践证明，以血和生命的惨痛教训换来的工作票制度和停电、验电、接地线、悬挂标志牌等安全技术措施，对保证人身和设备安全是切实有效的，执行这些制度和措施切不可有丝毫侥幸、麻痹、怕麻烦的思想而草率从事。

《电业安全工作规程（电力线路部分）》（DL 409—1991）主要内容有：总则，保证安全的组织措施，保证安全的技术措施，线路运行和维护，邻近带电导线的工作，线路施工，高处作业，起重与运输，配电设备上的作业，带电作业，施工机具和安全工器具的使用、保管、检查和实验，电力电缆工作，一般安全措施。全部条文旨在切实保证职工在生产中的安全和健康以及电力系统发、供、配电设备的安全运行，同样地，对保证安全的组织措施和技术措施，必须严格认真、一丝不苟贯彻执行，对倒闸操作必须正确填写操作票，做好监护工作。

《电业安全工作规程（热力与机械部分）》主要内容有：总则，热力机械工作票，运煤设备的运行和检修，燃油设备的运行和检修，锅炉和煤粉制造设备的运行与维护，锅炉设备的检修，汽（水）轮机的运行与检修，管道、容器的检修，化学工作，氢冷设备和制氢，储氢装置的运行与维护，水银工作，电焊和气焊，高处作业，起重和搬运，土石方工作，潜水工作等。应该说热力和机械部分的安全工作规程对锅炉设备及其附属设备从运行到维护和检修全过程的安全事项都作了详尽的规定，只要认真学习，严格执行规程，安全作业，确保人身安全、健康是可以实现的。此外，还专门颁发了热力机械工作票制度的补充规定，对热力机械工作票的填用，工作票签发人、工作许可人和工作负责人应具备的条件，工作票中安全措施部分填写，执行安全措施的要求，工作票的执行程序都进一步作了明确的规定，为了进一步发挥工作票在确保安全中的作用，应该严格执行。

2.《电力建设安全工作规程》简介

原电力部对原水利电力1982年颁发的《电力建设安全工作规程》热机安装篇、电气和热控篇、建筑工程篇和架空输电线路篇作了全面修订，并将热机安装篇、电气和热控篇及建筑工程篇合成一本，改名为《电力建设安全工作规程（火力发电厂部分）》，自1992年9月1日起执行。该规程主要内容：范围，规范性引用文件，施工现场，防火防爆，文明施工，施工用电，季节性施工，高处作业及交叉作业，脚手架及梯子，起重与运输，焊接、切割与热处理，修配加工，小型施工机械及工具，土石方工程，爆破工程，桩基及地基处理工程，混凝土结构工程，特殊构筑物，砖石砌体及装饰工程，拆除工程，其他施工，建筑施工机械，热机安装，机组试运行，金属检验；第四篇电气和热控：对施工人员的基本要求，电气设备全部或部分停电作业，电气设备安装，母线安装，电缆，热控设备安装，电气试验、调整及启动带电，热控装置试验、调整与投入使用。

3.《电业生产事故调查规程》简介

原电力部制订《电业生产事故调查规程》（简称《调规》）的目的是通过对事故的调查分析和统计，总结经验教训，研究事故规律，落实反事故措施，促进电力生产全过程安全管理，并通过反馈事故信息，为提高规划、设计、施工安装、调试、运行和检修水平以及设备制造质量的可靠性提供依据，最终达到贯彻"安全第一、预防为主"的方针，确保保人身、保设备、保电网原则的实现，切实保证电力安全生产，更好地为用户服务。《调规》规定，调查分析事故必须实事求是，尊重科学，严肃认真，做到事故不清楚不放过；事故责任者和应受教育者没有受到教育不放过；没有采取防范措施不放过；事故责任者得不到处理不放过。安监人员应认真做好电力生产全过程的安全监督和监察。发、供电生产中发生的事故，凡涉及电力规划、设计、制造、施工安装、调试和集中检修等有关环节的企业和个人，均应通过事故调查和原因分析，追查其事故责任，同时应认真吸取教训，改进部门不足之处。《调规》对事故、障碍的认定，事故调查及统计报告，安全考核都作了可操作的条文规定。

4.《防止电力生产重大事故的二十五项重点要求》简介

2000年原能源部颁发《防止电力生产重大事故的二十五项重点要求》（简称《二十五项

反措》），它是随着电力工业的发展、设备和管理情况的变化之后，在安全生产方面，有些事故已杜绝或大为减少，有些过去没有发生的事故现在发生了，有些恶性事故仍时有发生而制定的。为更好地推动安全生产，有重点地防止重大恶性事故，颁发《二十五项反措》，责成各单位结合实际情况制订具体的反事故措施，认真贯彻落实。这二十五项反措是：防止火灾事故、防止电气误操作事故、防止大容量锅炉承压部件爆漏事故、防止压力容器爆破事故、防止锅炉尾部再次燃烧事故、防止锅炉炉膛爆炸事故、防止制粉系统爆炸和煤尘爆炸事故、防止锅炉汽包满水和缺水事故、防止汽轮机超速和轴系断裂事故、防止汽轮机转子弯曲和轴瓦烧损事故、防止发电机的损坏事故、防止分散控制系统失灵和热工保护拒动事故、防止继电保护事故、防止系统稳定破坏事故、防止大型变压器损坏和互感器爆炸事故、防止开关设备事故、防止接地网事故、防止污闪事故、防止倒杆塔和断线事故、防止枢纽变电站全停事故、防止垮坝、水淹厂房及厂房坍塌事故、防止人身伤亡事故、防止全厂停电事故、防止交通事故、防止重大环境污染事故。

这些对当前电力安全生产具有重大指导意义。

5.《电网调度管理条例》简介

国务院颁发的《电网调度管理条例》自 1993 年 11 月 1 日起执行。该条例的颁布是我国电网逐步走向依法管理的重要步骤。该条例包括总则、调度系统、调度计划、调度规则、调度指令、并网与调度、罚则、附则。颁发该条例的目的是为了加强电网调度管理，保障电网安全，明确电网调度（即指电网调度机构），为执行保障电网安全、优质、经济运行，对电网运行进行组织、指挥、指导和协调。电网运行实行统一调度，分国家调度机构，跨省和自治区、直辖市调度机构，省辖市级调度机构，县级调度机构五级管理。下级调度机构必须服从上级调度机构的调度，调度机构调度管辖范围内的发电厂、变电站运行值班人员必须服从该级调度机构的调度。只有当电网运行遇有危及人身及设备安全时，发电厂、变电站的运行值班人员才可以按照有关规定处理，处理后立即报告有关调度机构的值班人员。调度指令规定值班调度人员必须按照规定发布各种调度指令，在调度系统中，必须执行调度指令，调度系统的值班人员认为执行调度指令将危及人身与设备安全的，应立即向发布指令的值班调度人员报告，由其决定指令的执行或撤销。若电网管理部门、调度机构及发电厂、变电站的负责人对上级调度机构的值班人员发布的调度指令有不同意见时，可以向上级电网电力行政主管部门或者上级调度机构提出，但在未作出答复前，调度系统的值班人员必须按照上级调度机构的值班人员发布的指令执行。任何单位和个人不得违反本条例干预调度系统的值班人员发布或者执行调度指令，调度系统的值班人员依法执行公务，有权拒绝各种非法干预。条例也规定，对未经上级调度机构许可，不按照上级调度机构下达的发电、供电调度计划，不执行有关调度机构批准的检修计划，不执行调度指令和调度机构下达的保证电网安全的措施，不如实反映电网运行情况，不如实反映不执行调度指令的情况；调度系统的值班人员玩忽职守、徇私舞弊尚不构成犯罪行为之一的主管人员和直接责任人，由其所在单位或上级机关给予行政处分。对违反条例规定，构成违反治安管理行为的，依照《中华人民共和国治安管理处罚条例》的有关规定给予处罚；构成犯罪的，依法追究刑事责任。

6.《电力设施保护条例》简介

《电力设施保护条例》是国务院 1987 年 9 月 15 日发布的，旨在保障电力生产和建设的顺利进行，维护公共安全，禁止任何单位和个人从事危害电力设施的行为。条例对电力设施的保护范围和保护区、电力设施的保护、电力设施与其他设施互相妨碍的处理等，都作了具体的规定，应该依法行事。条例规定，对破坏电力设施或哄抢、盗窃电力设施器材的行为检举、揭发有功的；对破坏电力设施或哄抢、盗窃电力设施的行为进行斗争，有效地防止事故发生的；为保护电力设施而同自然灾害作斗争，成绩突出的；为维护电力设施安全，做出显著成绩的任何单位和个人，有上列行为之一的，电力主管部门应给予表扬或一次性物质奖励。第十三条规定，任何单位或个人不准违反规定闯入厂、站内扰乱生产和工作秩序，移动、损害标示物，危及输水、输油、供热、排灰管道（沟）的安全运行，影响专用铁路、公路、桥梁、码头的使用，不得在水力发电水库内或进入距水工建筑物 300m 区域内炸鱼、捕鱼、游泳、划船及其他危及水工建筑物安全的行为。第十四条规定不准向电力设施射击，向导线抛掷物体，在架空电力线路导线两侧各 300m 区域放风筝，擅自在导线上接用电器设备，擅自攀登杆塔架设电力、通信、广播线及安装广播喇叭，利用杆塔、拉线作起重牵引起锚，在杆塔和拉线上拴牲畜、悬挂物体、攀附农作物，在杆塔作拉线基础规定范围内取土、打桩、钻探、开挖或倾倒酸、碱、盐等有害化学物品，在杆塔与拉线之间修筑道路，拆卸杆塔或拉线上的器材，移动、损坏永久性标志或标示牌。电力主管部门对不遵守第十五、十六、十七条规定的有权制止并责令其限期改正，情节严重的，可以罚款，有的可以强行拆除，造成损失应责令赔偿。对违反条例构成违反治安管理行为的单位或个人，由公安部门按《治安管理处罚条例》处罚，构成犯罪的，由司法机关依法追究刑事责任。

7. 《电力工业锅炉监察规程》简介

《电力工业锅炉监察规程》是原电力部根据国家 1982 年 2 月颁发的《锅炉压力容器案例监察暂行条例》的有关规定，对 1957 年部颁《电力工业锅炉监察规程（锅炉部分）》修订并更名后，于 1985 年颁发的。该规程旨在保证电力工业发电锅炉的安全运行，延长使用寿命，保护人身安全，适用于过热蒸汽压力不小于 3.82MPa（39kg/cm²）的固定式蒸汽锅炉（包括锅炉管道附件）。该规程对金属材料的监督、受压元件的焊接、安全阀起座压力整定、锅炉应设仪表附件、锅炉监督等都作了技术性规定。该规程对有关安装、运行、检修和改造亦作了原则规定。这一切是基于锅炉承压元件多、运行条件差、事故几率高、事故后果严重，为确保电力工业锅炉安全运行而制定的。

8. 《电力建设安全施工管理规定》简介

1995 年 11 月原电力部颁发《电力建设安全施工管理规定》，它是为了贯彻"安全第一、预防为主"的安全生产方针，提高电力建设安全施工管理水平，保障职工在劳动过程中的安全和健康，促进电力建设事业的发展，根据国家有关安全生产的规定，结合电力建设具体情况而制定的。《电力建设安全施工管理规定》包括总则、安全施工职责、安全监察机构及职责、安全教育、安全技术措施计划和安全施工措施的编制与执行、安全检查、安全工作例行会议、分包单位与临时工的安全管理、班（组）安全建设与管理、事故调查处理、奖惩、附则，自 1996 年 1 月 1 日起执行。《电力建设安全施工管理规定》适用于电力建设（火电、送变电）施工企业及其主管部门，工程建设单位和参加电力建设的其他施工单位。企业必须认真贯彻执行国家有关安全生产的方针、政策、法令、法规和本规定；应遵循电力建设的客观规律，严格按基建程序和合理工期组织施工；经理是企业案例施工的第一责任者，安全施工应实行科学管理；企业应不断强化以各级安全施工第一责任者为核心的安全施工责任制，把《电力建设安全施工管理规定》落到实处。

9.《电力生产安全工作规定》简介

1995 年 11 月原电力部颁发《电力生产安全工作规定》（简称《规定》），它是为了贯彻"安全第一、预防为主"的方针，适应电力工业管理体制的改革和企业转换机制的需要，切实保证安全发供电和职工人身安全而制定的。《规定》包括总则、安全目标、安全责任制、规程制度、教育培训、例行工作、反事故措施计划与安全技术劳动保护措施计划（简称反措计划、安措计划）、安全监察、发包工程和临时工的安全管理、考核与奖惩，自 1996 年 1 月 1 日起执行。《规定》是电力部颁发的重要法规之一，它涵盖了发电、供电企业有关安全方面的主要内容，必须认真学习，落实措施，严格执行。

10.《电力系统多种经营安全管理工作规定》简介

1995 年 11 月原电力部颁发《电力系统多种经营安全管理工作规定》，它是为了加强电力系统多种经营的安全管理工作，保障职工在生产过程中的安全与健康，促进电力系统多种经营健康快速发展，根据国家有关法律、法规及电力部有关规程规定而制定的。电力系统多种经营企业（简称多经企业）的安全生产目标是实现无死亡、无重伤、无重大火灾、无重大设备事故、无重大交通事故。电力系统多种经营安全管理工作，必须贯彻"安全第一、预防为主"的方针，多经企业的安全管理工作，在部及各网、省公司（局）的领导下，由其主管部门负责，同时接受主管安全监察部门的监察和归口管理。多经企业的行政领导对企业的安全生产负有全责，党、工、团组织应起到保证和监督作用，互相配合搞好职工的安全思想教育，开展群众安全监督活动。本规定包括总则、责任制、管理机构、规章制度、日常管理工作、教育和培训、现场安全与卫生、电力设备的安全管理、承包工作的安全管理、事故调查、分析、统计、报告、奖惩。本规定适用于全国电力行业，自 1996 年 1 月 1 日起执行。

11. 运行管理制度

发、供电运行值班人员必须严格执行运行管理制度，其中交接班制度、设备巡视检查制度是发电运行值班人员的经常性工作，设备定期试验、维护、轮换制度是保持设备健康水平的重要措施。

（1）交接班制度。交接班制度的核心是交班人员要将当班运行情况，包括所管辖设备的状态、运行方式，以及相关注意事项向接班人员逐一交代清楚，以便接班人员了解当前运行情况；接班人员认真听取介绍后，仔细检查核实；双方确认无误后完成交接班。

交接班制度还规定了对交接班人员的要求，如接班人员在接班前及当班期间不得饮酒；接班人员迟到，仍需按交接班程序完成交接班等。

（2）设备巡视检查制度。对存在缺陷的设备，有些可从外观、声音、振动等现象观察到。通过巡视检查，可以及时发现存在缺陷的设备，采取适当处理措施以避免发生重大设备事故，所以说巡视检查制度是保证设备安全运行的一项有效制度。

为保证巡视检查质量，巡视检查制度规定了具体的检查方法、检查项目、周期、巡视路线；对特殊天气、特殊任务的巡视检查也作出了明确规定。

（3）设备定期试验、维护、轮换制度。通过对设备定期试验，可以及早发现设备存在的缺陷，也是检查维护检修质量，保证投运设备可靠性的有效方法。设备定期试验制度规定了不同设备的试验方法、试验周期和试验标准。

通过对设备进行维护，可保持设备处于良好状态。设备维护制度中规定了对不同设备的维护要求及检修周期。

对设有备用的设备，要实行轮换工作制。通过轮换工作，对停运设备可进行必要的维护，保证备用设备处于良好状态，使备用设备能真正起到备用的作用。

12. 设备缺陷管理制度

建立设备缺陷管理制度的目的是为了全面掌握设备健康状况，及时发现设备缺陷，分析缺陷成因，尽快消除；并以此为依据合理安排设备检修，做到防患于未然，保证电网的安全运行。这一制度充分体现了"安全第一，预防为主"的方针。另外，设备缺陷管理制度也有助于按状态进行检修的工作开展，根据设备状态安排检修，而不是定期检查，既提高了发、供电可靠性，也节省了检修开支。

设备缺陷管理制度规定：

（1）各岗位工作人员管辖的设备范围，如电气值班人员管辖的范围有一次回路设备、二次回路设备、保护设备、通信设备和其他辅助设备，以及电气建筑物；

（2）发现缺陷后的汇报处理，如紧急情况下的立即汇报并及时处理，一般情况下的汇报与待后处理；

（3）缺陷记录，包括设备名称和编号，缺陷主要内容，处理措施等。

第四节　事 故 与 安 全

一、事故的概念与分类

（一）事故的概念

事故（障碍）是在人们生产、生活活动过程中由于能量、危险物质的约束或限制破坏或者失效而导致突然发生的、违反人们意志的、迫使活动暂时或永久停止并造成人员伤害、疾病、财产损失、工作环境破坏的意外事件。

电力生产事故一般是指系统运行过程中发生的意外的、突发的事件的统称，通常会使系统的正常运行中断，造成人员伤亡、疾病、财产损失或作业环境破坏等不良后果。所谓系统，是指由相互间具有有机联系的组成部分结合而成的一个能完成特定功能的整体。其组成部分是各个子系统。

电力生产活动中发生的事故往往较为严重，可以说是电力企业的灾害。就事故发生所造成的后果和波及的程度来说，会给家庭、社会乃至国家造成极大的损失和影响。永记事故给我们带来的教训，举一反三，落实事故的防范措施和采取有效的对策来控制事故，真正做到"预防为主"，可以达到"保人身、保设备、保电网、保环境"的目的。

（二）事故分类

1. 根据事故的性质分类

根据事故的性质，事故分为伤害事故、损坏事故、环境污染事故和未遂事故。即，把造成人员伤害的事故称为人身伤害事故或伤亡事故；把造成财物破坏的事故称为损坏事故；把既没有造成人员伤害也没有造成财物破坏的事故称为未遂事故或险肇事故。电力行业根据行业特点，把电力生产事故分为人身事故、设备事故、电网事故三大类。

（1）人身事故。造成人员伤害的事故。按国务院颁发的《企业职工伤亡事故报告和处理规定》及劳动和社会保障部现行的有关规定，电力生产人身伤害事故是指在电力生产中导致的人身死亡、重伤、轻伤事故，一般表现在电力生产过程中发生的触电、高空坠落、机械伤害、急性中毒、爆炸、火灾、建（构）筑物倒塌、交通肇事等。

（2）设备事故。造成电力生产设备发生异常运行、故障或发生损坏而非计划（被迫）停运，一定时间内造成对用户的少送（供）电，或少送（供）热，或者被迫中断送（供）电、送（供）热。对电力施工企业来说，发生施工机械的损坏和报废，同样属于电力生产设备事故。

（3）电网事故。造成电网减供负荷、电能质量降低或电网瓦解（电网非正常解列成几个独立的系统）的事故。

2. 根据事故发生后造成的后果分类

根据事故发生后造成的后果，事故可分为特大事故、重大事故、一般事故三种。

（1）特别重大事故（简称特大事故）。

1）一次事故导致达 50 人伤亡及以上者。

2）事故造成直接经济损失 1000 万元及以上者。

3）大面积停电造成表 1-1 所列后果之一者。

4）其他性质特别严重事故，经发、供电主管部门或国家安全监督总局、地方安全监督局认定为特大事故者。

（2）重大事故。

1）一次事故导致 3 人死亡及以上，或一次事故导致一人死亡、10 人及以上重伤者。

2）大面积停电造成表 1-2 所列后果之一者。

表 1-1 电力系统减供负荷（特大事故）值

全网负荷	减供负荷
10 000MW 及以上	30%
5000～10 000MW 以下	40%或 3000MW
1000～5000MW 以下	50%或 2000MW

中央直辖市全市减供负荷 50% 及以上，省会城市全市停电

表 1-2 电力系统减供负荷（重大事故）值

全网负荷	减供负荷
10 000MW 及以上	10%
5000～10 000MW 以下	25%或 1000MW
1000～5000MW 以下	40%或 750MW
1000MW 以下	40%或 200MW

中央直辖市全市减供负荷 30% 及以上；省会或重要城市（名单由电管局、省电局确定）减供负荷 50% 及以上

3）装机容量 200MW 及以上的发电厂，或电网容量在 3000MW 以下、装机容量达 100MW 及以上的发电厂（包括电管局、省电力局自行指定的电厂），一次事故使两台及以上机组停止运行，并造成全厂对外停电。

4）下列变电站之一发生全站停电：①电压等级为 330kV 及以上的变电站；②枢纽变电站（名单由电管局、省电力局确定）；③一次事故中有 3 个 220kV 变电站全站停电。

5）发、供电设备、施工机械严重损坏，直接经济损失达 150 万元。

6）25MW 及以机组的锅炉、汽（水、燃汽）轮机、发电机、调相机、水工设备和建筑，31.5MVA 及以上主变压器，220kV 及以上输电线路和断路器，主要施工机械严重损坏，30 天内不能修复或原设备修复后不能达到原来铭牌出力和安全水平。

7）其他性质严重事故，经电监局、省电力公司（或企业主管）认定为重大事故的。

（3）一般事故。

特大事故、重大事故以外的事故，均为一般事故。

1）一般事故按电力企业的性质可分为：①发电事故；②供电事故；③基建事故；④电

网事故。

2）按直接经济损失分为：①生产（基建）设备或机械损坏等造成直接经济损失达
5万～150万元的；②生产用油、酸、碱、树脂等泄漏，生产车辆和运输工具损坏等造成直
接经济损失达2万元的；③生产区域失火，直接经济损失超过1万元等。

二、事故发生的特点

1. 事故是在系统运行过程中发生的

每个系统都有它一定的功能。当系统发生事故时，通常会使系统的运行中断或其功能受
到影响。例如，1998年海南三亚某220kV变电站，因人员违章作业造成主变压器跳闸，事
发后未向中调如实汇报；随后雷击线路发生接地故障，因主变压器的退出，三亚地区电网的
零序阻抗和零序电流的分布和大小发生了极大的变化，继电保护设置不能正常动作，导致7
个110kV变电站停电，海南南部电网瓦解，三亚市全市停电48min，波及通什市、保亭县
停电，南山电厂甩负荷解列。

2. 事故是意外的突发事件（属于随机事件）

随机事件是很难预测的，但它也是有规律可循的，通常遵循"大数定律"。由大量事件
统计分析，可以得出很多有参考价值的规律性结论，如三角形规律、设备故障的浴盆曲线、
事故的多发时间、事故的多发作业等。

3. 事故是一个动态过程（有萌发、发展、突发3个阶段）

萌发阶段最重要。在萌发阶段，往往会出现许多征兆，如果此时能被仪表显示并为人所
感知，就有可能控制其发展而把事故扼杀在萌芽状态。所以，萌发阶段是消除事故的最关键
时期。然而有30%～40%的事故是由于在萌发阶段没有被发现（没有显示或没有被感知）
而导致的。当然，事故发展阶段也不失为发掘事故隐患的重要时机，如能及时采取措施，也
能阻止事故的发生。

4. 事故的发生有它的必然性

任何系统只要存在不安全因素，且未予消除或控制，迟早会发生事故。事故发生的根本
原因是系统内潜在的各种不安全因素（事故隐患）。

不安全因素包括：硬件的缺陷（如没有发现的设计缺陷、材质缺陷、老化、磨损等），
操作规程缺陷，以及常常被忽视而又十分重要的操作人员的专业知识、技能、安全知识方面
的缺陷。随着计算机技术迅猛发展，许多由人的操作由计算机替代或参与，又带来了计算机
软件的安全性问题。上述种种不安全因素在特定条件下就会导致事故。如果及时发现并设法
消除不安全因素，就会降低事故的发生率。

三、事故发生的统计规律

下面是对大量事故（或异常事件）分析统计得出的统计规律，但它们也符合人的生理、
心理特点或自然规律，对预防事故很有参考价值。

1. 三角形规律

美国安全工程师海因利奇（H. W. Heinrich）根据对同一人的大量相似事件的统计分析
得出，重伤事故、轻伤事故和无伤害异常事件之比为1：29：300。从这个比例中，可以看
出，全部事件中有0.3%导致重伤，8.8%导致轻伤，90.9%无伤害后果。

这个比例的具体数据并不重要，其数值可以因工种、人员、作业环境等不同而异。美国
安全工作者博得（F. B. Bird, Jr）对297家公司里的21种不同作业近200万个事件进行统计

分析，结果为：伤亡和严重财产损失事件、轻伤和财产损失事件和无后果异常事件的比例为1：40：600。有些简单的手工劳动，重伤的比例通常较小，但高处作业、带电作业的重伤的比例相对较高。

这种三角形规律告诉我们，极少量的严重事故总是和大量的异常事件有某种内在联系。例如，有人经常违章操作，虽然大多数违章操作不导致事故，但若任其发展而不纠正，就必然会导致严重事故。正如国外某客车加油站的一个工作人员，他经常违规在为客车加油时抽烟，曾经多次把烟头或烟灰掉在油管附近，结果有一次导致客车加油时起火而车毁人亡。当然，我们也不能误解为"总要异常事件发生到相当数量之后才会产生事故"，而应及时消除产生异常事件的因素，不让它导致事故。一定要记住：事故是随机事件，"防微杜渐"是三角形规律告诉我们的预防事故最重要的手段。

三角形规律自 20 世纪 50 年代提出以来，受到安全工作者的普遍重视，有人称它为海因利奇法则。其意义并不在于具体的数值 1：29：300，而在于指导人们：要消除重伤事故，必须从消除大量的无伤害事件着手。

2. 设备故障的浴盆曲线

系统发生事故的原因有的是由于设备（硬件方面）的故障或失效。设备失效率随时间的分布如图 1-1 所示。在"早期失效期"阶段，其失效率随时间迅速下降。通常是因为在设备调试阶段，把设备的缺陷暴露出来，及时加以解决。当然，在某些情况下设备调试阶段并不一定能全部暴露缺陷，像发电厂主设备一般要经历一个大修期。此后，是失效率趋于常数的阶段，称为"随机失效期"，这是设备的主要工作时期，也是它的有效寿命。此时，随机失效将在什么时间发生是很难预料的。只能通过分析计算，估算出此时产生随机失效的概率。接下来是"耗损失效期"或"老化失效期"，此时，失效率又迅速上升。如果及时更换老化磨损的零件，有可能使失效率下降，而延长系统的有效寿命。然而，对于重要设备，任意延长有效寿命意味着大的事故风险，应该慎重处理。

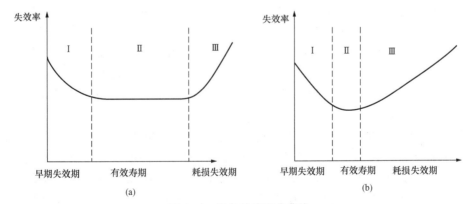

图 1-1 设备故障浴盆曲线
(a) 电子部件浴盆曲线；(b) 机械部件浴盆曲线

浴盆曲线的具体形状因设备的复杂性和运行情况而异。

3. 事故的多发时间

(1) 节假日及其前后，操作人员思想受干扰多，工作时注意力容易分散。

(2) 交接班前后的一个邻近时间段，有人称为"注意力低峰"。交班者注意力放松，接班者还未完全进入"角色"。有时在交班前，为了赶在下班前完成某项任务，草草收尾，因而遗漏某个操作或有意违规，以达到加快完成任务的目的，结果导致严重的事故。在交接班前后，不但容易出现事故，而且一旦发生事故，由于不易做到指挥统一，协调一致，还可能扩大事故。

（3）凌晨 04：00～06：00 国外核电厂异常事件（包括事故）按时间分布统计结果表明：异常事件的发生率在凌晨 04：00～06：00 出现峰值。通常人在凌晨是最发困的时候，思想较难集中。

（4）事故多发季节。触电事故多发生在夏季，雷击事故多发生在春夏之交雷雨季节，火灾事故多发生在秋、冬季。

4. 事故多发的作业

（1）高处作业。高层建筑，架桥，大型设备吊装。

（2）地下作业。煤矿井下，地下隧道作业等。

（3）带电作业。常因违规操作而触电伤亡。

（4）高速转动作业，例如高速车床。

（5）有污染的作业，例如，在高噪声、含有毒物质、有放射性物质的环境下作业。

（6）在交叉路口、陡坡、急转弯、闹市区行车，雾天行车或飞机航行。

（7）复杂操作，如飞机起飞、着陆过程，在航空事故中大部分发生在这个阶段。

（8）单调的监控作业。随着自动化程度的日益提高，许多手工操作由机器完成，人们只起监控作用。在绝大多数情况下，机器正常运行，人的工作负荷很小，但又不能离开作业区域去做其他事情，此时非常容易产生心理疲劳，以致对突然发生的异常工况失去感知能力而导致事故。这种形似安详的作业存在着事故风险，正日益明显，并受到重视。

5. 事故容易发生在人处于自己生物节律的临界期或低潮期

人体生物节律是指人从出生那天起，其体力、情绪和智力就开始分别以 23 天、28 天、33 天的周期从"高潮期—临界期—低潮期—高潮期……"的顺序，循环往复，各按正弦曲线变化，直至生命结束。人的行为受这 3 种生物节律的影响。在高潮期，人处于相应的良好状态，表现为体力充沛、精力旺盛、心情愉快、情绪高昂、思维敏捷、记忆力好。在低潮期，人则处于较差状态。生物节律曲线与时间轴相交的前后 2～3 天为"临界期"，人处于此时，其体力、情绪和智力正在变化过渡之中，是最不稳定的时期，机体各方面协调性差，最易出差错而导致事故。

根据瑞典学者施唯恩对 1000 例车祸统计分析的结果，事故发生在肇事者生物节律临界期的是非临界期的 11 倍。原联邦德国农业机械部对 497 件事故统计分析发现，发生在肇事者生物节律临界期的占 97.8%。我国邯郸钢铁总厂对 1973～1986 年发生的 174 件事故分析统计，结果显示：66% 发生在当事人的生物节律临界期。上海铁合金厂的安全技术科对 105 件工伤事故分析统计结果表明，有 63.8% 事故的当事人处于其生物节律的临界期和低潮期。

需要说明的是，我们在应用此规律时应注意以下两点：人的生物节律是统计规律，对具体的个人并不一定如此；其次，外界刺激（如，当事人在心理上或生理上受到强烈打击或大喜大悲）本身对事故产生的影响也比较大，同时，也正由于人体生物节律而扩大或缩小了这种影响。

6. 事故发生率随时间的变化往往呈波动性

在一段较长时间的低事故率之后，常常会出现一个高事故率时期，或出现一次特大事故。例如，中国民航近 50 年来，3～5 年为一个短期波动；至 2001 年初，曾连续安全飞行 18 个月无事故，是近 10 年来最长的安全周期；但 2002 年 4、5 两月连续发生两起特大空难。其他行业也有类似情况。出现这种波动性的原因主要是由于从上到下的麻痹松懈情绪。

四、安全的基本概念

1. 安全的定义

安全的本义是无危则安，无损则全。尽管有各种各样关于安全的定义和理解，从系统工程的观点可对安全作如下定义：安全是指任何一个工作中的系统在规定的条件下，使事故的风险控制在可接受的水平这样一种状态。也就是指不发生死伤、职业病、设备或财产损失、环境破坏的状况。在生产或施工过程中，安全是指人不受到伤害、物不受到损坏。

2. 系统安全概念

系统安全是指整个系统的安全，不是单指系统中某台机器、某个操作者或某种环境的安全。

传统安全观概念往往把事故原因主要归结为操作人员疏忽大意、操作失误，认为只要提高操作人员的警惕性和技术水平，就可以避免或大大减少事故，这确实抓住了事情的关键，在科学技术不发达的个体手工劳动中尤其如此。但在工业生产日趋复杂化、技术化的今天，情况就不完全如此了。现代生产系统中导致事故发生的原因不但与系统中人、机、环境本身的特性密切相关，更与人、机、环境之间的匹配情况有关，有时后者甚至起更为重要的作用。如果人机界面不符合人机工程学原则，机器运转对操作人员的要求超出了人们的生理、心理限制，那么，即使机器本身是可靠的，操作人员安全意识也是很高的，系统运行时仍然可能发生事故。

3. 安全的对立面是风险而不是事故

把不出事故与安全等同起来是不严格的。安全和风险是系统状态的相互对立的两个方面。安全应该用风险来衡量，风险越小越安全，反之，越不安全。风险是一个概率，最简单的表示式是

$$R = F \times S$$

式中：R 为风险；F 为事故发生的频率；S 为该事故后果的严重程度。

可见，风险大小取决于事故发生频率和事故后果严重程度两个因素。不能只把事故的多少作为衡量安全的标准。不能因为某段时间内（即使是较长一段时间内）没有发生事故，就认为是安全的了。事故发生频率很小但一旦发生后其后果很严重的情况，与后果不很严重但发生频率很高的情况，两者的风险是相当的，都应当引起重视。人们往往关注频率很小而后果严重的事故，而忽视频率高而后果不严重或不显见的异常事件。这是一种概念上的误区，它常常给工业生产带来很大损失。例如，习惯性违章，往往屡纠不止，就是因为这些违章行为在大多数情况下没有严重后果或其后果不易被认识所致。

4. 安全是可以量化的

风险是概率，有具体数值。因而，安全水平也可以量化，可用风险值来度量。这样，系统内各种不安全因素之间就有了可比性。例如，设备故障的风险，操作人员失误的风险，都可以计算出来，那么，它们之间就可以相互比较。这是安全决策的需要，也是人们对安全认

识的深化。当风险值可以被人们接受时，就认为是安全的。那种认为安全无法量化的观点是错误的。

5. 可接受的风险值

系统中操作人员能接受、公众也认可的风险值是可接受的风险值，它不是个人主观臆断而是受当时的客观条件限制的。这些条件包括：时间、成本、当时的科技水平、人们对安全的需要程度等。不同时代、不同系统、不同作业、不同人员可接受的风险值是不同的。在特殊情况下（如战争、天灾、特殊需要）可以提高可接受的风险值，但不能影响系统的功能。一般情况下，应尽量设法降低可接受的风险值，但也不可脱离现实的可能性。

6. 系统的风险是动态的

系统中的机械（设备、工具等）的性能由于老化、磨损、更新等因素而变化，有时可因设备老化而增加事故的风险，也可因更新设备和添置防误装置而降低事故的风险。环境在系统运行过程中也可能有变化。操作者生理、心理等变化对系统的影响更大，有时可因人为失误而导致事故发生或扩大，有时也可因人及时控制而使事故不发生或不发展。因此，始终把风险值控制在可接受的水平是安全工作者的任务。

五、安全的基本知识

1. 安全是人的基本需要

根据美国心理学家马斯洛的需要层次理论，个人的需要有 5 个层次，即生理需要：如对食物、空气等的需要。安全需要：人希望有一个安全有序、可以预测的环境，有稳定的生活，否则，就会产生一种威胁感和恐惧感。社交需要：人需要友谊、家庭、团体的支持。尊重需要：需要自尊和被他人所尊重，包括名誉、地位等。自我实现的需要：希望自己成为所期望的人物，促使实现自己的潜能，追求事业成功等。生理需要和安全需要是人的基本需要。一般的讲，只有满足了基本需要才有后面 3 种需要，但对某些人或在某种特定环境下，他可以为实现后面的需要而牺牲基本需要。对安全的需要程度也因人因时而异。在原始社会，人对安全的需要很低，为了生存甚至可以冒很大伤亡风险，去与人或自然搏斗。随着社会进步，人逐渐利用各种工具进行生产，在科技高度发达的今天，自动化程度越来越高，一方面的确是工作环境比以往安全，人在工作中伤亡的风险大大减少，但另一方面这种"道是安全却风险"的环境存在着各种潜在风险。人对安全的需要是不仅不受伤亡威胁，还要求生理安全和心理安全。这种安全需要是符合人的正常需要也是符合社会进步的，应该予以支持。即使同一时代，不同人的安全需要也是不同的。有的人追求刺激，急于求成，他们对安全的需要很低，容易出现不安全行为而导致事故。这种安全需要观值得探讨。个人的安全需要应该不违背他人的和企业的安全需要。

个人的安全需要还与个人的兴趣有关。对自己感兴趣的工作，往往愿意承受较大的风险，也就是降低对安全的需要。这种安全需要观也值得重视，因为它容易导致盲目的冒险和无谋的奋勇。

马斯洛的需要层次理论在美国、日本等国家应用于企业安全管理，取得了很好的效果。但这种理论只是就个人需要来分析的。事实上，人或个人作为系统中的一部分，他必须服从系统的客观安全需要。近年来，我国一些工业企业也开始认可这种理论，并应用于实践。陕西精密合金股份有限公司把"安全需要"列为人最基本的需要，以此作为安全管理工作的基本指导思想之一，也已经取得很好效果。该公司连续 10 年死亡事故为零，千人负伤率逐年下降 6%。

2. 安全是一种文化

文化是社会物质文明和精神文明的总和，它标志着人类的社会发展程度。它又是一个时代普遍认同并追求的价值观和行为准则。安全文化是人类文化的重要组成部分。人类文化在漫长的形成与发展中，安全文化也随之形成和发展。因为安全是人类永恒的主题，是人类赖以生存和繁衍、进步的首要条件，人类在安全方面所创造的物质财富和精神财富在人类文化中占有举足轻重的地位。重视安全，尊重生命，遵章守纪是先进文化的体现；反之，忽视安全，轻视生命，违规违纪是落后文化的表现。在我国核工业界、航空工业界和电力工业界都特别强调"安全第一"的理念，把它作为"安全文化"的核心。企业和个人对安全的态度体现了企业和个人的安全文化素质。

企业安全文化是安全文化的一部分，但其偏重于在企业生产经营活动和劳动生产过程中而形成和发展起来的安全文化。企业的各种安全工作规程、操作规程和制度是企业安全文化的一种表现。但是，企业安全文化绝不只是抽象的概念，它也是具体的，主要体现在以下几方面：

（1）企业安全文化是以保护职工群众的身体健康和生命安全为根本目标，即以人为核心，并且为企业顺利地进行生产经营，实现经济效益和社会效益提供基础和保障。

（2）在企业安全文化的物质财富方面，应包括先进适用的安全装置、安全设施和安全工器具以及个人安全防护用品。这是第一位的安全物质条件，也是企业安全文化的物质基础。

（3）在企业安全文化的精神财富方面，应包括：

1）正确的安全方针政策。

2）牢固的安全思想观念。

3）高尚的安全道德情操。

4）关爱他人和企业安全，积极参与安全管理的主人翁意识。

5）行之有效并为全员遵守的安全规程、规章制度、防范措施和劳动纪律。

6）先进的安全技术。

7）效果扎实的安全教育。

8）领导者高超的安全管理水平。

9）安全知识能满足从事本职工作的需要。

10）严密、高效的安全组织机构。

3. 安全是权利也是义务

在工作和生活中要求安全，是劳动者的基本权利，也是每个员工的义务。作为企业领导应尊重每个职工的安全权利。不是"要我安全生产"，而是"我要安全生产"。

4. 安全是一种道德

安全靠科技进步，靠经济基础，更依赖人们的安全道德。人人都应把企业的安全放在首位。不能因为贪图自己一时方便和省力而影响生产系统的安全，甚至影响整个企业的安全。当自身的安全与集体安全或他人安全发生矛盾时，应该让自己的安全需要服从于集体的或他人的安全需要。

5. 安全就是效益

安全需要经济基础，需要投入。有人把安全培训、加强安全监管、增设安全设施等所需要的费用都纳入消耗资金，有人则把它作为生产投资，这反映了两种不同的安全意识。

人们习惯于计算一次事故造成的损失，却不太认真计算事故率下降带来的财富，"安全就是效益"被看作是一句口号，似乎只是说说而已。有人把安全管理人员看成是非生产人员，认为他们不创造效益，这也反映出安全意识上存在的缺陷。

总而言之，对安全的认识可增强企业员工的安全意识。电力企业的安全生产需要培育员工们良好的安全意识，因为安全意识决定人的安全行为。

复 习 思 考 题

1. 电业安全生产的内容。
2. 电力生产基本方针的含义。
3. 有关电业安全生产的法律规定。
4. 电业安全生产的规程和制度。
5. 《电业安全工作规程》的主要内容。
6. 安全的基本概念及安全意识的内容。
7. 事故的概念与分类。

问 答 题

1. 电力安全生产的要求是什么？为什么要提出这些要求？
2. 何谓电力生产的基本方针？应如何处理安全生产与其他工作的关系？
3. 何谓电力安全生产的"两票三制"？具体有哪些内容？
4. 交接班制度中对交班人员和接班人员行为有何具体规定？
5. 发电设备为什么要定期进行试验、维护？能否进行改进？
6. 设备缺陷数字化管理有何优越性？
7. 安全的定义及系统安全的概念是什么？
8. 事故的种类有哪些？各自的含义是什么？
9. 简述事故发生的特点和规律。

第 二 章

电 业 安 全 管 理

安全生产管理是指企业为实现安全生产所进行的一切管理活动，包括确保工作人员在生产过程中的安全与健康，设备的正常运行，以及财产安全等方面而进行的计划、决策、组织、指挥、协调和控制方面的一系列活动。同样，电业安全管理就是电力企业为了实现安全生产所进行的一切管理活动，它包括建立、完善和贯彻落实电力安全生产方针，以及各种生产规程、制度、标准规范，健全和完善安全保证体系和安全监督体系，加强全体员工的安全意识和提高工作人员的安全技术水平，创建文明企业和一流电力企业等。

第一节　电力生产安全管理概述

一、安全管理的重要性及主要原则

电力生产安全管理是电力企业管理的重要组成部分，是一项政策性强，需要运用多学科知识，如生产技术、企业管理知识，甚至包括心理学、劳动卫生知识等进行综合管理的工作。电力企业要实现安全生产，必须要以"安全第一，预防为主，综合治理"的安全生产方针为指导，以安全法规、安全规程为基础，从组织上、技术上、制度上，对人、物、环境采取切实可行的综合管理措施，从根本上保证人身、设备及电网运行的安全，促进电力企业的有序发展。

电力生产安全管理是为保证贯彻执行这些安全生产方针、规程、制度、标准规范所进行的活动。它包括：明确各级工作人员的安全职责，如制订各级工作人员安全生产责任制；进行经常性和特殊安全工作的检查监督，如电力行业行之有效的春秋季安全检查、开展安全月、安全周活动，以及结合阶段性安全生产工作情况进行的特别检查；对安全事故认真开展调查分析，尤其是重大事故的原因分析，为今后制订防范措施提供现场数据；安全责任的奖惩等一系列工作。

实践证明，为实现安全生产，除了要有正确的安全生产方针和必不可少的规程、制度、标准规范之外，还必须根据工作人员素质和技术装备条件，建立相应的管理体制来检查监督和贯彻执行，否则，这些方针、规程、制度、标准将流于形式。

电力安全生产管理的主要原则如下：

（1）"安全第一，预防为主，综合治理"的原则。它既是党和国家现行的安全生产方针，也是搞好安全管理的原则。根据这一原则，要求企业在生产活动中必须把安全工作放在首位，积极采取各种措施和对策，保障职工的安全与健康，防止各类事故发生。

（2）管生产必须管安全的原则。这一原则要求企业领导要把安全和生产看成是一个有机整体，自觉做到在保证安全的前提下组织生产。在计划、布置、检查、总结、考核生产工作的同时，计划、布置、检查、总结、考核安全工作。

（3）安全一票否决的原则。对干部晋级和企业评优、资质评审中，安全具有一票否决的作用。

（4）"四不放过"的原则。即发生事故必须做到事故原因不清楚不放过，事故责任者和应受教育者没有受到教育不放过，没有采取防范措施不放过，事故责任者未受到处罚不放过。

（5）不安全不生产的原则。根据《中华人民共和国安全生产法》的规定，生产经营单位不具备安全生产条件的，不得从事生产经营活动。

（6）"三同时"的原则。即建设项目的安全设施必须与主体工程同时设计、同时施工、同时投入生产和使用。

（7）安全监督管理人员忠于职守，秉公执法的原则。《安全生产法》明确了安全生产监督检查人员应当恪尽职守、坚持原则、克己奉公。

（8）保人身、保电网、保设备、保重要用户的原则。

二、安全管理体系的结构

建立健全的安全管理体系是搞好电力安全生产管理工作的根本保证。电力企业经过多年的工作实践，积累并形成一整套适合电力生产特点和规律、行之有效的安全管理体系，它由四个基础体系构成，即以行政领导为主体的安全生产指挥体系；以党委为核心的安全思想工作保证体系；以总（主任）工程师为首的安全生产技术保障体系；以安全监察为主、工会协同的安全及劳动保护监督体系。各基础体系的功能及作用如下：

（1）安全生产指挥体系就是在明确各级工作人员安全生产责任的基础上，建立适应本企业实际情况的生产组织机构，对安全生产实施全方位、全过程的监控。安全生产指挥体系的核心是安全生产责任制，建立和完善各级各类人员的安全生产责任制，使每个职工都有明确的安全职责。有明确的分工和职责，也是大工业生产的特点之一。电力企业单位各级行政正职是本单位、本部门的安全第一责任人，对安全工作全面负责，统筹协调，并亲自处理安全生产中的重大问题。各级行政副职负责抓好各自分管范围的安全工作，并承担相应的安全责任。安全生产责任制是加强安全管理的重要措施，就是要求贯彻落实"管生产必须管安全"，"安全生产，人人有责"的原则，切实做到各负其责，分组控制，分级把关，发生责任事故，按其责任论处。

（2）安全思想工作体系是由我国国情所决定。一个企业安全生产水平的高低，实际上是物质文明建设和精神文明建设的综合反映。在现有技术装备条件下实现安全生产，很重要的一个方面取决于工作人员的思想素质和技术素质，而高素质的工作人员是要靠管理、培训和教育逐步形成的。安全思想工作体系的工作内容就是充分发挥党的优良思想工作传统，不断加强对职工的思想教育，把安全生产教育同技术教育、岗位技术培训结合起来，把提高安全意识和自我保护能力同提高技术业务能力结合起来，为安全生产提供坚实思想基础。

（3）安全生产必须强调依靠技术进步。技术安全保障体系着重于安全技术工作，①要完善设备管理制度，加强设备事故隐患的治理，提高设备的健康水平，减少事故的发生；②要采用新技术、新工艺、新设备，加强和完善保证安全的技术手段，提高企业总体安全水平。如采用自动化技术、计算机技术、通信技术等，以减少人为的干扰和人员的过失造成的事故，提高安全生产水平。

（4）保证安全生产的另一个体系是安全监督体系。安全监督体系负责对生产全过程实施监察，监督各部门和工作人员对安全方针、规程、安全技术措施和反事故技术措施的贯彻执行，严格执行事故"四不放过"的要求。为完善安全监督体系，突出安全生产的重要性，各单位的安全监察机构由所在单位行政正职主管，并建立以安全监察机构为主，各单位、部门的专兼职安全员为辅的三级安全管理网络。

三、安全管理的工作内容

由安全生产指挥体系、安全思想工作体系、安全技术保障体系三个基础体系组成了安全生产保证体系。安全生产管理，就是要健全和完善安全生产保证体系，要求全员全方位地做好安全工作，对生产实施全过程安全管理。企业生产的每项工作、每个岗位的工作人员，都必须时时、处处考虑安全问题，并严格按规章制度办事，协调配合，正确处理安全与其他工作的关系，从组织上、技术上为安全生产提供可靠的保证，并将安全生产工作制度化和规范化。

为实现生产全过程的安全管理，就必须提高企业安全工作规范化水平。电力企业安全生产是规划、设计、建造、安装、调试、运行及生产管理部门的共同任务，需要各部门共同努力、协调配合。为实现全过程安全管理，各环节的工作需按规范化要求进行，才能保证生产全过程在安全监督下进行。

生产安全管理的另一个重要工作内容是健全安全监察网络，建立安全监察机构的权威，从人力、物力、财力上给予安全监察工作必要的支持。对任何违章现象、可能危及安全生产的错误行为，安全监察部门或安全员有权纠正，及时制止。现场生产规程、作业技术措施应有安全监察部门或安全员参与制定或审核，并对生产安全措施负责。安全监察部门除负责监督安全生产措施贯彻落实外，还负责执行安全生产奖惩制度，对安全生产作出成绩的集体和个人给予奖励，对违章责任者给予惩罚，情节严重触犯刑法者，应送交司法部门追究刑事责任。

四、安全管理现代化

安全管理是一项综合性的管理工作，必须应用科学技术知识和安全系统工程的理论、方法，鉴别、预测、消除或控制系统所存在的不安全因素和可能发生事故的各种现象，使系统发生的事故减少到最低限度，达到安全生产的最优目标。

安全管理现代化是指运用现代管理科学的原理和方法，对安全生产的管理体制，管理组织结构，管理观念、手段、方法进行现代化建设和改造的安全管理模式。传统的安全管理属于"事后出发型"管理模式，着重解决事故发生之后的善后问题。现代安全管理是在传统安全管理的基础上，借助于多年生产实践积累的经验和安全技术理论的发展，对传统安全管理进一步的发展、充实、提高，属"事前预测型"管理模式。现代安全管理具有这样的三个特征：以预防事故为中心，对生产行为进行预先分析评估；从提高设备可靠性着手，把安全和生产的稳定发展统一起来；安全监察部门与生产职能部门配合协调，实行全员、全方位、全过程的"三全"安全管理。

事前安全预测需要建立一个安全目标和安全预测模型，安全目标、安全预测模型能否符合实际，依赖于来自现场安全数据及对数据的处理，所以在信息流中应有数据收集和处理环节。安全目标、预测模型也需要在实践中不断地完善和提高，所以在信息流中要有一个反馈修改调整环节，图 2-1 是一个现代安全管理信息流程图。

从生产现场获取有关安全数据，经适当处理后制定出安全目标或对生产安全进行预测评估，按预定的安全目标对生产组织、技术装备等进行整改，通过生产实践，对整改实施效果进行总结评价，找出与预定目标的差异。根据实际差异情况，对安全目标作调整或修改预测评估模型。所以，现代安全管理是一个不断自我完善的系统工程。

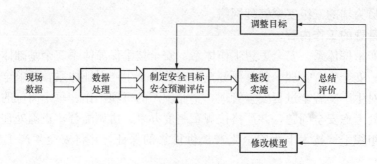

图 2-1　现代安全管理信息流程图

与传统安全管理模式相比，现代安全管理更强调在"人、装备、制度"实行全面安全管理和安全目标管理。全面安全管理包括深入研究安全工作中人、物、环境的关系，重视安全信息的检测、处理和科学决策，合理地制定安全管理目标等。安全目标管理是使安全管理、安全状况指标化，并按安全指标制定工作计划和安全措施。

现代安全管理重视人在安全工作的主导作用，运用行为科学、心理学的知识，强调建立良好的人际环境、工作环境和人机交互环境，按人的生物节律曲线控制不安全的行为和心理状态的出现，改善工作条件、工作环境和操作方法。

现代安全管理注意先进技术装备和管理方法的应用，如计算机辅助安全管理，可进行设备的缺陷管理、事故统计分析、检修计划安排等；运用 PDCA 循环〔PDCA 是英语单词 Plan（计划）、Do（执行）、Check（检查）和 Action（处理）〕，按调查分析、制定目标、实施整改、总结提高四个步骤规范安全目标管理；计算机在线监测，可以掌握设备安全的实时信息，并对设备健康状况予以评估；可靠性管理以及计算机信息系统和计算机辅助决策系统在安全管理方面的应用。

第二节　常规性电业安全管理

一、安全教育培训

按人们认知和习惯形成过程，电力工作人员的技术素质、安全意识、良好的工作作风和工作习惯需要不断进行安全教育与技术培训，在工作实践中逐步强化、提高，使其真正从"要我安全"，转变到"我要安全"，最终达到"我会安全"。因此，重视安全教育和技术培训，并在工作中不断进行强化是安全生产的重要保证。

电力生产安全教育培训是电力企业安全管理的一项十分重要的工作，是提高职工安全意识和安全技术素质的重要手段，安全生产教育培训旨在帮助员工正确认识和掌握安全生产客观规律，提高员工的安全生产技术水平，使员工能够自觉地贯彻党和国家的安全生产方针、政策和法令，认真遵守企业有关安全生产的规章制度，保证实现安全生产的目的。安全生产教育培训是搞好安全生产、劳动保护的思想建设工作，它与增加、改善安全卫生防护设备的物质措施相辅相成，密不可分。在安全生产工作中，要改善劳动条件，消灭或减少工伤事故，物质措施不可缺少，但不是唯一的措施，不能单靠机器、设备、工具，也不能单靠少数劳动、安监人员，还必须要通过对广大职工群众进行普遍深入持久的安全生产教育培训，使职工真正了解党和国家的劳动保护和安全生产方针、政策、法规制度，真正掌握安全技术及安全管理的知识，从思想上重视安全生产，在素质上不断提高安全技能，从而从根本上确保企业的生产安全。因此，安全教育培训在电力企业的安全管理工作中占有极其重要的地位。

（一）安全教育的内容

安全教育的内容，主要包括思想政治教育和安全技术知识教育两个方面。

1. 思想政治教育

思想政治教育是安全教育的一项重要内容，其目的是使企业领导、管理人员和操作人员从思想上认识到做好安全工作对促进现代化生产建设的作用；增强保护人、保护生产力的责任，正确处理好安全与生产的辩证统一关系，自觉地组织和进行安全生产。

思想政治教育又可分为法制观念教育和安全生产方针政策教育两个部分。

（1）法制观念教育是为了树立法制意识，严格执行劳动纪律，以此来保证安全生产。

（2）安全生产方针政策教育则是为了提高各级领导和广大职工的政策水平，以正确理解党和国家的安全生产方针、政策，严肃认真地执行安全法律法规，做到不违章指挥，不违章作业，依法组织安全生产。

通过对大量事故的分析，绝大多数事故都是由于违反规章制度造成的。由此可见，如果人的安全意识不强，随时可能引发事故。因此，预防事故，搞好安全教育必须把教育的重点放在强化职工安全意识教育上，也就是说，搞好职工的思想政治教育，强化职工的安全意识，是开展安全教育的首要任务。

2. 安全技术知识教育

安全技术知识教育包括生产技术知识和安全技术知识，以及专业性的安全技术知识。

安全技术知识是生产技术知识不可分割的组成部分，要掌握安全技术知识，就必须首先掌握一定的生产技术知识，并将两者有机地结合起来。主要教育内容包括：企业的生产施工概况和特点，现场生产施工实况，有关安全生产施工的规章、制度，有关生产施工过程和操作方法，有关机械设备性能、安全设施、生产施工过程中的主要不安全因素，典型事故案例，以及安全防护用品的正确使用等。

专业性的安全技术知识教育，是对电气、起重、登高架设、电火焊、锅炉及压力容器等特种作业人员所进行的专门教育。

缺乏安全技术知识和经验的新职工，需要进行教育，有一定安全技术知识和经验的老职工，也同样需要定期接受再教育。事实上，许多伤亡事故就是由于凭老经验、麻痹大意、违章作业而引发的。

（二）安全生产教育培训的主要形式

随着我国电力安全管理的深化，目前我国已基本形成了电力企业安全教育体系，包括中层以上干部教育、班组长教育、新入厂人员的三级安全教育、特种作业人员专业教育、定期安全教育、经常性的安全教育和特殊情况的安全教育等形式。

1. 三级安全教育

三级安全教育是指对新进入单位的人员（包括合同工、临时工、代训工、实习人员及参加劳动的学生等）所进行的系列安全教育，由公司（厂）级安全教育、分公司（分厂）、工区级安全教育和班（组）级安全教育三个部分组成，是企业安全教育制度中必须坚持的基本教育形式。三级安全教育的主要内容有以下几个方面：

（1）公司（厂）级：厂级安全教育一般由企业安全部门负责进行。

1) 讲解党和国家有关安全生产的方针、政策、法令、法规及集团公司或（原电力工业部）有关电力生产、建设的规程、规定,讲解劳动保护的意义、任务、内容及基本要求,使新入厂人员树立"安全第一、预防为主、综合治理"和"安全生产,人人有责"的思想。

2) 介绍本企业的安全生产情况,包括企业发展史（包含企业安全生产发展史）、企业生产特点、企业设备分布情况（着重介绍特种设备的性能、作用、分布和注意事项）、主要危险及要害部位,介绍一般安全生产防护知识和电气、起重及机械方面安全知识,介绍企业的安全生产组织机构及企业的主要安全生产规章制度等。

3) 介绍企业安全生产的经验和教训,结合企业和同行业常见事故案例进行剖析讲解,阐明伤亡事故的原因及事故处理程序等。

4) 提出希望和要求。如要求受教育人员要按《全国职工守则》和企业职工奖惩条例积极工作;要树立"安全第一、预防为主"的思想;在生产劳动过程中努力学习安全技术、操作规程,经常参加安全生产经验交流、事故分析活动和安全检查活动;要遵守操作规程和劳动纪律,不擅自离开工作岗位,不违章作业;不随便出入危险区域及要害部位;要注意劳逸结合,正确使用劳动保护用品等。

新入厂人员必须进行教育,教育后要进行考试,成绩不及格者要重新教育,直至合格,并填写《职工三级教育卡》,厂级安全教育时间一般为 8h。

（2）分公司（分厂、车间）、工区级:各车间有不同的生产特点和不同的要害部位、危险区域和设备,因此,在进行本级安全教育时,应根据各自的情况,详细讲解。

1) 介绍本车间生产特点、性质。如车间的生产方式及工艺流程;车间人员结构,安全生产组织及活动情况;车间主要工种及作业中的专业安全要求;车间危险区域、特种作业场所,有毒有害岗位情况;车间安全生产规章制度和劳动保护用品穿戴要求及注意事项;车间事故多发部位、原因,及相应的特殊规定和安全要求;车间常见事故和对典型事故案例的剖析;车间安全生产、文明生产的经验与问题等。

2) 根据车间的特点介绍安全技术基础知识。

3) 介绍消防安全知识。

4) 介绍车间安全生产和文明生产制度。

车间级安全教育由车间行政一把手和安监人员负责,一般授课时间为 4~8h。

（3）班（组）级:班组是企业生产的"前线",生产活动是以班组为基础的,事故常常发生在班组,因此,以班组为安全教育非常重要。

1) 介绍本班组生产概况、特点、工作性质及作业范围、作业环境、设备状况,消防设施等。重点介绍可能发生伤害事故的各种危险因素和危险部位,可用一些典型事故实例去剖析讲解。

2) 讲解本岗位使用的机械设备、工器具的性能,防护装置的作用和使用方法;讲解本工种安全操作规程和岗位责任及有关安全注意事项,使学员真正从思想上重视安全生产,自觉遵守安全操作规程,不违章作业,爱护和正确使用机器设备、工具等;介绍班组安全活动内容及作业场所的安全检查和交接班制度;教育学员当发现了事故隐患或发生了事故时,应及时报告领导或有关人员,并学会如何紧急处理险情。

3) 讲解正确使用劳动保护用品、用具及其保管方法和文明生产的要求。

4) 实际安全操作示范,重点讲解安全操作要领,边示范,边讲解,说明注意事项,并讲述哪些操作是危险的、是违反操作规程的，使学员懂得违章将会造成的严重后果。

班组安全教育的重点是岗位安全基础教育，主要由班组长和安全员负责教育。安全操作法和生产技能教育可由安全员、培训员或专责师傅传授，授课时间为 4～8h。

新入厂人员只有经过三级安全教育并经逐级考核全部合格后，方可上岗。三级安全教育成绩应填入职工安全教育卡，存档备查。安全生产贯穿整个生产劳动过程中，而三级教育仅仅是安全教育的开端。新入厂人员只进行三级教育还不能单独上岗作业，还必须根据岗位特点，对他们再进行生产技能和安全技术培训。

2. 特种作业人员专业教育

特种作业是指对操作者本人，尤其是对他人和周围设施、环境的安全有重大危害因素的作业。1985 年国家标准局发布了国家标准《特种作业人员安全技术考核管理规则》（GB 5306—1985）。

根据 GB 5306—1985 规定，电力企业的电工作业、起重、司炉、压力容器操作、焊接（切割）、爆破、爆压、特殊高处作业和登高架设、厂内机动车驾驶、机动船舶驾驶及轮机操作、起重机械操作以及接触易燃、易爆、有害气体、射线、剧毒等作业，属特种作业。对上述特种作业人员，必须进行专业操作技术的培训和安全工作规程的学习，经有关部门考试合格并取证后方可上岗独立操作。对上述人员应定期进行考核，不合格者，收回证件，停止作业，待重新考试合格后方可上岗工作。

3. 定期安全教育

（1）电力企业各级领导必须参加每年年初组织的安全教育与考试；对新聘任的企业各级领导必须进行岗前安全教育与考试。教育的主要内容为：国家有关安全生产的方针、政策、法律、法规以及电力生产建设安全工作规程、规定等。

（2）电力企业每年应组织一次有本单位技术人员、管理人员、专职安监人员和班（组）长参加的安全教育培训与考试。

（3）每年年初和新工程开工前，应组织施工生产人员进行一次安全工作规程、规定及本企业安全规章制度的学习和考试，考试合格并取证后方可上岗工作。

4. 特殊情况的安全教育

（1）施工生产中采用新技术、新工艺、新材料、新设备、新产品（五新）等，必须进行适应新岗位、新操作方法的安全技术教育和必要的实际操作训练，经考试合格并取证后，方可上岗工作。

（2）对造成事故的责任人员以及严重违反安全规章制度的人员，应由安监部门组织重新进行安全学习，并经考试合格后方可上岗工作。

此外还有新工种、复工、变换岗位的安全教育，根据企业生产发展情况，还要对职工进行定期复训安全教育等。

5. 经常性的安全教育

经常性的安全教育通常是采用公司（厂）、二级单位大会，专业性安全会议，班前、班后会，事故现场分析会等会议的形式，以及谈话、讲座、黑板报、安全通信、简报、安全活动日、安全知识竞赛、安全生产演讲会、安全电影、录像、广播、宣传画、安全教育陈列室、安全展览等多种多样的方式方法，广泛地对职工进行生动形象的安全教育。

经常性安全教育在树立职工安全意识、掌握安全知识和技术、动员全员参与安全管理及企业双文明建设等方面起着不可忽视的作用；在电力企业安全管理中占有重要的地位。

经常性安全教育主要内容有安全生产的思想教育，安全技术知识的宣传教育，工业卫生技术知识的宣传教育，安全管理知识的宣传教育，安全生产经验、教训的宣传教育等。

（1）安全生产的思想教育。安全生产的思想教育是安全教育的基础。其目的是提高广大干部、职工搞好安全生产的自觉性、责任心、积极性，做到人人关心安全，时时注意安全，事事想到安全。

1）安全生产方针、政策、法规宣传教育。党和国家颁发的安全生产方针、政策、法规是提高职工对安全生产认识的最好教育内容。安全方针、政策、法规是安全生产本质的反映，是过去经验、教训的规律性的总结，是指导安全生产的根本依据。实践告诉我们，哪个单位重视安全生产方针、政策、法规的宣传教育，严格执行安全法规，哪个单位的安全生产就有保证。

2）劳动纪律和制度宣传教育。为维持正常的生产秩序而制定的劳动纪律和制度是搞好安全生产带强制性的手段之一。执行制度不力，纪律松弛是安全生产的大敌，而遵章守纪是保障安全生产的重要前提。纪律包括劳动纪律、安全纪律、组织纪律、工艺纪律等；制度包括安全生产责任制、安全值班制度、安全检查制度、安全奖惩制度以及安全操作规程等。

3）经常性思想宣传工作。主要是指针对性生产活动中反映出来的不利于安全生产的各种思想、观点、想法等所进行的经常性说服疏导工作。

（2）安全技术知识的宣传教育。安全技术包括在生产技术知识之中，是人们在征服自然的斗争中所总结积累起来的知识、技能和经验，是从事生产人员应知应会的内容之一，是预防事故发生的必备知识。安全技术知识教育的目的是丰富职工的安全知识，提高职工的安全素质，增强岗位作业的安全可靠性，对安全生产创造前提条件。

1）生产技术知识教育。安全技术知识是生产技术知识的组成部分，要掌握安全技术知识，必须首先掌握生产技术知识，主要内容有：①企业的基本生产概况、生产特点、生产过程、作业方法、工艺流程；②各种设备、机具的性能；③生产操作技能和经验；④产品的构造、性能、质量和规格等；⑤材料的性能、规格等。

2）基本安全技术知识教育。这是企业中每个职工都必须具备的安全生产基本知识。主要内容有：①企业内危险区域和设备的基本知识及注意事项；②生产中使用的有毒有害原材料或可能散发的有害物质的安全防护知识；③电气安全知识；④起重机械安全知识；⑤高处作业安全知识；⑥厂内运输安全知识；⑦防火防爆安全知识；⑧个人防护用品的构造、性能和正确使用方法；⑨发生事故时的紧急救护和自救技术措施、方法。

3）专业安全技术知识教育。在完成上述基本安全技术教育的基础上，要按照不同的专业工种，进行专门、深入的专业安全技术教育。这是安全技术教育的重点。

专业安全技术知识是该工种的职工必须具备的安全生产技能，在没有取得操作合格证之前，不允许单独上岗作业。

专业安全技术可以按生产性质分，如电力生产、电力建设等安全技术；也可以按机器设备性质和工种来分，如电工、起重运输、高处作业等安全技术。

（3）工业卫生技术知识的宣传教育。工业卫生技术是防止由环境中的生产性有毒有害因素引起劳动者的机体病变，导致职业病而采取的技术措施。工业卫生技术知识是从事有害健康的作业人员应知应会的内容。工业卫生技术知识教育的目的是使广大职工熟知生产劳动过程中和生产环境中对人体健康有害的因素，并积极采取防治措施，保护职工的身体健康。工业卫生技术知识的主要内容有工业防毒技术、工业防尘技术、噪声控制技术、振动控制技术、射频辐射技术、高温作业技术、激光防护技术等。

（4）安全管理知识的宣传教育。安全管理知识是企业各级管理干部应知应会的内容，尤其是专职安全干部更应该精通现代安全管理知识。安全管理知识教育的目的是使企业各级管理人员熟知、掌握运用安全管理的理论、手段、方法，不断提高安全管理的及时性、准确性和有效性，增强安全管理的能力。

（5）安全生产经验、教训的宣传教育。安全生产中的经验和教训是职工身边活生生的教育材料，对提高职工的安全知识水平，增强安全意识有着十分重要的意义。安全生产经验是广大职工从实践中摸索和总结出来的安全生产成果，是防止事故发生的有效措施，是安全技术、安全管理方法、安全管理理论的基础。及时地总结推广安全生产先进经验，既可使被宣传的部门和个人受到鼓舞，激励他们再接再厉，又可使其他部门和个人受到教育和启发，使新经验、新方法、新技术得到推广，促进安全生产的开展。

与经验相反的是教训，教训往往是付出了沉重的代价换来的，因而它的教育意义也就十分深刻。宣传教训是从反面指导职工应该如何避免重复发生事故，消除不利因素，促进安全生产。

（三）反事故演习

安全教育另一个重要方面是反事故演习。由于事故的发生是偶然事件，概率很低，使工作人员，尤其是运行人员对事故状态下的安全操作和处理不熟悉。为保证紧急状态下操作和处理的正确性，通过反事故演习，可使工作人员得到反复的操练、强化，并对预定的反事故措施进行检验。

反事故演习按以下三个阶段进行：

（1）首先要设定事故模式，模拟事故状态；

（2）演习人员根据模拟状态对事故进行分析判断，执行相应的反事故措施；

（3）评判人员对演练结果进行评分，并对反事故措施进行检验。

为能真实模拟事故状态，反事故演习最好能在仿真装置或仿真机上进行。这样不仅有较真实的现场效果，演习人员也容易得到实际操练，并可以反复进行。另外，利用仿真装置或仿真机，可以对多种事故进行模拟，也可以对发电运行人员进行轮流培训。

二、安全检查

安全检查也是安全生产管理工作的重要内容之一。它是电力企业行之已久的一项安全措施，是防患于未然、广泛动员和组织职工搞好安全管理工作的一种有效方法，是贯彻"安全第一、预防为主、综合治理"方针的实际行动。通过系统的、有组织的、有步骤的、不同形式的各种检查，可有效地发现各类事故隐患、不安全因素和管理制度上存在的问题，及时了解和掌握各项规章制度、反事故措施的落实情况，以便及时采取防范、整改措施。因此，安全检查是消除事故隐患，防止伤亡事故和职业病发生的必要手段。其目的在于完善各项规章制度，提高安全管理水平，推动安全生产工作。

安全检查对提高各级领导和工人的安全思想意识作用极大，通过检查能全面了解企业安全管理状况，总结经验，找出薄弱环节并作出评价，为企业领导制定防止事故和职业病的对策提供重要依据。

1. 安全检查的组织形式

安全检查一般可分为日常性安全检查、定期性安全检查、阶段性安全检查、专业性安全检查和季节性安全检查等。这几种检查也可以结合进行，也可以分别进行。

（1）日常性安全检查。日常性安全检查是普遍的、全员性的安全检查活动，如班前班后的岗位检查、文明生产责任区检查，涉及范围是对各自负责的生产区域的全面性检查，包括工作环境、安全设施、操作人员、机械设备、工器具、个人防护用品、通道、材料堆放等的自检、互检以及交接班的检查。

（2）定期性安全检查。根据原国家电力公司或现各集团公司《安全生产工作规定》的要求，企业应定期实施安全检查。根据《电力建设安全健康与环境管理工作规定》的要求，集团公司每年应组织一次省际的互查；省公司每年应不少于两次；企业（公司、分厂）、建设单位每季度应组织一次，送变电工程的建设单位可会同施工企业共同组织检查；分公司、分厂每季度至少一次；班（组）每周一次。

企业组织的安全检查，应使用"安全管理工作检查表"，"安全生产施工专业检查表"或"送变电安全施工工序检查表"，并予以评分。企业组织的安全检查，其总结评价报告应及时报送上级有关部门。

定期安全大检查，负责组织检查的单位的行政领导应亲自主持并参加，同时应邀请同级工会负责人参加。

（3）阶段性安全检查。阶段性安全检查是针对电力生产建设和各个不同生产施工阶段的特点所进行的安全检查。如：设备大修期间的检查、锅炉大件吊装前的检查、汽轮机扣盖前的检查、锅炉水压前的检查、锅炉点火前的检查、整套启动试运前的检查等。送变电工程阶段性安全检查如基础施工、杆塔组立、架线作业等。

（4）专业性安全检查。专业性安全检查是针对某一个专业及工种的专门检查。具体如施工电梯安全检查、起重机械安全检查、锅炉压力容器安全检查、施工用电设施安全检查、脚手架安全检查等。

（5）季节性安全检查。季节性安全检查是根据不同季节生产施工的特点开展的安全检查。如春季或秋季安全大检查、防暑降温安全检查、防汛防台风安全检查、防寒防冻安全检查等。

安全检查应结合安全性评价进行。

2. 安全检查的主要内容

安全检查的主要内容是检查人、设备、工具在生产运转过程中的安全状况，检查各项管理制度在生产过程中的贯彻执行情况。内容很多，归纳起来大致分为四大部分。

（1）查领导。是否坚持"安全第一、预防为主、综合治理"的安全生产方针；是否把安全工作列入重要议事日程并付诸实施；是否做到"五同时"（计划、布置、检查、总结、评比）以及各级安全生产施工责任制的落实情况。

（2）查管理。查各项安全管理制度的建立及执行情况；查安监部门和其他有关部门的安全管理效能；查安全网络的组织和活动情况；查二级单位和班（组）安全管理工作。

电力系统随着大机组、大容量设备的投入，新工艺、新技术的采用，高度自动化的发展，对安全管理提出了更高的要求。事实证明，如果对技术开发和工业生产中各种固有的潜在危险以及可能出现的危险考虑不周、防范不当，就会发生灾难性的事故。

安全检查，就是要在检查过程中，根据新情况、新要求，直接查找或通过具体问题及时发现管理缺陷，特别是一些管理制度的缺陷，及时修正、及时弥补，对管理制度实行动态管理。并在此基础上，不断推进现代化安全管理，使安全管理与技术进步同步发展。

（3）查隐患。查生产施工现场存在的事故隐患（如井、坑、洞、盖板、栏杆、保温、照明、通风情况，机械设备的防护罩、壳，各种气瓶，压力容器，化学用品等的使用管理情况，安全工器具的配置、定期试验情况，起重工器具、电气工器具、机械工器具是否存在缺陷等）；查"两票三制"的执行情况；查"三违"（违章指挥、违章作业和违反劳动纪律）；查生产现场安全工作的组织措施和技术措施的落实情况；查人员劳动保护用品的正确使用；查安全设施及安全标志的设置；查文明生产施工情况。

构成安全生产的三个基本要素是人员、设备和管理，这三个要素是有机地联系和组合在一起的。其中人员是安全生产的决定性因素，一切事故的发生与人的劳动和管理上的失误、失职行为都有必然的因果关系。安全检查，就是要及时地发现人在作业过程中的违章行为。对电力系统来说，人员的习惯性违章是造成人身伤害的主要原因，是安全检查的重点。安全生产检查要以各专业的规程为准，对不同的工种、现场、环境进行检查。单调重复的操作，容易引发人员疲劳、注意力涣散、思想不集中，往往会引发误操作，对此类作业人员的检查重点是人的精神状态；对安装、调试、检修的作业人员，应着重检查是否降低工作质量，偷工减料，简化工艺流程，减少调试项目的劳动时间而产生的习惯性违章。

对设备的安全检查要根据设备运行的规律，各类设备事故发生的因果关系，通过听、看、闻、摸、测试、测量等手段，及时发现设备的隐患并预测事故。对设备的安全检查应从规划、设计、制造、安装、调试、运行和检修等各个环节着手，检查位置布置、周围环境、容量配置的合理性，检查设备的检修、试验、保养及设备预试，校验是否定期进行，检查设备的老化、腐蚀、磨损程度。

（4）查事故处理。是否真正做到了"四不放过"；是否按照有关规定进行事故调查、处理、统计和上报。

3. 对安全检查中发现问题的整改

安全检查要坚持检查与整改相结合的原则，对安全检查中发现的重大问题，应填写"安全隐患整改通知书"分送有关单位限期整改。对重大的或涉及全局的问题，应同时抄报上级主管部门备案。

"安全隐患整改通知书"应由存在事故隐患单位的领导负责接收和组织整改。对因故不能立即整改的问题，应采取临时措施并制定整改计划报上级备案。

生产施工单位和建设单位应建立事故隐患的登记、整改、检查、销案制度及管理台账。

三、安全考核与奖惩

安全考核与奖惩制度是电力生产的一项基本管理制度。实践表明，只要安全生产的全员意识还未达到较佳的状态，职工自觉遵守安全法规和制度的良好风气未能完全形成之前，安全生产考核与奖惩是企业实现安全生产目标的必要措施和手段，实行严格的安全考核与奖惩制度是一刻也不能放松的工作。

（一）安全考核与奖惩的必要性

1. 安全考核与奖惩的含义

安全生产考核与奖惩是指企业的上级主管部门，包括政府主管安全生产的职能部门，企业内部的各级行政领导或委托安全生产的管理部门等，按照国家安全生产的方针政策、法规和企业规章制度的有关规定，对企业及企业内部各级实施安全生产目标控制管理时所下达的安全生产各项指标的完成情况，对企业法人代表和职工执行安全生产法规、规章制度的情况所采用的一种经济的、行政的监督、约束和激励措施。安全考核和奖惩一般是一级对一级考核，而对违章现象和行为人，既可以直接、又可以间接的考核。

2. 安全考核奖惩的必要性

党和国家在安全生产上的一系列方针政策和法规是基于我们国家的社会主义性质，为防止或减少事故发生，保护国家、集体财产免遭损失，保护人民生命财产免受损失、伤害而制定颁发的。企业内部与之配套的具体的安全生产规章制度，是用鲜血和生命换来的教训和经验总结。所以这些法规、制度是我们必须认真遵守和正确执行的，而自觉认真地正确执行的基础，①建立在全民安全意识的不断强化之上，其主要手段是通过各种形式的宣传、教育、培训；②必须以经济的、法律的、行政的手段强制监督职工和包括企业法人代表在内的全体公民认真去执行这规定。安全生产的考核和奖惩就是经济的、行政的强制手段。

我们国家由于历史和教育的原因，曾经存在着全民安全生产意识比较淡薄的状况。当前国家正处在向社会主义市场经济过渡和转轨阶段，由于存在安全劳动技能教育培训欠缺的劳动者和在安全生产上研究、投资欠缺的经营者的现况，加之当前劳动力市场供大于求，如果我们放弃安全考核与奖惩这一十分有效的强制性手段和措施，劳动者忽视采取自身保护措施的无知，引发的违章劳动生产行为和经营者忽视采取保护劳动者的措施的违法渎职行为就得不到控制，其结果必然是事故的频发，安全生产得不到保证，社会生产力的稳定发展就会受到破坏，甚至引起政治上的不安定。因此，对国家来说依靠法律的、经济的手段推行安全生产的政策法规是必需的。对企业来说以安全考核、安全奖惩的手段来约束、规范和激励全体职工的安全生产行为是十分必要的。

（二）安全考核指标

1. 省电力公司对各电力企业的安全考核指标

安全生产的各项指标是衡量一个企业或部门安全生产水平好坏的一个重要标志，对各个企业或部门来说，由于生产条件和环境的不同，安全生产各项指标可能不同。安全考核中除了将发生了事故的事后安全情况作为一项重要的指标考核外，还按照"安全第一、预防为主、综合治理"方针，将事前安全预防工作的执行情况，诸如"两措"（安全技术措施和反事故技术措施）完成率等，也作为一项重要安全指标考核。随着安全生产工作的进一步强化，"两措"完成率指标的考核将更加重要。发电集团公司各企业规定的安全生产考核指标是依照安全生产目标控制要求制订的，其主要安全指标如下：

（1）人身重伤事故率指标；

（2）人身死亡事故"零"指标；

（3）重大发供电设备、施工设备事故指标；

（4）发、输、变、配电事故率；

（5）发电企业机组非计划停运次数；

（6）发电企业发电设备可靠性和供电企业供电可靠率指标；

（7）根据装机容量和主变压器容量规定的长周期无事故记录（百日无事故记录）；

（8）劳动保护和安全技术措施计划与反事故技术措施计划的制订及完成率；

（9）春、冬季安全大检查，特殊安全检查等执行情况以及隐患整改完成率。

2．电力企业内部的安全考核指标

电力企业内部对基层车间、公司，车间、公司对基层班组，班组对职工个人的安全生产指标考核，是按照安全生产目标逐级分解落实和要求下达的。用于企业内部安全考核的指标主要有：

（1）设备障碍的控制次数（尤其是责任性的）；

（2）人身轻伤的人员伤害次数/人数；

（3）运行人员的误操作事故；

（4）责任性异常和未遂；

（5）安全生产例行工作执行情况（如安全大检查，分场、班组安全活动质量，"两措"项目、安全大检查整改项目完成情况等）；

（6）工作票、操作票正确执行合格率和千条操作无差错；

（7）反违章教育以及违章控制情况。

奖惩规定：

（1）在安全生产中，应贯彻奖惩相结合的原则。对安全生产作出贡献的单位或个人，应给予奖励；由于失职违章作业，违章指挥以致造成事故者，应给予经济处罚和行政处分；情节严重触犯刑法者，由司法机关依法惩处。

奖励可分为：表扬、奖励、晋级、授予荣誉称号等。

经济处罚可分为：免奖、罚款、赔偿经济损失。

行政处分可分为：警告、记过、记大过、降级、撤职、留用察看、解除劳动合同。

（2）各级电力部门的奖励制度或奖金分配原则应体现"安全第一"的方针，把安全生产作为评奖的首要条件：安全责任大和贡献大的奖励高于一般的运行人员，运行人员高于其他人员，主要工种高于一般工种，工作条件艰苦的高于一般的，大机组值班人员高于小机组值班人员，直接参与安全管理的技职人员高于一般管理人员。

（3）生产单位安全奖励应设立：长期安全无考核事故记录奖、特殊贡献奖、千次操作无差错奖和综合奖。各发电集团公司根据具体情况制订相应的奖励条例。也可根据地方的情况实行安全目标管理奖。奖金由发电集团公司的安全奖励基金（包括从利润基数留成和超额利润留成及其他超产奖中提取）中支付。

（4）对保持长期安全无考核事故记录的大容量的主力发电厂和供电局，以及在安全上有特殊贡献的单位或个人，由发电集团公司授予特殊奖。

（5）在综合奖中，安全部分的奖金额一般不应低于40%。其他超产奖、省煤节电奖等都应从中提取一定比例用于安全奖励。

（6）各项安全奖金的发放应经本单位安全监察部门审核同意。对弄虚作假、隐瞒事故者，一经发现，除扣除已发出的奖金外，还应严肃处理。事故未查明做出结论者，暂停发奖，在查清后再决定补发或停发。

（7）各单位应以适当的形式总结表彰在安全生产中作出显著贡献的先进单位、集体或个人。区域公司每两年一次，省公司每年一次。

（8）发生特大事故和未完成事故率指标的网、省局由国家电网公司按有关规定予以处罚。

（9）发生重大和一般事故的单位，由网、省局制定考核办法处罚。

（10）凡发生重大事故经过分析确认责任属设计、修造、施工、安装等部门者，应由上级主管部门对所属有关责任单位施行罚款，并给予责任者应得的处分。

（11）各项事故扣罚款应用于安全奖励或加强安全生产的措施费用，由安监部门安排使用。

第三节　电力生产中的事故调查与事故处理

一、事故调查

1. 事故调查组织

事故就其发生的几率来看，除偶然发生外，都有其发生的规律。只有真正把事故发生的原因调查和分析清楚，研究和掌握事故发生的规律，并通过对事故的信息反馈作用，才能为开展反事故斗争、积极预防事故、促进电力生产全过程安全管理提供科学的依据。

一旦事故发生后，应立即按照事故的性质、事故发生单位的隶属关系和原电力部《电业生产事故调查规程》（简称《调规》）的规定，成立事故调查组织进行调查分析。它是"四不放过"的组织保证，亦是一项积极、严肃的组织管理工作。

事故调查的组织一般根据事故的性质决定。

（1）特大事故的调查按照国务院1989年第34号令《特别重大事故调查程序暂行规定》，由省、自治区、直辖市人民政府或者电力集团组织成立特大事故调查组，负责事故的调查工作。

（2）重大人身伤亡事故的调查，按照国务院1991年第75号令《企业职工伤亡事故报告和处理规定》的规定，由事故单位上级主管部门（或企业主管单位）会同当地安全监管局、公安部门、监察部门、工会组成事故调查组，负责对事故的调查工作。

（3）重大设备事故的调查一般由发生事故的单位组织调查组进行调查。对特别严重的事故或涉及两个及以上发供电单位、施工单位的重大设备事故，主管电网公司、发电集团公司（或企业主管单位）的领导人应亲自或授权有关部门组织事故的调查工作。

（4）人身死亡事故和重伤事故的调查按照国务院1991年第75号令的规定，死亡事故由企业主管部门会同企业所在地设区的市（或相当于设区的市一级）安全监管局、公安部门、工会组成调查组进行事故的调查工作。调查组中应包括企业的安监部门、生技（基建）部门、人力资源、工会、监察等有关专业部门，调查组还应邀请地方人民检察机关派员参加事故的调查，由企业主管部门的领导任组长。重伤事故由企业领导或其指定人员组织安监、生技（基建）、人力资源、工会、检察等有关人员参加事故的调查工作。

（5）一般设备事故的调查由发生事故的单位领导组织调查，安监、生技（基建）部门和有关车间（工地、工区、分场）领导以及专业人员参加。对只涉及一个车间（工区、工地、分场）且情节比较简单的一般设备事故，也可以指定发生事故的车间（工区、工地、分场）领导组织调查。对性质严重和涉及两个及以上的发供电单位、施工单位的一般设备事故，上级主管单位应派人参加调查或组织调查。

（6）一般电力系统根据事故涉及的范围，分别由主管该电力系统的电管局、省电力局或供电局的领导组织调查，安监部门、调度部门、生技（基建）部门和有关发供电单位的领导与专业人员参加。

（7）配电事故由事故发生部门的领导组织调查，必要时安监人员和有关专业人员参加。对性质严重的配电事故，电局领导应亲自组织调查。

（8）轻伤事故的调查由事故发生部门的领导组织有关人员进行调查。性质严重时，安监、生技（基建）、人力资源等有关人员以及工会成员应参加调查。

（9）一类障碍的调查由一类障碍车间（工区、工地、分场）的领导组织调查。必要时，上级安监人员和有关专业人员参加调查。性质严重的，发供电单位、施工单位的领导应亲自参加调查。

（10）二类障碍、异常、未遂事故的调查一般由发生班组的班组长负责调查。对性质较为严重的，可由车间（工区、工地、分场）领导组织调查。

2. 事故的调查

查清事故原因是采取反事故对策、落实防范措施、分清和落实事故责任的关键工作，一定要严肃认真、科学谨慎，切忌敷衍了事，或掩盖事故真相，大事化小、小事化了，致使同类事故得不到真正的控制和预防。在这方面，我们曾有过许多沉痛的教训。根据《电业生产事故调查规程》的要求和有关专家的经验，事故的调查一般应做好以下一些工作。

（1）调查掌握事故现场的第一手材料。为了掌握真实的第一手材料，按部《调规》规定，发生事故的单位首先要保护好事故的现场，若因抢险或抢救伤员需要，事故单位要组织好录像、拍照、设置标记、绘置草图、划定警戒线等工作，只有经过安监部门的确认和企业主要领导人的许可后才可以变动现场。

（2）事故调查内容。

1）调查收集事故现场的实况及设备损坏的情况。事故调查组成立后，一般应收集以下资料：

①事故发生前一周内设备和系统的运行情况；人身事故发生前，受害人和肇事者的健康状况，过去的事故记录，工作内容、开始时间、许可情况，作业时的动作（或位置），有关人员的违章违纪情况等。

②事故发生的时间、地点、气象情况，事故经过、扩展及处理情况。

③损坏设备的零部件和残留物在现场分布的情况及尺寸图。

④各种自动记录或事故前 CRT 画面的拷贝。

⑤各种电气开关、热力设备系统的位置，阀门和挡板状态。

⑥故障设备、破口碎片和管道、导线的断面和断口。

⑦人身事故场所周围的环境（包括照明、湿度、温度、通风、声响、色彩度、道路、工作面状况以及工作环境中有毒、有害物质取样分析记录），安全防护设施和个人防护用品的情况。

2）调查收集事故发生时的"黑匣子"、原始记录及有关参数的情况。一般应收集以下资料：

①SOE 记录〔SOE 记录即事件顺序记录，当电力设备发生遥信变位如开关变位时，电力保护设备或智能电力仪表会自动记录下变位时间、变位原因、开关跳闸时相应的遥测量值（如相应的三相电流、有功功率等），形成 SOE 记录，以便于事后分析〕；

②故障录波器动作记录；

③继电保护动作记录；

④自动装置动作记录；

⑤运行记录簿；

⑥运行参数记录表；

⑦事故发生前的有关工作票、操作票。

3）调查收集事故单位规程、制度、管理及设备的原始资料。

①现场规程制度是否健全，规程制度本身及其执行情况；

②企业管理、安全责任制和技术培训等方面的情况；

③设备规划、设计、制造、施工安装、调试、运行、检修等的方面记录文件及质量情况。

4）调查收集事故当时现场人员活动情况的材料。事故的发生往往和现场人员的行为、动作有密切的关系，弄清楚当时人员的位置和动作情况对事故调查极为重要。

首先要了解当时有几个人在场？各人所站的位置在哪里？什么时间在做什么动作？这些情况事故之后或当值人员下班前，由安监部门负责组织有关人员立即各自写出书面材料。要求把事故当时所听到的、看到的、自己在什么位置、在做什么动作或在进行什么工作如实地写出来，并当场交给安监人员。任何人不得拒绝，也不得拖延时间，以保证情况的真实性。

在做这项工作时，要特别注意防止事故过后一段时间才找当时人写材料，这样的材料一般真实性较差，会给事故的调查和分析带来许多困难，或被假象所迷惑，使事故的真正原因无法调查、分析出来。

3. 事故原因分析

事故发生的原因，归结起来有两类：①人的不安全行为；②机械、物质、环境（通称为物）的不安全状态。即人与物两个方面，其中人的因素是主要的；而物的不安全状态中，如设备、元器件本身设计、制造、施工、安装等质量问题，又往往反映出在人员和设备管理上存在的一定缺陷和漏洞，实质上仍是人的问题。

事故原因分析是在事故调查基础上进行的一项十分重要的工作。只有在事故调查掌握真实的全部材料后，通过调查组成员的技术论证、科学计算、模拟试验等，才能找出事故发生的真正原因。事故原因的分析一般应做好以下一些工作：

（1）综合分析事故现场所掌握的一手资料，列出事故发生、发展过程的时序表。根据继电保护或热工保护的动作情况、各种自动记录、事故发生时的 CRT 画面曲线、SOE 或录波图，结合运行人员的事故记录，列出一张以秒级为单位的事故发生与发展过程的时间表，再根据各运行岗位人员书面写出的事故经过材料以及当事人活动情况，对照运行参数和记录进行仔细的核实分析，取其共同合理点写出一张比较确切、真实的时序表。以分析中的矛盾作为问题，列出调查提纲，作进一步调查和分析，即可写出事故发生、发展的经过。

（2）查证。查阅有关图纸、资料和有关规程规范，分析掌握材料中的有关参数和曲线，揭示事故发生的起因。在事故调查的基础上，事故分析一般应查阅以下有关图纸、资料、规程和规章制度。

1）与事故有关的部颁规程和现场运行规程，分析是否是由于违反规定制度而造成的事故，同时也可审查规程和制度本身是否存在漏洞。

2）查阅设备厂家的设备说明书和图纸，研究分析设备本身在结构上有什么先天的缺陷和问题，或者检查运行或检修中是否有不符合厂家技术要求的问题。

3）查阅检修记录和设备缺陷登记簿，检查分析运行参数、检修质量等有无问题。

4）查阅事故发生前的有关工作票、操作票情况，检查分析是否存有工作过程中的违章而造成事故的可能性。

5）查阅运行参数记录和各种运行记录，分析运行工况、参数有无很大的变化和问题，设备的正常运行维护及试验工作中有无存在问题。

6）查阅职工的考试记录以及培训情况，分析事故处理中有无人员判断失误、处理失误而扩大事故的问题。

7）查阅事故设备的历次试验和检修记录，分析设备事故是否存在潜伏性缺陷发展所造成的问题。

8）查阅与事故相关的有关资料和文件，检查分析是否存有设备在选型、设计、制造、安装、调试中存在的问题等。

4. 事故报告

发生特大、重大、人身死亡、两人及以上的人身重伤事故和性质严重的设备损坏事故，事故单位必须在 24h 内用电话或传真、电报快速向省电力公司（或企业主管单位）和地方有关部门报告，省电力公司应立即向电管局和国家电网公司转报。国家电网公司直属的省电力公司、水电、火电施工企业应立即向国家电网公司报告。此外，按照国务院 1989 年第 34 号令的规定，当发生特大事故后，事故单位应立即向上级归口单位和所在地人民政府报告，并同时报告所在省、自治区、直辖市人民政府和国务院归口管理部门，在 24h 内写出事故报告并报送上述主管和政府部门。事故报告的内容有：

（1）事故发生的时间、地点、单位；

（2）事故的简要经过、伤亡人数、直接经济损失的初步估计；

（3）事故发生原因的初步判断；

（4）事故发生后采取的措施及事故控制情况；

（5）事故报告单位及时间。

一般事故和人身轻伤事故按部《调规》的要求，在每月的月报中进行报告。

对人身死亡、重伤事故，重、特大事故和对社会造成严重响的事故，由事故调查组在事故调查结束后，写出《事故调查报告书》报有关主管和政府部门。特大事故应在 60 天内、重大事故和人身伤亡事故应在 45 天内由事故调查组报送出《事故调查报告书》。遇有特殊情况的，向上级主管部门申述理由并经同意后，可分别延长到 90 天和 60 天；特大事故的结案最迟不得超过 150 天。按国务院 1991 年第 75 号令的规定，伤亡事故处理结案前，应公开宣布处理的结果。结案工作由事故单位所在地劳动部门负责。

二、事故处理

1. 事故处理的基本程序

成立事故调查小组、进行事故调查、分析事故原因、写出事故报告和统计报表、进行事故处理。

在事故调查、查清事故发生原因的基础上，根据国家、行业的有关规定进行事故处理。

2. 事故处理的原则

（1）落实事故责任。在事故处理中，先要落实事故的责任，再按照事故的大小和性质进行处理。根据事故调查所确认的事实，通过对直接原因和间接原因的分析，确定事故中的直接责任者和领导责任者。在直接责任者和领导责任者中，根据其在事故发生过程中的作用，确定主要责任者、次要责任者和扩大责任者，并确定各级领导对事故的责任。

凡因下列情况造成事故的，根据有关法规，要追究有关领导者的责任。

1）违反安全职责，或企业安全生产责任制不落实；

2）对贯彻上级和本单位提出的安全工作要求和反事故措施不力的；

3）对频发的重复性事故不能有力制止的；

4）对职工培训不力、考核不严，造成职工不能安全操作的；

5）现场规程制度不健全的；

6）现场安全防护装置、安全工器具和个人劳保用品不全或不合格的；

7）重大设备缺陷未及时组织排除的；

8）违章指挥，强令职工冒险作业的；

9）上级已有事故通报，防范措施不落实而发生同类事故的；

10）对职工违章行为不制止或视而不见而发生事故的。

（2）事故处理的原则。事故责任确定后，按照人事管理的权限对事故的责任者提出处理意见，经主管部门审核批准后，公开事故处理结果。

1）对下列情况应从严处理：

①因忽视安全生产，违章指挥、违章作业，玩忽职守或者发现事故隐患、危害情况不采取有效措施，造成严重后果的，对责任人员要依法追究刑事责任；

②在事故调查中采取弄虚作假、隐瞒真相或以各种方式进行阻挠者；

③在事故发生后隐瞒不报、谎报或故意迟延不报、故意破坏现场或者无正当理由拒绝接受调查，以及拒绝提供有关情况和资料者。

2）对在事故处理中积极恢复设备运行、救护和安置伤亡人员，并主动反映事故真相，使事故调查顺利进行的有关事故责任者，可酌情从宽处理。

3）在电力生产发生事故后的处理中，必须对照执行"四不放过"的原则。"四不放过"具体地概括了事故处理的基本步骤和过程，其中特别突出了补救措施、积极对待的态度和意义以及对事故责任者的处罚，所以是反事故措施中的重要内容。尤其是"事故责任者得不到处理不放过"直指事故责任处理的软肋，给事故责任人和所有从事安全生产工作的人们都以极大的震慑和警醒。在具体实行时，由于单位和个人对此原则在认识深度上存在的差别以及客观上存在某些问题，虽然同样都是贯彻"四不放过"原则，且都认真地做了，但在实际收效上却有着极大的差别。通常，应按以下要求兑现"四不放过"的原则：

①首先应澄清事故原因。这一点是整个事故处理的第一步，也是进一步分析、制订措施的基础所在。对于一般常见事故，其原因不难查找；对于一些意想不到的突发事故的原因，要弄清其根源相对不易。这就需要做好事故时现场的调查取证，召集工程技术人员开展讨论、检验方法进行鉴定，实事求是地取得第一手资料是处理一切事故的前提。

②落实某些能使事故责任者和广大职工受到教育的举措。电力系统的事故，绝大多数是由于违章作业和生产管理上的漏洞造成的。安全管理的对象是人，安全生产的动力也是人。因此要堵塞事故漏洞，首先必须对电业职工从思想上进行安全教育。通过具体的事故现场，从精神上震撼他们、警醒他们，直至深掘事故责任者的思想根源。其主要方法和目的如下。

a. 开好班组内部有当事人参加的事故分析会和班组成员之间进行互相批评的检查会。对发生事故的全过程、步骤、细节详加分辨，对事故所造成的后果和损失予以定论，从主观方面确认产生事故的根源。

b. 对照有关规程制度剖析事故的要害所在，发生事故过程中具体的违章行为环节、数量，澄清发生事故时在技术上存在的问题。

c. 澄清事故中暴露出来的在现场管理制度上存在的问题，检查管理制度是否完善、在执行上是否得力、管理人员在工作中是否发生了失误等。

d. 公开事故，惩处事故责任人，严格兑现与经济责任制挂钩的安全责任制度条例，让血的代价留下血的教训。通过对事故的反复分析讨论，分清事故的主要责任者、次要责任者、领导责任，根据事故的性质和影响，应责成他们分别写出书面检查，进行深刻的思想反省。酿成重大事故的，依据情节、诉诸法律，承担刑事责任。

③"四不放过"的目的主要是通过深掘事故根源，使人人都能吸取教训，制订和落实反事故措施，促进安全生产、运行水平提高，亡羊补牢，将坏事变好事。往往，一次事故是一类事故的必然反映。从运行的角度看，最初只是缺陷萌芽阶段，这时如果管理上能够采取恰当的超前措施，是可以积极消除的。

案例 1：某 110kV 变电站新投 10kV 开关柜，不久因电缆管处未填实（用不合格的水泥砂浆堵洞），有老鼠攻入，引起该断路器三相弧光短路发生爆炸，使该 10kV 母线停电。第一次事故分析会后立即堵塞了该孔洞。主管单位领导主持会议重新分析工作中的不安全因素，由点及面，由此及彼，现场查看，又发现了 35kV 间隔同样有即将被老鼠打通的孔洞，给班组人员敲响了警钟。他们按着这样的思路和方法，对全站的电气设备和设施进行了全面核查，又查出了 10kV Ⅱ 母电缆墙体裂缝，户外排洪渠洪水一到，该室坑内的同期用电压互感器电缆头必定被淹，由于立即采取了措施，避免了事故，消除了隐患。

案例 2：某热电厂在锅炉小修后的启动过程中，致使锅炉发生严重超压事故。事故经过是 6 号炉小修后点炉升压过程中，汽包 2 号安全门动作，立即熄火停炉降压，锅炉检修人员检查时发现安全门重锤掉在炉顶平台上，吊卡完好，随即装好重锤。锅炉检修人员未进行认真分析，认为安全门是误动，又加了一个 8kg 的小重锤。重新点火升压，汽包 2 号安全门再次动作，查看炉顶汽包就地压力表 3.7MPa，操作盘饱和汽压力表指示 1.35MPa。此时锅炉运行人员怀疑操作盘压力表指示不准，联系热工值班人员处理，处理后操作盘饱汽和压力表上升至 3.0MPa。后决定停炉检查，对 6 号炉进行了全面外观检查并做了水压试验，未发现异常。事后通过估算汽包 2 号安全门第二次动作压力是汽包额定工作压力的 1.378 倍。

在上述两例中，前者措施积极、主动，由此及彼，从预防为主的立场堵塞了不少漏洞，而后者，未予进行认真分析，盲目进行检修，因而才导致了不同的影响与后果。兑现"四不放过"原则的重要性，由此可见一斑。

复 习 思 考 题

1. 电力生产安全管理工作内容及现代化。

2. 电力生产安全管理的体系。

3. 安全考核与奖惩形式。

4. 安全教育培训的形式。

5. 简述车间、班组安全教育培训的内容。

6. 安全生产的宣传工作的任务和内容。

7. 事故调查组织与事故调查的内容。

问　答　题

1. 如何理解"人、装备、制度"在安全生产中作用？

2. 电力生产安全管理工作主要内容是什么？

3. 安全管理现代化具有哪些特点？

4. 安全教育培训的目的和要求是什么？

5. 安全生产的宣传工作的作用是什么？

6. 安全生产检查的目的和形式是什么？

7. 简述安全考核与奖惩的必要性。

8. 反事故演习有何作用？

9. 事故调查的目的和内容是什么？

10. 事故处理的原则是什么？

11. 简述事故处理"四不放过"原则的目的和意义。

第 三 章

安 全 用 电 知 识

第一节 触 电

一、触电的基本概念

在电能的生产、输送和使用过程中，如果电力生产工作人员不懂得电的安全知识、不采取可靠的防护措施或者违反《电业安全工作规程》，就可能发生人身触电伤亡事故。

（一）触电的概念

触电是指超过一定数量的电流通过人体，产生机体损伤或功能障碍。由于人体组织有60%以上是由含有导电物质的水分组成的，所以人体是良导电体；当人体触碰带电体并形成电流通路时，电流就会通过人体，导致人体触电。另外，带电体与人体之间闪击放电，或者电弧波及人体时电流通过人体进入大地，或通过其他导体形成导电回路，也是触电。

（二）电流对人体的效应

电对人体作用的机理，是一个很复杂的问题，影响因素很多，至今尚未完全探明，在同样的情况下，不同的人产生的生理效应不尽相同，即使同一个人，在不同的环境、不同的生理状态下，生理效应也不相同。为了确保人身安全，国际电工委员会（IEC）做了大量的研究，同时还收集了发生过触电事故的临床资料，通过数据、资料的研究表明，电对人体的伤害，主要来自电流。

电流流过人体时，电流的热效应产生的高温会引起肌体烧伤、碳化或某些器官发生损坏；肌体内的体液或其他组织会发生分解作用，从而使各种组织的结构和成分遭到严重破坏；肌体的神经组织或其他组织因受到刺激而兴奋，内分泌失调，使人体内部的生物电被破坏，产生一定的机械外力引起肌体的机械性损伤。因此，电流流过人体时，人体会产生不同程度的刺麻、酸疼、打击感，并伴随不自主的肌肉收缩、心慌、惊悸等症状，伤害严重时会出现心律不齐、昏迷、心跳呼吸停止自至死亡的严重后果。

（三）电流对人体的伤害

根据触电时人体所受伤害不同，触电可分为电伤和电击两大类。电伤和电击也可能同时发生，这种情况在高压触电事故中是常见的。

1. 电伤

电伤是指由于电流的热效应、化学效应和机械效应对人体的外表造成的局部伤害。最常见的电伤有电灼伤、电烙印和皮肤金属化三种。

（1）电灼伤。电灼伤一般分接触灼伤和电弧灼伤两种。接触灼伤发生在高压触电事故时，电流流过的人体皮肤进出口处。一般进口处比出口处灼伤严重，接触灼伤的面积较小，但深度大，大多为3度灼伤，灼伤处呈现黄色或褐黑色，并可累及皮下组织、肌腱、肌肉及血管，甚至使骨骼呈现碳化状态，一般需要治疗的时间较长。

当发生带负荷误拉、合隔离开关及带接地线合隔离开关时，所产生的强烈电弧都可能引起电弧灼伤，其情况与火焰烧伤相似，会使皮肤发红、起泡，组织烧焦、坏死。

（2）电烙印。电烙印发生在人体与带电体之间有良好的接触部位处。在人体不被电击的情况下，在皮肤表面留下与带电接触体形状相似的肿块痕迹。电烙印边缘明显，颜色呈灰黄色，有时在触电后，电烙印并不立即出现，而在相隔一段时间后才出现。电烙印一般不发炎或化脓，但往往造成局部麻木和失去知觉。

(3) 皮肤金属化。皮肤金属化是由于高温电弧使周围金属熔化、蒸发并飞溅渗透到皮肤表面形成的伤害。皮肤金属化以后，表面粗糙、坚硬。金属化后的皮肤经过一段时间后方能自行脱离，对身体机能不会造成不良的后果。

电伤一般发生在肌体外部，在不是很严重的情况下，无致命危险。

2. 电击

(1) 电击的概念。电击是指电流流过人体内部造成人体内部器官的伤害。当电流流过人体时造成人体内部器官，如呼吸系统、血液循环系统、中枢神经系统等发生变化，机能紊乱，严重时会导致休克乃至死亡。

电击使人致死的原因有三个方面：①流过心脏的电流过大、持续时间过长，引起"心室纤维性颤动"而致死；②因电流作用使人产生窒息而死亡；③因电流作用使心脏停止跳动而死亡。研究表明"心室纤维性颤动"致死是最根本、占比例最大的原因。

电击是触电事故中后果最严重的一种，绝大部分触电死亡事故都是电击造成的。通常所说的触电事故，主要是指电击。

(2) 电击伤害的级别。电击伤害程度一般可分为以下四级：

Ⅰ级：触电者肌肉产生痉挛，但未失去知觉。

Ⅱ级：肌肉产生痉挛，触电者失去知觉，但心脏仍然跳动，呼吸也未停止。

Ⅲ级：触电者失去知觉，心脏停止跳动或者肺部停止呼吸（或者心脏跳动和肺部呼吸都停止）。

Ⅳ级：临床死亡，即呼吸和血液循环都停止。

(四) 影响触电伤害程度的因素

1. 触电伤害程度与通过人体的电流大小的关系

触电时，通过人体电流的大小是决定人体伤害程度的主要因素之一。

通过人体的电流越大，人体的生理反应越明显，人的感觉越强烈，引起心室颤动所需的时间越短，因此触电死亡的危险性也越大。

电流大小与触电伤害程度的关系，通常可用触电时人体呈现的不同状态表示。对于工频交流电，一般把触电电流分为三种，即感知电流、摆脱电流和致命电流。

(1) 感知电流：使人体能够感觉，但不遭受伤害的电流。当通过人体的交流电流达到0.6～1.5mA时，触电者便感到麻酥、针刺感，这一电流值一般称为人对电流有感觉的临界值，简称感知电流。感知电流的大小因人而异，成年男性的平均感知电流约为1.1mA，成年女性约为0.7mA。

(2) 摆脱电流：人触电后能自主摆脱电源的最大电流，称为摆脱电流。摆脱电流通过时，人体除麻酥、针刺感外，主要是疼痛、心律障碍感。摆脱电流也因人而异，成年男性的平均摆脱电流约为16mA，成年女性约为10.5mA。超过上述值的电流，称为不允许通过电流。通过人体的电流，略大于摆脱电流时，人的中枢神经便麻痹，呼吸也停止，若立即切断电源，就可恢复呼吸，因此，通过人体的电流，若超过摆脱电流，时间一长，便会产生严重后果。

（3）致命电流：人触电后危及生命的电流。当电流增大到50mA时，触电者的呼吸器官和心血管系统都会受到致命的伤害；增大到100mA时，其心脏便开始纤维性颤动，即心脏肌肉纤维无规律的紊乱收缩和软弱无力，此时心脏停止跳动，血液停止循环；电流大于5A时，心脏立即停止跳动，呼吸立即中断。在上述情况下，如果电流作用的时间很短（不超过1～2s），温度升高和灼伤未伤害心脏，则在切断电流后，触电者的心脏尚能自主恢复正常跳动，但此时需要采取人工呼吸等急救措施。

2. 触电伤害程度与电流通过人体的持续时间的关系

在其他条件都相同的条件下，电流通过人体的持续时间越长，对人体伤害的程度越高。这是因为：①通电时间越长，电流在心脏间歇期内通过心脏的可能性越大，因而引起心室颤动的可能性也越大。②通电时间越长，对人体组织的破坏越严重，人体电阻因出汗或局部组织炭化而下降越多，所以通过人体的电流也越大。③通电时间越长，体内能量积累越多，因此引起心室颤动所需的电流也越小。

一般认为，工频电流在15～20mA及直流50mA以下，对人体是安全的，但如果持续时间很长，即使电流为8～12mA，也可能使人致命。

3. 触电伤害程度与电流通过人体的途径的关系

电流通过人体的途径不同，使人体出现的生理反应及对人体伤害的程度是不同的。例如，电流通过人体的某一局部，可能引起中枢神经混乱而导致死亡；电流通过人的头部会使人昏迷，甚至不醒而死亡。电流通过脊髓，使人肢体瘫痪。电流通过呼吸系统，会使人窒息死亡；电流通过中枢神经，会引起中枢神经系统的严重失调而导致死亡；由于心脏是人的薄弱环节，通过心脏的电流越大，危险也越大。电流通过心脏会引起心室"纤维性颤动"，心脏停搏造成死亡。研究表明，电流通过人体的各种路径中，哪种电流路径通过心脏的电流分量大，其触电伤害程度就大。左手至脚的电流路径，心脏直接处于电流通路内，因而是最危险的。电流沿左手—前胸和沿心脏肺部—大脑这两条途径通过，后果极为严重；沿左手—右手通过也很危险。右手至脚的电流路径的危险性相对较小。电流从左脚至右脚这一电流路径，危险性小，但人体可能因痉挛而摔倒，导致电流通过全身或发生其他二次事故而产生严重后果。

4. 触电伤害程度与人体电阻及外部（周围）环境的关系

人体触电时，流过人体的电流在接触电压一定时，由人体的电阻决定。人体电阻越小，流过的电流则越大，人体所遭受的伤害也越大。

（1）人体电阻。人体的不同部分（如皮肤、血液、肌肉及关节等）对电流呈现出一定的阻抗，即人体电阻。人体电阻的大小不是固定不变的，它取决于许多因素，如接触电压、电流途径、持续时间、接触面积、温度、压力、皮肤厚薄及完好程度、多汗、潮湿、粘有导电粉尘、脏污程度等。若皮肤破损、潮湿、接触导体的面积和接触压力均大，都会使人体电阻降低，从而触电伤害的程度也增大。

总的来讲，人体电阻由体内电阻和表皮电阻组成。

体内电阻是指电流流过人体时，人体内部器官呈现的电阻。它的数值主要决定于电流的通路。当电流流过人体内不同部位时，体内电阻呈现的数值不同。电阻最大的通路是从一只手到另一只手，或从一只手到另一只脚或双脚，这两种电阻基本相同；电流流过人体其他部位时，呈现的体内电阻都小于此两种电阻。一般认为，人体的体内电阻为500Ω左右。

表皮电阻指电流流过人体时，两个不同触电部位皮肤上的电极与皮下导电细胞之间的电阻之和。表皮电阻随外界条件不同而在较大范围内变化。当电流、电压、电流频率及持续时间、接触压力、接触面积、温度增加时，表皮电阻会下降，当皮肤受伤甚至破裂时，表皮电阻会随之下降，甚至降为零。可见，人体电阻是一个变化范围较大，且决定于许多因素的变量，只有在特定条件下才能测定。一般情况下，人体电阻可按 $1000 \sim 2000\Omega$ 考虑，在安全程度要求较高的场合，人体电阻可按不受外界因素影响的体内电阻（500Ω）来考虑。

（2）外部（周围）环境。通常，外部（周围）环境对触电的伤害程度也有很大影响，一般有以下几种情况：

1）周围空气中含有化学活性气体和毒性气体，这些气体进入人的肌体，会减少肌体的电阻。

2）在潮湿环境中，落在皮肤上的水汽，能溶解皮肤中的矿物质和有机物，能从皮脂中分解出脂肪酸，从而使皮肤电阻降低。

3）在高温环境中，皮肤分泌出来的汗水是良导体。

4）在导电粉尘飞扬的环境中，人的皮肤粘上粉尘和污泥等脏物，也将大大降低皮肤电阻，从而增大触电的危险性。

5. 触电伤害程度与电流种类、电流频率及作用电压的关系

（1）电流种类及频率的影响。电流种类不同，对人体的伤害程度不一样。当电压在 $250 \sim 300V$ 以内时，触及频率为 $50Hz$ 的交流电，比触及相同电压的直流电的危险性大 $3 \sim 4$ 倍。而当电压更高时，则直流电的危险性明显增大。不同频率的交流电流对人体的影响也不相同。随着通过人体电流的频率的增加，人体总电阻减小，从而使通过的电流增大。通常，$50 \sim 60Hz$ 的交流电，对人体危险性最大。低于或高于此频率的电流对人体的伤害程度会减轻。如果频率超过 $1000Hz$，其危险性会显著减少。当频率为 $450 \sim 500kHz$ 时，触电危险便基本消失。但高频率的电流通常以电弧的形式出现，有灼伤人体的危险。频率在 $20kHz$ 以上的交流小电流，对人体已无危害，所以在医院的治疗上用于理疗。

（2）作用于人体的电压的影响。当人体电阻一定时，作用于人体电压越高，则流过人体的电流越大，其危险性也越大。实际上，通过人体电流的大小，并不与作用于人体的电压成正比，随着作用于人体电压的升高，因皮肤破裂及体液电解使人体电阻下降，导致流过人体的电流迅速增加，对人体的伤害也就更加严重。

6. 触电伤害程度触电者的体质和健康状况的关系

电流对人体的作用与人的年龄、性别、身体及精神状态有很大关系。一般情况下，女性比男性对电流敏感，小孩比成人敏感。在同等触电情况下，妇女和小孩更容易受到伤害。此外，患有心脏病、精神病、结核病、内分泌器官疾病或酒醉的人，因触电造成的伤害都将比正常人严重；相反，一个身体健康、经常从事体力劳动和体育锻炼的人，由触电引起的后果相对会轻一些。

上述各因素中，以电流大小和触电时间长短对触电伤害程度的影响最大。

二、人体触电的几种方式

按照人体触及带电体的方式和电流通过人体的途径，触电可分为以下三类：

（一）人体与带电体直接接触电

1. 单相触电

人体接触三相电网中带电体的某一相时，电流通过人体流入大地，这种触电方式称为单相触电。人站在地面上或其他接地导体上，身体某一部位触及一相带电体，在没有采取绝缘措施的情况下，会发生单相触电。大部分触电事故都是单相触电事故。单相触电的解除程度与中性点是否接地有关。

（1）中性点接地的单相触电。电流经过人体、大地、系统中性点接地装置、中性线形成闭合回路，如图 3-1 所示。由于接地装置的电阻比人体电阻小得多，则相电压几乎全部加在人体上，设人体电阻 R_r 为 1000Ω，电源相电压为 220V，则通过人体的电流 I_r 约为 220mA（由于鞋、站立点与地之间的接触电阻等，实际电流较 220mA 要小），远大于人体的摆脱电流，足以使人致命。

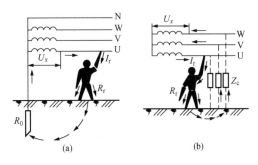

图 3-1　单相触电示意图
(a) 中性点接地系统的单相触电；
(b) 中性点不接地系统的单相触电

（2）中性点不接地系统的单相触电。由于闭合回路中阻抗 Z_c（由线路的绝缘电阻 R 和对地电容 C 组成；在正常情况下 R 相当大，低压系统中对地电容 C 很小）大，通过人体的电流很小，一般不致造成对人体的伤害。可见，中性点接地系统单相触电的危险性比中性点不接地系统要大得多。但当线路绝缘下降，R 减小时，单相触电对人体的危害仍然存在。而在高压系统中，线路对地电容 C 较大，则通过人体的电容电流较大，将危及触电者的生命。

2. 两相触电

当人体同时接触带电设备或线路中的两相导体时，电流从一相导体经人体流入另一相导体，构成闭合回路，这种触电方式称为两相触电，如图 3-2 所示。在各类触电事故中，两相触电的危险性最大。因为触电者触及两根相线时，加在人体上的电压为线电压，通过人体的电流与系统中性点运行方式无关，电流将全部通过人体。例如，在 380/220V 系统中，如果人体电阻按 1000Ω 考虑，则发生两相触电时，通过人体的电流为 380mA，这样大的电流仅 0.18s 就可致命。但是，两相触电的情况并不多见。

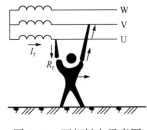

图 3-2　两相触电示意图

（二）间接触电

间接触电是由于电气设备绝缘损坏发生接地故障，设备金属外壳及接地点周围出现对地电压引起的。它包括跨步电压触电和接触电压触电。

1. 跨步电压触电

（1）跨步电压的含义及特点。当电气设备或载流导体发生接地故障时，接地电流将通过接地体流向大地，并在地中接地体周围作半球形的散流，在接地点周围一定范围内的地面上会产生电位差（电压降），如图 3-3 所示。此时，人在该区域内行走时，其两脚之间（一般为 0.8m 的距离）呈现出的电位差称为跨步电压。电流接地点处的电位最高，沿接地点半径的跨步电压随离接地点的距离增大而减小。

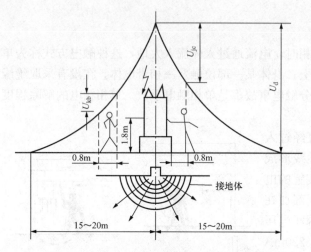

图 3-3　接地电流散的流场、地面电位分布图
U_d—接地短路电压；U_{jc}—接触电压；U_{kb}—跨步电压

（2）出现区域。跨步电压常出现在电气设备故障接地点附近和输配电线路断线落地处。此外，雷击时避雷针、避雷器动作，接地极附近也存在着跨步电压。通常，这些故障点 20m 半径范围内都存在跨步电压触电的危险。

（3）跨步电压触电。由跨步电压引起的触电称为跨步电压触电。人体承受跨步电压时，电流一般是沿着人的下身，即从脚→腿→跨→腿→脚流过，与大地形成通路，电流很少通过人的心脏等重要器官，看起来似乎危害不大，但是，跨步电压较高时，人就会因双脚发麻、抽筋而倒地，这不但会使作用于身体上的电压增加，还有可能改变电流通过人体的路径而经过人体重要器官，因而大大增加了触电的危险性，经验证明，人倒地后若电压持续 2s，也会发生致命的危险。

（4）注意事项。出现跨步电压触电伤亡事故的主要原因是：在上述故障点附近活动的人员未掌握离开危险区域的正确方法。因此，为预防跨步电压触电，必须注意以下几点：

1）不得随意接近故障地点、导线断落接地点或在雷雨天靠近避雷针接地极埋设地点。

2）必须进入或接近上述地点时，进入人员应穿绝缘靴，并采取其他防护措施。

3）当误入上述区域时，应单脚着地朝故障点反方向跳出危险区或站在原地不动，等待救援，切不可迈步走近故障点，以防跨步电压伤害。

2. 接触电压触电

在正常情况下，电气设备的金属外壳是不带电的，由于绝缘损坏、设备漏电，使设备的金属外壳带电。接触电压是指人触及漏电设备的外壳，加于人手与脚之间的电位差（脚距漏电设备 0.8m，手触及设备处距地面垂直距离 1.8m），由接触电压引起的触电称为接触电压触电。若设备的外壳不接地，在此接触电压下的触电情况与单相触电情况相同；若设备外壳接地，则接触电压为设备外壳对地电位与人站立点的对地电位之差。当人需要接近漏电设备时，为防止接触电压触电，应戴绝缘手套、穿绝缘鞋。

（三）人体与带电体的距离小于安全距离的触电

前述几类触电事故，都是人体与带电体直接接触或间接接触时发生的。实际上，当人体与带电体（特别是高压带电体）的空气间隙小于一定距离时，虽然人体没有接触带电体，也可能发生触电事故。这是因为人体与带电体的距离足够近时，人体与带电体间的电场强度将大于空气的击穿场强，空气将被击穿，带电体对人体放电，并在人体与带电体间产生电弧，此时人体将受到电弧灼伤及电击的双重伤害。这种与带电体的距离小于安全距离的弧光放电触电事故多发生在高压系统中。此类事故的发生，大多是工作人员误入带电间隔，误接近高压带电设备所造成的。因此，为防止这类事故的发生，国家有关标准规定了不同电压等级的最小安全距离（见表 3-1），工作人员距带电体的距离不允许小于此距离值。

电压等级（kV）	安全距离（m）	电压等级（kV）	安全距离（m）
10 及以下（13.8）	0.70	154	2.00
20～35	1.00	220	3.00
44	1.20	330	4.00
60～110	1.50	500	5.00

表 3 - 1　　　　　　　　　　设备不停电时的安全距离

三、人身触电事故分析

1. 高、低压触电

电气设备分为高压电气设备和低压电气设备两种：设备对地电压在 250V 以上者为高压设备；设备对地电压在 250V 及以下者为低压设备。

高压会致人于死命，这是毫无疑问的，也是一般人能认识到的。人接触电压在 1kV 以上的导线，就会立即触电死亡。所以，在高压电气线路和高压电气设备附近一般都挂有"止步，高压危险！"的标示牌，人们一见到，就立即警惕，避而远之。但是，对于低压线路和低压设备，某些人就缺乏警惕，误以为低压无大危险。

电压高低只是决定触电者伤害程度的因素之一。致人于死命的因素是通过人体的电流大小，而不是电压的高低。当然，在人体电阻一定的条件下，触及带电体的电压越高，通过人体的电流越大，所以危险性也越大。但是，当人处于不利的条件下（例如皮肤上有导电粉尘或全身湿透），皮肤电阻显著降低，此时即使接触低电压，电流也会远远超过人体的安全电流（男性一般为 9mA，女性为 6mA）。据记载，甚至在 36V 电压下也有发生不幸事故的实例。可见，接触高、低压都是危险的。由于人们对低电压的危险性认识不足，所以低压触电多于高压，这是应引起注意的一个重要问题。

2. 发生触电事故的原因

统计资料表明，电力生产过程中，发生触电事故的主要原因有以下几种：

（1）缺乏电气安全知识。在高压线附近放风筝，爬上高压电杆掏鸟巢等；低压架空线路断线后不停电用手去捡相线；黑夜带电接线手摸带电体；用手摸破损的胶盖闸刀等。

（2）电气设备、生产厂房、工作场所及工作使用的工具等不符合安全要求。

（3）违反操作规程。带电连接线路或电气设备而又未采取必要的安全措施；触及破损的设备或导线；带电拉高压隔离开关；带接地线合闸或不验电接地；误登带电设备；带电接照明灯线；带电修理电动工具和换行灯变压器；带电移动电气设备；用湿手拧灯泡等。

（4）在电气设备停电检修或试验时，没有采取完善的组织措施。如对设备的停、送电的联系和指挥不明，各部门之间互相要求不明确，任务交代不具体等，致使有关部门弄错了停电时间和停电范围，造成设备尚未停电就开始检修和试验工作；工作尚未结束就给设备送电；工作人员扩大了检修，试验范围，误走到带电设备上工作等。

（5）在电气设备停电检修或试验时，没有采取可靠的安全措施。如在停电后没将停电设备的各侧三相短路接地，由于运行人员误操作或其他原因，误将高压电送到检修设备上，造成检修设备上工作人员的触电事故。

（6）设备不合格。安全距离不够；二线一地制接地电阻过大；接地线不合格或接地线断开；绝缘破坏导体裸露在外等。

（7）设备失修。大风刮断线路或刮倒电杆未及时修理；胶盖闸刀的胶木盖损坏未及时更换；电动机导线破损，使外壳长期带电；绝缘子破裂，使相线与拉线短接；设备外壳带电等。

（8）噪声高、震动大的环境，使人的血压升高、正常的呼吸节奏受到破坏、情绪烦躁不安，操作电气设备时易发生差错而触电。

（9）工作场所照度低，光线昏暗，使人的心理反应迟钝，情绪低落，注意力不集中，也易动作失常而触及各种电气设备，从而发生触电事故。

（10）其他偶然因素。夜间行走触到断落在地面的带电导线。

综上所述，电力生产过程中造成触电事故的原因，都是违反有关安全规程的结果。触电不仅危及人身安全，也影响发电厂及整个电力系统的安全运行。为此，应采取有效的措施，预防人身触电事故的发生。

3. 操作中会导致触电伤亡事故的失误

电工人员在操作中的以下失误会导致发生触电事故：

（1）检修工作中的失误。如误入带电间隔，误触带电设备，违反操作规程进行带电作业；没有工作票和没有获得允许工作的命令即开始工作；工作中没有监护或监护失误等。在以上情况下，可能发生作业人员自身触电。如果在检修中误送电，则可能造成他人触电伤亡。

（2）运行、维护工作中的失误。如违章单人巡视高压设备间隔；没有按要求断开或接通线路；未验电就进行接地；误送电；由自备发电机供电时未按规定进行必要的倒闸操作等。在所有上述情况下，可能造成作业人员自身或他人触电。

4. 增加触电事故的因素

当存在以下因素时，通常会增大工作人员触电的可能性，因此应引起高度警惕。

（1）电气线路很长且分支线路很多，线路敷设杂乱无章。

（2）在生产过程中需要经常接触电气设备的非载流部分及与电力设备相接的生产设备。

（3）电气设备附近有大量能导电的劳动工具、金属物品或金属构件。

（4）生产场所有大量手持能导电的劳动工具、金属物品或金属构件。

（5）在现场需完成大量的电焊作业。

（6）有未经专业培训的青年工人从事电气设备的维修工作。

（7）在露天场所进行与电气有关的工作。

（8）在封闭的导电外罩中使用电气设备进行工作。

（9）在高温、高湿度的场所或在对绝缘有损害作用的其他地点工作。

5. 触电事故的一般规律

多年的触电事故统计资料表明，触电事故有以下规律：

（1）触电事故有明显的季节性。一般在每年的二、三季度事故较多，6～9月份最为集中。这是因为夏秋两季天气潮湿、多雨，降低了电气设备的绝缘性能；夏季人体多汗，皮肤电阻降低；天气热，防护用具携带不全，工作服、绝缘鞋和绝缘手套穿戴不齐整。因此，触电几率大大增加。

（2）低压触电多于高压触电。这是因为低压电网分布广，低压设备较多，人们对低压电的危险不够重视，管理也不严格；人们经常接触低压电气设备，习以为常，思想上容易麻痹大意。

（3）青年人触电事故多。主要操作人员多数是青年人，接触电气设备的机会多。此外，他们的工龄短，经验不足，安全知识也欠缺。

（4）单相触电事故多。据统计，单相触电事故占总事故的 70% 以上。

（5）触电多发生在电气连接部位。如分支线、接户线、接线端、地爬线、压接头、焊接头、电缆头、电线接头、灯头、插座、控制器、接触器、熔断器等处，容易发生短路、接地、闪络、漏电等故障，因此增加了触电的可能性。

（6）使用携带式、移动式电气设备和手持电动工具造成的触电事故多。由于这些设备和工具经常使用和频繁拆接线，绝缘易破损，且容易误接线。

（7）误操作触电事故多。有时一人单独进行带电作业，由于监护制度不完备和作业人员思想麻痹，造成触电事故。

（8）触电事故原因多数是由两个以上的因素构成的。据统计，90% 以上的触电事故是由两个以上的原因引起的。造成事故的几个主要因素是：缺乏电气安全知识，违反安全操作规程，设备、线路不合格和维修不善。仅一个原因导致触电事故的，不足总数的 8%。要强调指出的是，由于作业者本人的过失而造成的触电事故最多。

（9）触电事故与行业性质有关。例如，冶金、化工、机械、建筑等行业，由于潮湿、高温场所多，移动式和携带式电气设备占的比例相对较大，因此发生触电事故的几率高于其他行业。

（10）农村触电事故多于城市。据统计，农村触电事故为城市的 6 倍。这是由于农村用电条件差、设备简陋、技术水平低、管理不严、电气安全知识缺乏所致。

第二节　预防人身触电的措施

防止人身触电，从根本上说，是要加强工作人员的安全思想教育，严格执行《电业安全工作规程》的有关规定，防患于未然。同时，对设备本身或工作环境采取一定的技术措施也是行之有效的办法。

一、预防触电的组织措施

（1）保证电气设备的安装质量。

（2）加强用电管理，建立健全安全工作规程和制度，并严格执行。

（3）使用、维护、检修电气设备，严格遵守有关安全规程和操作规程。

（4）尽量不进行带电作业，特别在危险场所（如高温、潮湿地点），严禁带电工作；必须带电工作时，应使用各种安全防护工具，如使用绝缘棒、绝缘钳和必要的仪表，戴绝缘手套，穿绝缘靴等，并设专人监护。

（5）对各种电气设备按规定进行定期检查，如发现绝缘损坏、漏电和其他故障，应及时处理；对不能修复的设备，不可使用其带"病"进行，应予以更换。

（6）禁止非电工人员乱装乱拆电气设备，更不得乱接导线。

（7）加强技术培训，普及安全用电知识，开展以预防为主的反事故演习。

二、预防触电的技术措施

防止人身触电的主要技术措施包括：①电气设备进行安全接地；②在容易触电的场合采用安全电压；③采用漏电保护装置。

（一）安全接地

安全接地是防止接触电压触电和跨步电压触电的根本方法。安全接地包括电气设备外壳

（或构架）保护接地，保护接零或重复接地。

1. 保护接地

将一切正常时不带电而在绝缘损坏时可能带电的金属部分（如各种电气设备的金属外壳、配电装置的金属构架等）用金属与独立的接地装置连接起来，称为保护接地，如图3-4、图3-5所示。保护接地可防止工作人员触及时发生触电事故。

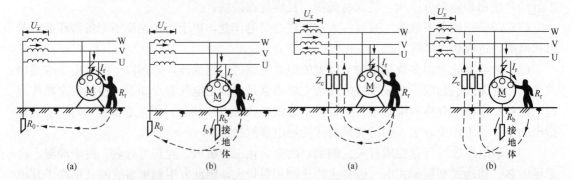

图3-4 中性点接地系统的保护接地原理图
（a）无保护接地时；（b）有保护接地时

图3-5 中性点不接地系统的保护接地原理图
（a）未采用保护接地时；（b）采用保护接地时

正常情况下，电气设备的金属外壳是不带电的。但当设备因绝缘损坏且碰到外壳时，外壳就会带电，如果外壳不接地，人体触及带电外壳时，由于线路对地有电容，或者线路某个地方绝缘不好，就会有电流流过人体而发生触电伤人，若将外壳接地，接地故障电流将沿着接地装置和人体两条通路流过，流过每一条通路的电流值与其电阻成反比。因为人体的电阻比接地体的电阻大得多，所以流过人体的电流很小，从而大大地减少了触电的危害性。

保护接地不仅能够分流，更主要的是利用足够小的接地电阻值，降低故障设备外壳可导电部分对地电压，减小人体触及流过人体的电流，达到防止接触电压触电的目的。

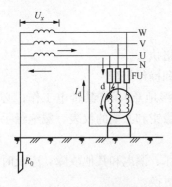

图3-6 保护接零原理图

2. 保护接零

在中性点直接接地的低压供电网络，一般采用的是三相四线制的供电方式。将电气设备正常情况下不带电的金属外壳与电源（发电机或变压器）零线（接地中性线）作金属性连接，这种方式称为保护接零，如图3-6所示。

采用保护接零时，当电气设备某相绝缘损坏碰壳，接地短路电流流经短路线和零线构成回路。由于零线阻抗很小，接地短路电流较大，足以使线路上（或电源处）的自动开关或熔断器以很短的时限将设备从电网中切除，使故障设备停电。另外，人体电阻远大于接零回路中的电阻，即使在故障未切除前，人体触到故障设备外壳，接地短路电流几乎全部通过接零回路，也使流过人体的电流接近于零，以确保人身的安全。

3. 中性线的重复接地

运行经验表明，在保护接零的低压系统中，只在电源的中性点处接地还是不够安全的，为了防止发生中性线断线而失去保护接零的作用，除在中性点接地以外，在中性线的一处或多处通过接地装置与大地连接，即中性线重复接地，如图3-7所示。

在保护接零的系统中，若中性线不重复接地，当中性线断线时，只有断线处之前的电气设备的保护接零才有作用，人身安全得以保护；在断线处之后，若某台设备一相绝缘损坏碰壳时，会使断线处之后所有设备外壳带有危险的相电压；即使相线不碰壳，在断线处之后的负荷群中，如果出现三相负荷不平衡（如一相或两相断开），也会使设备外壳出现危险的对地电压，危及人身安全。

采用了中性线的重复接地后，即使发生中性线断线，断线处之后的电气设备相当于进行了保

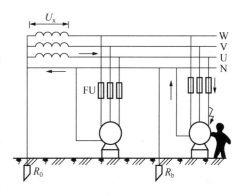

图 3-7 中性线的重复接地原理图

护接地，其危险性相对减小。尽管如此，为了确保安全，还是应在施工时坚持保证质量，在运行中加强维护，杜绝发生中性线断线现象。

在工作现场，人们对电气设备的外壳接地的重复接地线不十分重视，有时检修后忘记将其恢复，有时发现其断股或断线也不及时处理，有人将其剪断也无所谓，平时也不注意检查，这些都可能带来严重的后果。

4. 防雷接地

把防雷设备（如避雷器、击穿保险等）用金属与接地体连接起来称为防雷接地。防雷接地的作用是将雷电流通过接地装置泄入大地中，使电气设备免遭受雷电的损坏。每年 3 月 15 日前，应将防雷设备投入运行。

5. 应该实行接地或接零的设备

凡正常情况下不带电，当绝缘损坏或其他特殊情况下可能带电的电气与机械设备的金属部分，都应该实行保护接地或接零。具体有：

（1）电机、变压器、电器的外壳及其操动机构；

（2）配电盘、控制屏及变配电站的金属构架与金属遮栏；

（3）电线、电力电缆的金属保护管和金属包皮，电缆终端头与中间头的金属包皮，以及母线的外罩与保护网；

（4）电焊用变压器、互感器的二次绕组及局部照明变压器的二次绕组；

（5）照明灯具、电扇及电热设备的金属底座与外壳；

（6）避雷针、避雷器、保护间隙和耦合电容器底座，架空地线及线路的金属杆塔；

（7）超过安全电压，但未采用隔离变压器的手持电动工具或移动电具的外壳等。

6. 可不实行接地或接零的设备

凡下列设备或属下述情况的电气与机械等设备，可以不实行保护接地或接零：

（1）采用安全电压或低于安全电压的电气设备（规程内另有专门规定的除外）；

（2）装在配电屏、控制屏上的电气测量仪表、继电器与低压电器的外壳；

（3）架空线路及户外变电站杆上绝缘子的金具；

（4）在已接地金属构架上的支持绝缘子与套管的金具；

（5）在常年保持干燥且用木材、沥青等绝缘较好的材料铺设地面时，其室内的低压电气设备（包括与它有金属性连接的机械设备等）的外壳。

7. 安全接地的注意事项

电气设备的保护接地、保护接零的重复接地都是为了保证人身安全的，故统称为安全接地。为了使安全接地切实发挥作用，应注意以下问题：

(1) 同一电力系统中，只能采用一种安全接地的保护方式，即不可一部分设备采用保护接地，一部分设备采用保护接零。否则，当保护接地的设备一相漏电碰壳时，接地电流经保护接地体、电流中性点接地体构成回路，使中性线上带上危险电压，危及人身安全。另外，混用安全接地保护方式还可能导致保护装置失灵。

(2) 应将接地电阻控制在允许范围之内。例如，$3 \sim 10 kV$ 高压电气设备单独使用的接地装置的接地电阻一般不超过 10Ω；低压电气设备及变压器的接地电阻不大于 4Ω；当变压器总容量不大于 $100kVA$ 时，接地电阻不大于 10Ω，重复接地的接地电阻每处不大于 10Ω；对变压器总容量不大于 $100kVA$ 的电网，每处重复接地的电阻不大于 30Ω，且重复接地不应少于 3 处；高压和低压电气设备共用同一接地装置时，接地电阻不大于 4Ω 等。

(3) 中性线的主干线不允许装设开关或熔断器。

(4) 各设备的保护接零不允许串接，应各自与中性的干线直接相连。

(二) 安全电压

在人们容易触及带电体的工作场所，工作时的动力、照明电源采用安全电压，是防止人体触电的重要措施之一。

安全电压与通常所说的低压是两个不同的概念。《电业安全工作规程》中规定，设备带电部分对地电压为 250V 以上者为高压，对地电压为 250V 及以下者为低压。事实上 $110 \sim 220V$ 系统中常有人身触电事故发生。所以规程中规定的"低压"并不能理解为安全电压。安全电压是不会使人发生触电危险的电压，即人体接触到带电体后，其各部分组织（如皮肤、心脏、呼吸器官和神经系统等）不发生任何损害所对应的电压。或者是人体触及带电体时使通过人体的电流不大于致颤阈值（摆脱电流的最大值）的电压。通过人体的电流决定于加于人体的电压和人体电阻，安全电压就是根据人体允许通过的电流与人体电阻的乘积为依据确定的。例如，对工频 $50 \sim 60 Hz$ 的交流电，取人体电阻为 1700Ω，致颤阈值为 $30mA$，安全电压取接触电压的限定值 50V。影响人体电阻大小的因素很多，所以根据工作的具体场所和工作环境，各国规定了相应的安全电压等级。我国的安全电压体系是 42、36、12、6V，直流安全电压上限是 72V。在干燥、温暖、无导电粉尘、地面绝缘的环境中，也有使用交流 65V 的。人体对低频交流电，特别是 $50 \sim 60 Hz$ 的交流电，耐受最差。一般来说，人体对电压的安全界限规定为：在干燥的条件下，直流电安全电压不宜超过 65V，绝对安全电压为 24V；50Hz 交流电安全电压不超过 36V。在潮湿的条件下，绝对安全电压应小于 12V。

安全电压是为防止触电事故而采用的由特定电源供电的电压系列。采用安全电压无疑可有效地防止触电事故的发生，但由于工作电压降低，要传输一定的功率，工作电流就必须增大。这就要求增加低压回路导线的截面积，使投资费用增加。一般安全电压只适用于小容量的设备，如行灯、机床局部照明灯及危险度较高的场所中使用的电动工具等。当前我国电力系统中使用的安全电压体系有：

(1) 携带式作业灯、隧道照明、机床局部照明、离地面不足 2.5m 高度的一般照明、手持电动工具等，安全电压均采用 36V。

(2) 在发电机定子膛内工作一般采用 24V。

（3）在工作地方狭窄、行动不便、潮湿阴暗、有导电尘埃容器内工作（如金属容器内、汽包内），必须采用12V。

（4）电焊设备的二次开路电压为65V。

（5）电力电容器在切断电源后应通过放电装置放电，以保证运行和检修人员在停电的电容器上工作时的安全。停电30s内，其端电压不得超过65V。

必须注意的是采用降压变压器（即行灯变压器）取得安全电压时，应采用双绕组变压器而不能采用自耦变压器，以使一、二次绕组之间只有电磁耦合而不直接发生电的联系。

另外，安全电压的供电网络必须有一点接地（中性线或某一相线），以防电源电压偏移引起触电危险。最后还必须指出，安全电压并非是绝对安全的，如果人体在汗湿、皮肤破裂等情况下长时间触及电源，也可能发生电击伤害。

（三）漏电保护装置

在电力装置中安装漏电保护装置，是防止触电事故发生的又一重要保护措施。在某些情况下，将电气设备的外壳进行保护接地或保护接零会受到限制或起不到保护作用。例如：个别远距离的单台设备或不便敷设中性线的场所，以及土壤电阻率太大的地方，都将使接地、接零保护难以实现。另外，当人与带电导体直接接触时，接地和接零也难以起到保护作用。所以，在电网或电力装置中加装漏电保护装置（亦称漏电开关或触电保安器），是行之有效的后备保护措施。

漏电保护器（装置）是一种在规定条件下，当漏电电流达到或超过给定值时能自动断开电路的机械开关电器或组合电器，其主要作用是防止由于漏电引起人身触电事故；其次是防止由于漏电引起的设备火灾以及监视、切除电源一相接地故障。有的漏电保护器还能够切除三相电机缺相运行的故障。

（四）其他技术措施

另外，采用相应的防护措施，如在电气设备的带电部位安装防护罩或将其装在不易触及的地点；在检修工作过程中装设遮栏和围栏，在运行中采用网状遮栏、栅栏，保证工作中的安全距离，也是预防人身触电的有效方法。

1. 保证电气设备的绝缘性能

绝缘是用绝缘物将带电导体封闭起来，使之不能对人身安全产生威胁。一般使用的绝缘物有瓷、云母、橡胶、胶木、塑料、布、纸、矿物油等。

用绝缘电阻衡量电气设备的绝缘性能，是一个最基本的指标。足够的绝缘电阻能把电气设备的泄漏电流限制在很小的范围内，可以防止漏电引起的事故。不同电压等级的电气设备，有不同的绝缘电阻要求，并要定期进行测定。

此外，电工作业人员还应正确使用绝缘用具，穿着绝缘靴、鞋。

2. 采用屏护

屏护就是用遮栏、护罩、护盖、箱盒等把带电体同外界隔绝开来，以减少人员直接触电的可能性。

3. 保证安全距离

电气安全距离是指人体、物体等接近带电体而发生危险的距离。为了防止人体触及和接近带电体，为了避免车辆或其他工具碰撞或过分接近带电体，为了防止火灾、过电压放电和各种短路事故，在带电体与地面之间、带电体与带电体之间、带电体与人体之间、带电体与其他设施和设备之间，均应保持安全距离。安全距离的大小由电压的高低、设备的类型及安装方式等因素决定。

4. 合理选用电气装置

从安全要求出发，必须合理选用电气装置，才能减少触电危害和火灾爆炸事故。电气设备主要根据周围环境来选择，例如，在干燥少尘的环境中，可采用开启式和封闭式；在潮湿和多尘的环境中，应采用封闭式；在有腐蚀性气体的环境中，必须采取密封式；在有易燃易爆危险的环境中，必须采用防爆式。

复 习 思 考 题

1. 人体触电的方式、伤害及影响因素。
2. 发生人体触电的原因及一般规律。
3. 有关安全电压、电气安全距离的概念。

问 答 题

1. 发生人体触电的原因有哪些？
2. 何谓电伤、电击？
3. 触电会对人体造成什么伤害？影响伤害程度的因素有哪些？
4. 何谓安全电压？特殊场合的安全电压是如何规定的？
5. 在低压带电设备上作业如何防止发生人体触电？
6. 在电气工作中应如何防止发生人体触电？
7. 电压相同的交流电和直流电，哪一种对人的伤害大？
8. 何谓跨步电压、接触电压？
9. 在户外巡视检查时如何防止发生跨步电压触电？

第 四 章

电 力 生 产 安 全 技 术

电力工业的安全生产，对国民经济和人民生活的影响极大，电力生产和建设必须按照"四个确保"的要求，坚持"安全第一、预防为主、综合治理"的方针。电力安全生产也是发电企业实现电网安全、优质、经济运行的基础。因此，电力企业要达到安全、优质、经济运行的目的，在开展生产的同时，必须抓好安全工作。电力企业是现代化的社会大生产，采用先进的机械设备，在核电站采用的是高新技术设备。根据电力生产的特点和要求，电力生产必须有一套与之相适应的安全技术。

第一节 安全技术概述

一、安全技术的概念

所谓安全技术，就是指企业在组织进行生产过程中，为防止伤亡事故，保障劳动者人身安全采取的各种技术措施。

在生产活动中，由于在某些作业环境中存在对劳动者安全与健康不利的因素，或者因设备和工具不完善，工艺过程、劳动组织和操作方法存在缺陷，可能引起各种伤亡事故。为了预防这些事故及消除其他一些有碍健康的问题，必须采取各种措施，保障环境、设备、人身安全。所有这些措施，综合统称为安全技术。安全技术与生产技术紧密相联。生产技术是人类在征服自然的斗争中所积累起来的技能和经验。例如，企业生产技术的主要内容包括：生产过程的作业方法或工艺流程，与生产过程和作业方法相适应的各种机具设备的性能和操作方法，工人在生产中积累的操作技能和经验，以及产品的构造、性能、质量和规格等。如果生产技术和生产工艺有了改变，就必须重新研究是否可能出现新的安全问题，进而采取新的措施，消除新的不安全因素。

一般的讲，通过技术改造，采取更完善的、更安全的操作方法，消除危险的工艺过程，设置安全防护装置、保险装置、信号装置、警示装置，为安全而采用的机械化、自动化，以及为安全而设置的一切防护措施和防护用品等，都是安全技术所研究的范畴。通过分析各种事故的原因，采取各种技术措施去消除各种不安全、不卫生因素，消除对职工安全健康构成威胁的事故隐患，减轻劳动强度，改善劳动条件，就是安全技术的任务。

二、安全技术措施

安全技术的最根本目的就是实现生产过程中的本质安全。即便是人的本身产生的不安全行为而违章作业，或者由于个别部件发生了故障，都会因为安全的可靠性作用而避免事故的发生。为了达到这个目的，就要研制在各种生产环境下能确保安全的装置。实现生产过程的机械化与自动化，不仅是发展生产的重要手段，而且也是安全技术措施的奋斗方向，是安全技术首选的理想措施。凡是有条件的地方，都应优先选择这种方案。

就现阶段的生产水平与技术状况来说，还不能实现上述本质的生产工艺过程。因此，必须相应采取有效的安全技术措施，以控制事故的发生。

（一）装设防护装置

装设防护装置主要是采取阻隔、保护有效距离和屏蔽的办法，保护作业不受伤害，这种装置分为三类。

1. 直接防护

直接防护主要是通过增加防护装置达到保护人身安全的目的。凡是不能采取机械化和自动化的场所，在采取安全技术措施时，首先要考虑采用安全防护装置来隔离危险因素，而且要做到美观、适用，不妨碍工作人员操作，不降低生产效率。

根据用途和工作条件的不同，防护装置可分为简单防护装置和复杂防护装置。复杂的防护装置是安装在机器设备上的联锁装置，简单的防护装置指防护挡板、防护罩、防护栅栏和防护网等。防护装置一旦安装到机器上，就视为机器设备的一部分，不得随意拆卸。

2. 距离防护

生产中的危险因素和有害因素的作用程度，一般都是依照与距离有关的某种规律而增减。许多因素的这一性质可以有效地加以运用。例如，对高压电、电离辐射和噪声的防护，均可以通过自动控制和遥控的作业方式，使操作者远离作业地点，来达到减少危险因素和有害因素对人体的不利影响。

3. 屏蔽保护

在危险因素和有害因素的作用范围内设置屏蔽，防止人员与之直接或间接接触，即为屏蔽保护。可分为机械的、光电的、吸收的和反射的等种类。如为防止触电，可以通过遮栏、护罩、护盖、箱盒等把带电体同外界隔离开来，以减少人员直接触电的可能性。

遮栏分为栅遮栏、绝缘挡板和绝缘罩三种，如图 4-1 所示。遮栏用干燥的绝缘材料制成，不能用金属材料制作，遮栏高度不得低于 1.7m，下部边缘离地不应超过 10cm。需与带电部分直接接触的绝缘挡板必须具有高强度的绝缘性能。

火电厂中的遮栏主要用于高压设备部分停电检修时，为防止检修人员走错位置、误入带电间隔及过分接近带电部分的防护。此外，遮栏也用作检修安全距离不够时的安全隔离装置。

遮栏必须安置牢固，并悬挂"止步，高压危险！"的标示牌。遮栏所在位置不能影响工作，与带电设备的距离不小于规定的安全距离（见遮栏安全距离）。

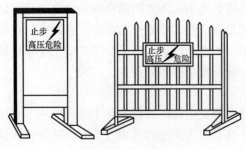

图 4-1　遮栏

如安全膜、安全阀和熔断器等。

（二）保险装置

保险装置是能自动消除因整个生产设备或个别部件发生故障或损坏而导致人身伤害的安全装置。按作用原理保险装置可以分为两类型。

1. 薄弱环节型

薄弱环节型是利用薄弱的元件，在危险因素接近危险数值时，先损坏元件自身泄漏或释放能量，以保护设备安全，避免人身事故，例

2. 自动断电型

自动断电型的作用原理是在机电设备达到危险状态之前，由装置自动切断电源，从而避免事故的发生。例如，自动空气开关、漏电保护器、起重机力矩限制器和行走限制器等。

（三）信号装置

信号装置是应用信号的警告预防事故的装置。它本身不排除危险，只能提醒人们对危险的注意，以便能及时采取预防措施去排除危险或避免危险。信号装置能否取得良好的效果，取决于人们对信号的辨别和对信号含义的了解。信号装置可分为色彩信号装置、音响信号装置和指示信号装置三种。

1. 色彩信号装置

色彩信号装置就是利用色彩学知识而设置的信号装置。国家标准《安全色》（GB 2893—2001）中规定，安全色为红、蓝、黄、绿四种颜色。其中红色的含义为禁止、停止，也表示防火；蓝色的含义为指令，必须遵守的规定；黄色的含义为警告、注意；绿色的含义为指示、安全状态和通行。

2. 音响信号装置

音响信号装置主要是指各种声音报警装置，用以提醒工作人员设备的不正常工作状态或环境有危险。如汽轮机润滑油压低时的声音报警器，轴流风机喘振报警器，电气工作人员在有触电危险的环境里进行巡查、作业时使用近电报警器等。

3. 指示信号装置

指示信号装置主要是指各种仪表，如压力表、温度表、水位计等。操作者可以通过对指针、数字和液柱的观察，来了解压力、温度和液位等变化情况，作出正确的判断和及时的处理。

（四）安全标志

安全标志针对生产现场实际情况，设立符合作业情况的含义明确、字迹鲜明的各种安全标志，以提醒人们注意避免危险。GB 2894—2001 规定了 16 个禁止标志、23 个警告标志、8 个指令标志，此外还规定了 2 个一般指示标志，7 个消防指示标志。

火电厂中常见的安全标志有标示牌和安全牌两类。标示牌的用途是警告工作人员不得接近设备的带电部分，提醒工作人员在工作地点采取安全措施，以及表明禁止向某设备合闸送电等；安全牌是为了保证人身安全和设备不受损坏，提醒工作人员对危险或不安全因素的注意，预防意外事故的发生。

1. 标示牌

标示牌按用途可分为禁止、允许和警告三大类，共计六种，如图 4-2 所示。

（1）禁止类标示牌有："禁止合闸，有人工作!"、"禁止合闸，线路有人工作!"。这类标示牌挂在已停电的断路器和隔离开关的操作把手上，防止运行人员误合断路器和隔离开关，将电送到有人工作的设备上。标示牌为长方形，尺寸为 200mm×100mm 和 80mm×50mm 两种。大的挂在隔离开关操作把手上，小的挂在断路器的操作把手上。标示牌的背景用白色，文字用红色。

图 4-2 标示牌

（2）允许类标示牌有："在此工作"、"在此上下"。"在此工作"标示牌用来挂在指定工作的设备上或该设备周围所装设的临时遮栏入口处；"从此上下"标示牌用来挂在允许工作人员上、下的铁钩或梯子上。此类标示牌的规格为 250mm×250mm，在绿色的底板上绘上一个直径为 210mm 的白色圆圈，在圆圈中用黑色标志"在此工作"或"从此上下"的安全用语。

（3）警告类标示牌有："止步，高压危险"、"禁止攀登，高压危险"。这类标示牌的规格为 250mm×200mm，背景用白色，边用红色，文字用黑色。"止步，高压危险"标示牌用来挂在施工地点附近带电设备的遮栏上，室外工作地点的围栏上，禁止通行的过道上，高压试验地点以及室内构架上和工作地点临近带电设备的横梁上。"禁止攀登，高压危险"标示牌用来挂在与工作人员上、下铁钩架临近的带电设备的铁钩架上和运行中变压器的梯子上。

当铁钩架上有人工作时，在邻近的带电设备的铁钩架上也应挂警告类标示牌，以防工作人员走错位置。

2. 安全牌

在生产现场用不同颜色设置了多种安全牌。人们通过安全牌清晰的图像，引起对安全的注意。发电厂常用的安全牌如图 4-3 所示：

（1）禁止类安全牌。禁止开动、禁止通行、禁止烟火。

（2）警告类安全牌。当心触电、注意头上吊装、注意下落物、注意安全。

图 4-3　安全牌

（a）禁止类安全牌；（b）警告类安全牌；（c）指令类安全牌

（3）指令类安全牌。必须戴安全帽、必须戴防护手套、必须戴护目镜。

以上列举的均为预防事故的直接安全技术措施。此外，定期进行设备维护保养和检测检验，合理布置工作场地，搞好文明生产，都是安全技术不可缺少的措施。同时，还要十分注意加强个人防护，这是防止各种不安全和不卫生因素的最后一道防线。

第二节 电力生产的安全防护及安全使用工具和用具

在电力生产过程中，为了保障作业人员的人身安全，生产现场工作人员必须明确使用安全防护用品和安全使用工、用具的必要性，熟悉安全防护用品，电气安全用具和各种工、用具的性能、用途，掌握其使用和保管方法。

一、安全帽

安全帽一种被运输、电力、冶金、石油、化工、建筑、矿山、隧道挖掘等行业广泛使用的个人安全防护用品。生产现场工作人员使用安全帽的目的主要是为了避免或减轻工作场所发生的坠落物、飞溅物及头部撞碰，高空摔跌对作业人员头部的撞碰伤害。即人的头部发生物体打击时，如果正确戴好安全帽，它就会发挥其保护作用，减轻或避免发生伤亡事故；如果没有戴好安全帽，就会失去其防护作用，使人受到伤害，甚至造成死亡。

1. 安全帽的种类

安全帽的分类按适用范围可分为 Y 类（一般用途）和 T 类（特殊用途）两种。Y 类安全帽是指该类产品应符合国家标准中规定的基本技术要求，而 T 类安全帽除了具有 Y 类安全帽应该达到的基本性能要求外，还应具有产品标准中规定的特殊性能要求。例如，冶金行业为了防止高温熔溅物对劳动者的伤害，要求安全帽具有阻燃特性；电力行业要求安全帽具有防止触电事故的绝缘特性；矿山挖掘和林业采伐要求安全帽具有抵抗侧向挤压的刚性强度；石油、化工和煤炭行业则要求安全帽具有防止产生静电的特性等。

2. 安全帽的选择

在工作时为了保护好头部的安全，选择一顶合适的安全帽是非常重要的。选择安全帽时，应注意的主要问题如下：

（1）要按不同的防护目的选择安全帽，如防护物体坠落和飞来冲击的安全帽；防止人员从高处坠落或从车辆上甩出去时头部受伤的安全帽；电气工程中使用的耐压绝缘安全帽等。

（2）安全帽的质量须符合国家标准规定的技术指标，生产厂家和销售商须有国家颁发的生产经营许可证。安全帽的材料要尽可能轻，并有足够的强度。质量合格的安全帽能够有效地缓解、吸收佩戴者头部所受到的意外冲击。

（3）安全帽在设计上要结构合理，使用时感觉舒适、轻巧，不闷热，防尘防灰。

3. 安全帽的使用

选择了合适的安全帽，正确的使用方法同样重要。使用安全帽时要注意以下几点：

（1）缓冲衬垫的松紧由带子调节，人的头顶和帽顶的空间至少要有 30mm 的距离才能使用，以保证在遭受冲击时帽体有足够的空间可供变形，同时有利于帽体和头部之间的通风。

（2）使用安全帽时要戴正，安全帽的帽檐，必须与目视方向一致，不得歪戴和斜戴，否则会降低安全帽对于物体冲击的防护作用。安全帽的带子要系牢，在发生危险时由于跑动使安全帽脱落，则起不到防护作用。

（3）由于安全帽在使用过程中会逐步损坏，所以要定期进行检查，仔细检查有无龟裂、下凹、裂痕和磨损等情况。注意不要戴有缺陷的帽子。因为帽体材料有老化变脆的性质，所以注意不要长时间在阳光下曝晒。帽衬由于汗水浸湿而容易损坏，要经常清洗，损坏后要立即更换。

（4）最重要的是，使用安全帽要以规章制度的形式规定下来，并严格执行。在工作中不断进行宣传教育，使职工养成自觉佩戴安全帽的习惯。

二、电业安全用具

安全工具不仅能协助工作人员完成工作任务，而且对保护人身安全起重要作用，如防止人身触电，电弧灼伤等。

电气安全用具就其基本作用可分为绝缘安全用具和一般防护安全用具两大类。发电厂工作人员应针对性的了解这两大类安全用具的性能、作用、维护及使用方法。

1. 绝缘安全用具

绝缘安全用具分为基本安全用具和辅助安全用具两种。

基本安全用具是指绝缘强度能长期承受设备的工作电压，并且在该电压等级产生内部过电压时能保证工作人员安全的工具。例如，绝缘棒、绝缘夹钳、验电器等。

辅助安全用具是用来进一步加强基本安全用具保护作用的工具。例如：绝缘手套、绝缘靴、绝缘垫等。辅助安全用具的绝缘强度较低，不能承受高电压带电设备或线路的工作电压，只能加强基本安全用具的保护作用。辅助安全用具配合基本安全用具使用时，能起到防止工作人员遭受接触电压、跨步电压、电弧等的伤害。但是，在低压带电设备上，辅助安全工具也可作为基本安全用具使用。

下面简要介绍电气作业中常用基本安全用具——绝缘棒和验电器。

（1）绝缘棒。又称为绝缘杆、操作杆，它主要用于接通或断开隔离开关、拉合跌落熔断器、装拆携带型接地线以及带电测量和试验等工作。

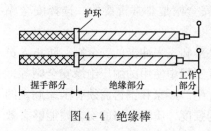

图 4-4　绝缘棒

绝缘棒一般用电木、胶木、环氧玻璃棒或环氧玻璃管制成。在结构上绝缘棒分为工作、绝缘和握手三部分，如图 4-4 所示。工作部分一般用金属制成，也可用玻璃钢等机械强度较高的绝缘材料制成。按其工作的需要，工作部分一般长 5～8cm，不宜过长，以免操作时造成相间或接地短路。

绝缘棒的绝缘部分用硬塑料、胶木或玻璃钢制成，有的用浸过绝缘漆的木料制成。其长度可按电压等级及使用场合而定，例如 110kV 及以上的电气设备使用的绝缘棒，绝缘部分长达 2～3m，为便于携带和使用方便，将其制成多段，各段之间用金属螺钉连接，使用时可拉长、缩短。绝缘棒表面应光滑，无裂纹或硬伤。

绝缘棒握手部分，材料与绝缘部分相同。握手部分与绝缘部分之间有由护环构成的明显的分界线。

使用绝缘棒时的注意事项：

1）使用前，必须核对绝缘棒的电压等级与所操作的电气设备的电压等级相同。

2）使用绝缘棒时，工作人员应戴绝缘手套和穿绝缘靴，以加强绝缘棒的保护作用。

3）在下雨、下雪或潮湿天气，无伞型罩的绝缘棒不宜使用。

4）使用绝缘棒时要注意防止碰撞，以免损坏表面的绝缘层。

（2）携带型电压指示器。一般称为验电器，是一种用以指示设备或线路是否带有电压的轻便仪器。验电器分为低压验电器和高压验电器两类。

1) 低压验电器。又称为试电笔，为便于携带，将其制成类似钢笔的形状，也有些低压验电器做成螺丝刀式样。如图 4-5 所示的验电器，笔尖用铜或钢做成，笔管里有一个圆形的碳素高电阻（安全电阻）和一个氖灯。验电器的笔钩，一方面便于挂在衣袋里，另

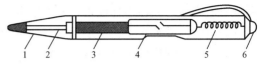

图 4-5　低压验电器
1—胶木笔管；2—金属笔尖；3—电阻；
4—氖灯；5—弹簧；6—金属笔钩

一方面用于使电流通向人体入地。笔中有一个弹簧，用来使笔尖、电阻、氖灯、金属笔钩和它本身保持良好接触。笔身是用绝缘材料制成的。试电笔只能用于 380/220V 系统。

试电笔使用前须在用电设备上验证是否良好。使用时，手拿验电器以一个手指触及金属盖或中心螺钉，金属笔尖与被检查的带电部分接触，如氖灯发亮说明设备带电。灯越亮则电压越高，越暗电压越低。另外，低压验电器还有如下几个用途：

①在 220/380V 三相四线制系统中，可检查系统故障或三相负荷不平衡。不管是相间短路、单相接地、相线断线、三相负荷不平衡，中性线上均出现电压，若试电笔灯亮，则证明系统故障或负荷严重不平衡。

②检查相线接地。在三相三线制系统（Y 形接线），用试电笔分别触及三相时，发现氖灯二相较亮，一相较暗，表明灯光暗的一相有接地现象。

③用以检查设备外壳漏电。当电气设备的外壳（如电动机、变压器）有漏电现象时，则试电笔氖灯发亮；如果外壳原是接地的，氖灯发亮则表明接地保护断线或其他故障。（接地良好氖灯不亮）

④用以检查电路接触不良。当发现氖灯闪烁时，表明回路接头接触不良或松动，或是两个不同电气系统相互干扰。

⑤用以区分直流、交流及直流电的正、负极。试电笔通过交流时，氖灯的两个电极同时发亮。试电笔通过直流时，氖灯的两个电极只有一个发亮。这是因为交流正负极交变，而直流正负极不变。把试电笔连接在直流电的正负极之间，氖灯亮的那端为负极。人站在地上，用试电笔触及直流电的正极或负极，氖灯不亮证明直流不接地，否则直流接地。

2) 高压验电器。其根据使用的电压，一般制成 10kV 或 35kV 两种，如图 4-6 所示。

高压验电器在结构上分为指示器和支持器两部分。指示器是用绝缘材料制成的一根空心管子，管子上端装有金属制成的工作触头，里面装有氖灯和电容器。支持器由绝缘部分和握手部分组成，绝缘和握手部分用胶木或硬橡胶制成。高压验电器的工作触头接近或接触带电设备时，则有电容电流通过氖灯，氖灯发光，即表明设备带电。

使用高压验电器的注意事项如下：

①使用前确认验电器电压等级与被验设备或线路的电压等级一致。

②验电前后，应在有电的设备上试验，验证验电器良好。

③验电时，验电器应逐渐靠近带电部分，直到氖灯发亮为止，不要立即直接接触带电部分。

④验电时，验电器不装接地线，以免操作时接地线碰到带电设备造成接地

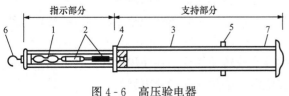

图 4-6　高压验电器
1—氖灯；2—电容器；3—支持器；4—接地螺钉；
5—隔离护环；6—工作触头；7—握手部分

短路或触电事故。如在木杆或木构架上验电，不接地不能指示者，验电器可加装接地线。

⑤验电时应戴绝缘手套，手不超过握手的隔离护环。

⑥高压验电器应按规定进行发光电压试验和耐压试验。

2. 一般防护安全用具

一般防护安全用具没有绝缘性能，其种类有：携带型接地线、临时遮栏、标示牌、安全牌、近电报警器等。临时遮栏、标示牌、安全牌、近电报警器等主要用于防止工作人员走错间隔、误登带电设备、电弧灼伤、高空坠落等事故的发生。携带型接地线用于防止停电检修的设备或线路突然来电，消除停电检修设备或线路感应电压及泄放其上剩余电荷的安全用具。

当高压设备停电检修或进行其他工作时，为了防止停电检修设备突然来电（如误操作合闸送电）和邻近高压带电设备所产生的感应电压对人体的危害，需要将停电设备用携带型接地线三相短路接地，这对保证工作人员的人身安全是十分重要的，是生产现场防止人身触电必须采取的安全措施。

接地线是保证人身安全的"生命线"，要注意正确使用。携带型接地线的保管应对接地线进行统一编号，有固定的存放位置。存放接地线的位置上也要有编号，将接地线按照对应的编号对号入座放在固定的位置上。

三、各种工、用具的安全使用

1. 一般工器具

在使用工器具前必须进行认真检查，对不完整的工器具不得使用。例如大锤和手锤的锤头必须完整，其表面必须光滑微凸，不得有倾斜、缺口、凹入及裂纹等情形。大锤及手锤的把柄必须用整根的硬木制成，不准用大木料劈开制作，锤头与把柄应安装牢固，并将头部用楔栓固定。不允许使用铁把大锤，锤把上不可有油污，不准单手抡大锤或戴手套抡大锤。使用大锤时周围不准有人靠近。

用凿子凿坚硬或脆性物体时（如生铁、生铜、水泥等），必须戴防护眼镜。工作时不准朝向其他人员，以防碎片打伤他人。凿子被锤击部分有伤痕、堆边或沾有油污等不准使用。

锉刀、螺丝刀等工具的手柄应安装牢固，没有手柄的不准使用。

2. 电气工、用具

手持电钻、无齿锯、角向砂轮机等小型电动工器具必须经过检测合格，绝缘良好；使用前必须检查电线良好，有接地线；无齿锯、角向砂轮机使用前应检查其防护罩装设牢固，砂轮片有无裂纹及其他不良情况。

使用时必须接好漏电保护器和接地线，戴绝缘手套；使用角向砂轮机时应戴防护眼镜，火星应向下，不准朝向他人，必要时应加设防护遮栏；使用无齿锯应戴防护眼镜，火星应向下，操作人员应站在锯片的侧面，不得用力过猛，不得在锯片侧面研磨等。

电气工具的电线不准接触热体，不要放在湿地上，并防止被载重车辆和重物压在电线上的安全措施。

使用电气工具时，不准提着电气工具的导线或转动部分。在使用电气工具工作中，因故离开工作场所或暂时停止工作及遇到临时停电时，必须立即切断电源。

在梯子上使用电气工具时，应做好防止感电坠落的安全措施。

金属容器内使用电气工具应符合《电业安全工作规程（热力与机械部分）》第 57 条

规定。

不熟悉电气工具和使用方法的工作人员不准擅自使用。在使用中发生故障必须找电工修理。使用电钻等电气工具时，必须戴绝缘手套。

使用钻床时，必须把钻眼的物件卡牢固；清理钻孔内金属碎屑时，必须先停止钻头的转动，不准用手直接清理金属碎屑；使用钻床不准戴手套。

使用锯床时，工件必须夹牢。长的工件两头应垫平，防止工件锯断时伤人。

3. 行灯具

临时的行灯电源必须接到固定电源箱内或临时设置的临时电源箱内。

使用的行灯具和电线应完好无损且无漏电现象，必须使用插头、插座，使用时不得乱拉乱扯，应高挂 2.5m 以上。

行灯变压器的一次接线应由电气专业人员负责连接。行灯变压器外壳应有良好的接地，接线柱上应有清楚的电压等级数值。

行灯电压不准超过 36V，金属容器内及潮湿的作业场所行灯电压不准超过 12V。

行灯变压器禁止在汽鼓、燃烧室、凝汽器及其他金属容器内使用。

此外，风动工具、喷灯等的使用必须执行《电业安全工作规程（热力与机械部分）》的有关规定，这里不再赘述。

四、正确保管和使用电业工、用具

（1）存放电气安全用具，电气工、用具及一般工具的场所，应有明显的标志并"对号入座"做到存取方便，存放场所要干净、通风良好，无任何杂物堆放。

（2）凡橡胶制品的电气安全用具，不可与石油类的油脂相接触，存放环境不能过冷或过热。也不可与锐器、铁丝等放在一起。

（3）绝缘手套、绝缘鞋、绝缘关钳等，应放在柜内，要与其他安全用具分开。使用中应防止受潮，受污或损伤。

（4）绝缘棒应保持存放在干燥的地方，以防止受潮；绝缘棒应放在特制的架子上或垂直悬挂在专用挂架上，以防其弯曲；绝缘棒不得直接与墙或地面接触，以免碰伤其绝缘表面；绝缘棒应定期进行绝缘试验，检查有无裂纹、机械损伤、绝缘层破坏等。

（5）验电笔用过后应存放在匣内并悬于干燥处。

（6）对绝缘手套、鞋等，不允许有外伤、裂纹、气泡或毛刺等。发现有问题时，应立即更换。如果绝缘工具遭受表面损伤或者已经受潮，则应及时进行处理或使之干燥，并在试验合格后方可继续使用。

（7）无论任何情况，电气安全用具均不可作为它用，对安全用具应进行定期试验，各试验项目要能合乎标准与要求。

（8）每次使用完毕的工、用具，应擦拭干净放回原处，避免污损。

第三节 发电厂设备及系统的安全运行

发电厂设备运行是指在电力生产过程中，为使燃料、锅炉、汽轮机、电气、化学、电除尘器等设备及其系统启动、停止、正常运行维护，以及事故情况下的紧急处理，发电厂运行值班人员对发供电设备进行的监视、控制、操作和调整。

发电厂运行值班人员在上述工作中，为保证人身安全和设备安全，必须遵循有关设备的运行规程、技术规范及安全技术措施，遵守《电业安全工作规程》的有关规定；在进行设备及系统操作（即值班人员将设备及系统从一种状态转变为另一种状态的操作过程）时，要严格执行热力机械、电气操作票制度和相应的安全技术，正确、规范地进行设备及系统的操作，防止由于运行操作不当引起人身和设备不安全事故的发生。

一、热力机械、电气操作票制度

操作票是准许操作人员对发电设备执行操作而作的书面命令，也是操作人员进行安全操作的书面依据。

热力机械、电气操作票制度中涉及三类工作人员，操作票审查人、操作负责人（监护人）、操作人员，确定其任职条件和安全职责。

操作票审查人由班长（单元长）担任。班长（单元长）接受值长发布的操作任务，并向监护人和操作人下达具体操作任务。班长（单元长）负责审查操作票中操作任务和具体操作项目、顺序是否能安全、正确地执行，是否符合现场实际。操作中发现异常立即进行处理或向上级汇报。

操作监护人必须具备操作人的条件，且技术水平高于操作人。对重要的操作，必须由班长（单元长）担任监护人。监护人对操作人的每项操作进行不间断地监护，对操作任务中每项操作是否按操作票所列顺序安全、正确地执行；每项操作与操作票核对是否存在跳项、倒项、漏项等问题，发现问题应立即纠正，发现异常立即向班长、值长汇报。

操作人必须是经过培训、考试合格后经车间批准，能独立担任本岗位工作的当值运行人员。操作人按操作任务的要求在监护人的监护下对操作票所列项目进行操作，并对每项操作的操作质量负责。

热力机械及电气的操作主要包括以下几个方面：①热力、电气设备的启动和停止；②热力、电气系统的切换操作；③改变运行方式的操作；④设备试验操作；⑤设备检修前采取安全隔离措施的操作。

以下情况应使用热力机械、电气操作票：①复杂的操作程序，不能颠倒的大型热机启、停操作；②一旦操作失误将造成重大损失的操作；③倒闸操作；④需要切换系统运行方式及隔离系统进行检修作业的操作；⑤热机主管部门或车间制定的需要使用操作票的其他操作。

注：电气操作中最典型（重要、经常、复杂）的是倒闸操作。其重要性在于进行倒闸操作时，一旦发生误操作，不仅会影响供电或损坏设备，还可能危及操作人员的人身安全和电网的安全运行。

倒闸操作是指电气设备改变运行状态或电力系统改变运行方式时，对开关电器的拉合、操作回路的拉合、控制及动力电源的拉合、继电保护装置和自动装置的投退及切换，以及临时接地线的装拆等操作。

执行热力机械、电气运行操作一般要符合以下安全技术规范（执行程序）：

1. 发布和接受操作任务

发布和接受操作任务应按以下规定进行：

（1）值长根据检修申请或调度命令和运行方式的安排，在发令前，应对照系统图，通知热机班长填写操作票。对有双重编号的设备，发令时应使用设备双重编号。受令人接受任务时，复诵无误后，将操作任务记入运行日志中。

（2）在发布和接受操作任务时，双方应互通单位，互报姓名。

（3）值长或班长在发布命令时，要用正规操作术语；应说明操作目的和有关注意事项。

（4）班长应根据操作任务的要求，指派合格的操作人和监护人。根据当时的运行方式和设备状况，全面详细地布置操作任务，交代安全注意事项。

2. 操作票的填写

（1）操作票由操作人填写；

（2）操作票应使用蓝色笔或黑色笔填写，不准使用红色笔和铅笔填写；

（3）由于某些操作项目繁多，路径不一，为避免填写操作票时发生错项、漏项、次序颠倒，按《电业安全工作规程》的要求，一份操作票只能填写一个操作任务，一项操作只能填写一个操作内容；

（4）填写操作票应使用设备的双重名称，即设备名称和编号，填写要清晰，不得涂改。

3. 操作票的审核

操作人写完操作票后，应按以下要求审查与核对：

（1）自己先审查一遍，然后交监护人审查，监护人审查后交班长和值长审查。

（2）为了保证操作项目和顺序的正确，操作人和监护人应对照系统图及实际运行方式状态进行认真检查（即操作的模拟预演），发现问题及时纠正。

（3）经核对后确认操作票正确无误，由监护人在操作项目下面的空白格处加盖"以下空白"章，然后由操作人、监护人签名后，交班长、值长审查并签名。签名不得使用铅笔和红色笔。

（4）操作票经审核无误签名后，监护人将该票放好，等候值长或班长下达执行操作的命令。

（5）如使用固定操作票，同样必须履行审查、核对、签名等手续。

4. 执行命令的发布和接受

执行命令的发布和接受应按以下要求：①值长或班长应根据需要和操作票的准备情况，及时下达操作命令；②当监护人接受值长或班长下达的操作命令时，必须复诵命令，在得到发令人的许可后，将时间、操作内容记入运行日志内。

5. 进行热力机械、电气操作

执行热力机械、电气操作，应按以下要求进行：

（1）热力系统的切换操作必须由两人进行，其中一人监护，一人操作。

（2）一组操作人员只能持有一个操作任务的操作票。

（3）操作中必须按操作项目依次进行操作，禁止跳项、倒项、添项、漏项。

（4）在进行每项操作前，监护人和操作人应首先核对设备的名称、编号和运用状态。经过核对无误后，操作人站好位置，准备操作。

（5）进行每项操作时，先由监护人按操作项目高声唱票，操作人接令后再核对设备名称、编号无误后，手指被操作设备高声复诵，监护人确认复诵无误后并最后核对设备名称、编号和位置正确后，发出"对，执行！"的命令，操作人经3s思考后方可进行操作。

（6）每一项操作后操作人在监护下，必须认真检查操作质量。经检查良好后该加锁的立即加锁，该封堵的立即封堵。同时监护人应立即在该操作项目左侧打"√"。

（7）对第一项、最后一项和重要操作项目应在该项右侧填写实际操作时间，中间的一般操作项目可不填写操作时间。

（8）在操作过程中，无论操作人或监护人对操作发生疑问或发现异常时应立即停止操作。不准擅自更改操作票，必须向班长或值长报告，待将疑问或异常查清消除后方可继续进行操作。

（9）全部操作项目进行完毕后，监护人和操作人还应共同进行一次复查，以防漏项、错项。

案例 1： 1983 年 6 月，某电厂 7 号机组在停炉操作尚未全部结束，而锅炉正在补水过程中，运行人员误将锅炉补水变成了满水打压（作水压实验），在汽包水位正常后继续充水，使低温蒸汽进入汽缸，造成上、下缸温差大，汽缸、隔板变形，动静间隙变小。在此情况下又转入正常工况启动，结果造成了高压转子发生永久性弯曲事故。

案例 2： 1999 年某电厂发生 200MW 机组轴系断裂事故。在主油泵与汽轮机主轴间齿形联轴器失效，造成主油泵小轴与汽轮机主轴脱开，主油泵停止工作，转速失去监测，调节系统失控的情况下，运行人员未能认真分析机组跳闸原因，仍按正常操作程序再次启动机组（无任何转速监视手段），从而引发了轴系断裂事故。

案例 3： 2000 年 6 月 12 日，某电厂 2 号机组 2 号空气预热器传动机构检修工作结束，准备首次试转空气预热器的 3 台传动电动机的转向及转子运转情况，预计依次试转盘车电动机→1 号电动机→2 号电动机，并采取试转其中一台电动机时，另外两台电动机停电和松开控制熔断器的措施。在盘车电动机和 1 号电动机依次送电试转合格停运后（这两台电动机处于送电状态，但控制熔断器已松开），接着送电试转 2 号电动机。此时操作人发现起不来，分析原因为 1 号电动机松开熔断器后停止状态未返回，闭锁 2 号电动机启动，随后便将 1 号电动机控制熔断器上紧，再次启动 2 号电动机。启动成功后，发现转向反了，联系停运 2 号电动机，5s 后 1 号电动机联启（2 号电动机未停），此时就地发现 2 号空气预热器传动机构端盖破裂，传动机构损坏，紧急停运 2 号机 2 号空气预热器，并转入检修。

众多事故案例验证： 操作时目的不清就动手操作，操作中发现疑问不停止操作而硬闯过关往往会引发事故。实际工作中不规范操作的形式多种多样，如：一次填写了多份操作票，操作时张冠李戴拿错操作票；估计操作票中某个阀门或设备状态没有人会更改，不必检查操作，跳项进行下一项操作；操作人没操作，监护人提前在项目序号左侧打"√"；先操作后补写操作票；操作时不复诵，站位随便，监护人估计操作人清楚操作内容和地点而不纠正操作人不规范的行为；无监护或操作人与监护人一起动手操作；遇到疑问更改操作票；不检查操作质量等。操作不规范，终究会酿成事故。因此，在执行操作票制度时，应坚持"五不操作"的原则，即：①未进行模拟预演不操作；②操作任务或目的不清楚不操作；③未经唱票复诵及 3s 思考不操作；④操作中发生疑问或异常不操作；⑤操作项目的检查不仔细不操作。（热机操作的模拟预演主要是对照系统图及实际运行方式状态进行）

6. 汇报、盖章与记录

操作结束后，应及时汇报、盖章、记录：①操作全部结束后，监护人应立即向发令人汇报操作开始和终了时间，并做好记录，在右上角加盖"已执行"章；②班长将操作任务及起止时间、操作中发现的特殊问题汇报值长，并记入运行日志内；③操作票应存放有序，待有关人员随时查看。

二、火电厂运行安全技术

火电厂运行安全技术包括燃料、锅炉、汽轮机、电气、化学、电除尘器设备及其系统启动、停止、正常运行维护，以及事故情况下的紧急处理等诸多方面，下面就锅炉设备、汽轮机设备、电气设备及其系统举例说明。

（一）锅炉燃烧的调节安全技术

1. 燃烧调节重要性、目的和要求

锅炉燃烧工况及整个燃烧过程是否稳定直接影响锅炉机组和整个电厂的安全、经济运行。如：燃烧过程不稳定，将引起蒸汽各参数和水位的频繁变化，若调节不及时，会发生超参数情况下运行，从而缩短了设备的使用寿命或直接损坏设备；炉膛温度过低，会影响燃料的着火和正常燃烧，容易引起锅炉灭火；炉膛温度过高或火焰中心偏斜，将会引起水冷壁管，凝渣管结焦或烧损设备，还可能增大过热器的热偏差，造成局部管壁超温，发生爆管事故。因此，燃烧工况稳定是保证锅炉机组安全运行的重要条件。

燃烧调整的目的：保证锅炉在设计的汽温、汽压和蒸发量等参数下稳定运行；保证迅速着火、燃烧稳定、火焰中心位置正确、火焰分布均匀、不烧损喷燃器；保证在满负荷时，防止水冷管壁、凝渣管结焦和汽温过高。低负荷时防止锅炉灭火；使锅炉机组安全、稳定、经济运行。

保证燃烧过程的稳定，必须保持合理的风、粉配合；保持合理的一、二次风配合；保持送、吸风量的配合，保持适当的炉膛温度。合理的风、粉配合就是要保持最佳的过剩空气系数；合理的一、二次风配合就是要保证着火迅速，燃烧稳定，燃烧完全；合理的送、吸风量配合就是要保持适当的炉膛负压，减少漏风。当运行工况改变时，这些配合应及时调整。调整得当，即能保证锅炉机组的安全运行，又能减少热损失，提高锅炉效率。

2. 燃烧调整

（1）锅炉正常运行所有给粉机应全部投入运行，各给粉机来粉量应均匀。锅炉出口两侧的烟气温度应均衡，过热器两侧的烟气温度差不超过 40℃。

（2）锅炉负荷变化时，一般情况下采用调整给粉机转数改变给粉量的方法调整锅炉负荷。只有在锅炉负荷变化较大时，方可采用启、停给粉机的方法调整负荷。当增加负荷时，应先开启一次风挡板，待一次风压正常后方可启动给粉机，增加转数，增加负荷；当减少负荷时，应先减少给粉机转数，停止给粉机，减少负荷待一次风管内存粉吹净，方可关闭一次风挡板。

（3）根据锅炉负荷的大小和煤质的好坏，供给适当的空气量，保证合理的过剩空气系数（通过锅炉效率试验来确定）。

（4）对于旋风炉，燃烧调整时应注意：渣口流渣稳定，不淌干粉，不能糊渣口，渣口不能冒黑烟，粒化箱内不能出现白渣；当锅炉负荷和煤的挥发分及灰熔点发生变化时，应注意防止喷燃器和二次风口结焦；注意监视喷燃器壁温不能超过规定的最高允许值，防止喷燃器烧损；当排渣口淌干粉，液态渣中有火星飞溅，粒化箱内出现白渣时，应及时进行燃烧调整，防止析铁生成，出现氢爆事故；当外界负荷影响或风机故障处理需单个前置炉投粉时，应在 48h 内进行前置炉倒换投粉。停粉备用的前置炉如喷燃器或二次风口结焦，应适当通风冷却。

（5）当锅炉负荷过低或煤质过劣，造成燃烧不稳时，应及时投入油枪稳燃，防止锅炉灭火。

（6）当锅炉增、减负荷或进行对燃烧有影响的操作时，应注意保持炉膛负压。正常运行时炉膛负压以保持锅炉顶部不冒烟为准，一般保持在−40～60Pa。

（7）在正常运行中，所有看火孔、检查门、人孔门应严密关闭，应经常监视锅炉各部位的烟气温度和负压的变化。当烟气温度表或负压表指示不正常时，应检查承压部件是否泄漏，炉膛及尾部受热面是否漏风，燃烧室及过热器等部位是否结焦或积灰，燃烧工况是否正常。查明原因采取措施消除。

（8）当点火或稳定燃烧需投入油枪时，应先开风门，再投入油枪。油枪投入后，须检查燃烧情况，发现雾化不良或漏油等不正常情况应及时停止投入油枪，联系检修人员进行处理。在投入油枪前应检查供油压力和供油温度应符合规程所规定的数值。

（二）汽轮机辅助设备的运行与维护安全技术

发电厂的主要设备是锅炉、汽轮机和发电机。但是仅仅有这 3 个主要设备是不能完成电能生产任务的。还必须有辅助设备与主要设备有机配合才能完成电能和热能的生产任务。汽轮机的辅助设备如：凝汽器，高、低压加热器，抽汽器，冷油器及连接这些主辅设备系统的管道、阀门，各转动机械等。辅助设备的运行值班人员是主设备值班人员的有利助手。他们工作质量的好坏与电厂的安全经济运行密切相关。

1. 汽轮机辅助运行中的日常维护

（1）通过经常的检查，监视和调整所管辖的辅助设备的缺陷，及时消除，提高设备的健康水平。预防事故的发生和扩大。提高设备利用率，保证设备长期安全运行。

（2）通过经常性的检查，监视及经济调整；尽可能使设备在最佳工作状况下运行。

（3）定期进行辅助设备的正常试验和切换工作，保证设备的安全可靠性。

2. 汽轮机辅助设备正常运行时，值班运行人员应做的工作

（1）认真监盘，随时注意各种仪表的指示变化，采取正确的维护措施。认真填写运行日志。

（2）每小时抄表一次，并进行分析，发现仪表读数和正常数值有差别时，应立即查明原因，并采取必要的措施。

（3）定期对设备进行巡视，在巡视时，应注意各加热器水位，出入口水温。转动机械的轴承振动、温度、油温、油流、冷却水是否畅通。冷油器出入口油温、汽水油系统的严密性情况，严防漏油着火等。

（4）定期打扫，保持各辅助设备的清洁。

3. 辅助设备运行中的巡回检查

（1）运行泵的检查。

1）电动机。电流、联锁投入位置、出口风温、轴承温度、轴承振动、运转声音等，此处应无异味，接地线良好，地脚螺栓牢固。大电动机在备用时其防潮设施应投入。

2）有关仪表应齐全完好，指示正确。

3）与泵连接的管道保温完好、支吊架牢固、无泄漏、截门开关位置正确。

4）泵。出口压力应正常、盘根不发热和不甩水、运转声音正常、轴瓦冷却水畅通。漏水斗不堵塞、轴承油位正常、油质良好。油环带油正常，无漏油，对轮罩固定良好。

（2）给水泵的检查。按一般运行泵的检查外，由于给水泵有自己的润滑系统及电动机冷风室。因此，还应检查下列项目：

1）串轴指示是否正常；

2）冷风室出入口水门位置情况；

3）油箱油位、油质、小油泵工作情况，油压是否正常；

4）冷油器出入口油温和水温情况。

（3）主冷油器。出入口油温应正常，水侧无正囊、无漏油、漏水现象，油压应大于水压。

（4）凝汽器。凝汽器水位、循环水出入口压力和温度、凝结水温度、各截门开关位置。

（5）高低压加热器。水位、抽气压力、截门开关位置、水压逆止门保护水源应投入、水位调整器工作状况。管道及法兰无漏水、无漏汽、无明显振动。

（6）轴封冷却器。水位、虹吸井的情况，注意水门位置，排汽口的排汽状态。

（7）高、中、低压疏水箱。阀门开关应正确，无漏水漏汽现象。

（8）除氧器。压力、温度、水位是否正常，排汽情况，各截门开关位置，压力调整器及水位调整器工作情况，此外，管道法兰应无漏水、漏汽，安全门工作应正常。

（9）冷却水塔、水位、滤网是否清洁。

4.辅助设备运行中的安全注意事项

（1）辅助设备运行值班人员上岗前，必须经过专业培训。并经上级有关部门组织的考试合格后方可上岗值班。

（2）辅助设备运行值班人员必须熟悉所管辖设备的作用、构造、性能、工作原理及各种工况参数指标。

（3）值班人员工作服要符合要求，不应有可能被转动机械绞住部位，穿好绝缘鞋，戴好安全帽，操作时戴好手套。

（4）检查或擦拭设备时，手脚或身体任何部位不能接触设备的转动部位，防止发生机械伤害事件。不允许运行中清扫转动部位的脏物或污垢。

（5）操作阀门时，要侧对盘根或法兰部位，防止喷出汽水伤人。

（6）操作电动阀门时，在电动位置时操作手转到退出电动位置。防止手轮转动碰伤手和身体的其他部位。

（7）工作场所，照明应充足，损坏的照明设备要及时进行更换。

（8）禁止无关人员靠近管辖的设备。

（三）发电机的运行安全技术

1.发电机的允许运行方式

（1）允许温度和温升。发电机运行中，各部分的温度过高，会使绝缘加速老化，从而缩短它的使用寿命，甚至会引起发电机的事故。一般来说，发电机温度若超过额定允许温度8℃长期运行时，就会使其寿命缩短一半，所以必须严格监视发电机各部分的温度不得超过允许值，同时为了真正反映发电机内部各部分的实际温度，还要监视其温升。发电机的允许温度和温升，决定于发电机采用的绝缘材料的等级，铁芯的允许温度不得超过线圈所允许的温度。

（2）对冷却介质的要求。发电机运行时，将产生铜损和铁损，并转化为热量，使发电机各部位的温度升高，为了保证发电机能在其绝缘材料允许温度下长期运行，必须使其冷却介质符合有关要求，以便连续不断地把损耗所产生的热量排出去。

对于空气冷却的发电机，我国规定的额定入口风温是40℃，当入口风温变化时，如何带负荷，要根据制造厂的规定执行或通过温升试验所确定的数值来监视。若无制造厂规定，应进行温升试验，并应按部颁规程中有关规定执行。

（3）允许的电压变化范围。发电机电压在额定值的±5％范围内变化时允许长期运行。当发电机电压降低较多时，出力必然受到限制，因为定子电流不得超过额定值的105％，否则定子线圈的温度就会升高，超出允许值。此外，当发电机电压过低时，将使电网的稳定受到威胁，所以一般规定发电机电压不应低于额定值的90％。

当发电机电压升高较多时，励磁电流便要增加，转子的温升就有可能超过允许值。同时定子铁芯的磁通密度增高，铁损增大，使铁芯发热增加。此外，较高电压使定子线圈绝缘有击穿的危险，因此值班人员应认真监视及时调整发电机电压在允许范围内运行。

（4）允许的频率变化。若发电机运行中，频率变化较大时，不仅对用户用电极为不利，而且对发电机也会带来有害影响。频率升高，使发电机的转速增高，转子上的离心力增大，易使转子的某些部件频率降低，对发电机的影响有以下几点：

1）引起发电机转子的转速下降，使两端风扇鼓进的风量减少，其后果是使冷却条件变坏，各部分的温度升高。

2）由于发电机电动势与频率及磁通成正比关系，频率降低时，必然增大磁通才能保持电动势不变。这就要增加励磁电流，从而使转子线圈温度升高，否则就得降低发电机出力。

3）增加磁通容易使定子铁芯饱和，磁通逸出，使机座产生局部高温，有的部位甚至冒火星。

4）频率降低时，该转速引起叶片振动的频率接近或等于叶片的固有振动频率时，可能因共振使汽轮机叶片折断。

综上所述，发电机运行时应保证额定频率为50Hz，允许变化范围为±0.5Hz，最大不得超过额定值的±0.5％。

2.发电机的启动、升压和并列

（1）发电机启动过程中的检查。发电机组一经启动，即使转速很低，也应认为发电机与有关的电气装置都已经带电，此时任何人不准在这些回路上作任何工作，以免发生触电事故。

发电机升速到额定转速的一半时，电气值班员应对发电机各部位进行一次检查。应仔细倾听发电机、励磁机内部声音是否正常，有无摩擦和振动，整流子或滑环上的电刷是否正常等。

（2）发电机升压。在开始升压时，发电机定子电压上升较快，磁场变阻器动一点，电压就升高很多，当定子电压到达额定值的80％左右时，增加的速度就慢了。这是因为发电机铁芯接近饱和的缘故，值班人员在升压时要掌握这一规律。

当发电机定子电压升到与电网电压相等时，应检查以下方面是否符合规定。

1）三相定子电流应无指示，否则，应迅速减去励磁，拉开励磁开关，查找原因并处理。

2）三相电压应平衡，并且无零序电压。否则说明定子线圈可能有接地或表计回路有故障，应迅速减去励磁，拉开励磁开关进行处理。

3）转子回路绝缘电阻应合格，否则应查明原因。

4）记录发电机转子电压、电流及定子电压并核对空载特性。这样可以发现转子线圈是否有匝间或层间短路。

5）检查强励回路的低电压继电器触点在断开位置，防止误动作。

（3）发电机并列。为了防止发电机非同期并列，以下三种情况不准合闸：

1）同期表指针旋转过快时，不准合闸。因为此时待并发电机与系统频率相差较多，不好掌握断路器合闸的适当时间，往往会使断路器不在同期点上合闸。

2）同期表指针旋转时有跳动现象，不准合闸。这是因为同期表内部可能有卡住的情况。

3）同期表的指针停在同期点上不动，也不准合闸。尽管在这种情况下合闸是最理想的，但断路器合闸过程中，如果系统或待并机频率突然变时，就可能使断路器正好合闸在不同期点上。

3. 发电机的异常运行及事故处理

发电机运行中，可能出现的异常运行及事故，应按照以下三种情况进行处理：

（1）没有明显危及设备安全运行的异常情况，一般应加强对机组运行工况的监视、分析和必要的调整。

（2）对危及发电机安全运行而可以从缓处理的严重异常情况，一般应大幅度降低机组负荷，以不使事态扩大，必要时尽快减少负荷或解列停机。

（3）对明显和严重危及机组安全运行的事故情况，必须立即按紧急事故停机处理。

第四节　发电厂设备及系统安全检修

运行中的发电设备及系统发生故障，不仅影响发电安全，还可能危及电网的安全运行和人身安全，所以发电设备普遍执行预防性检修制度，即定期对设备进行检修或按设备状态进行检修，可以有效地提高发电设备运行的可靠性，也体现了"安全第一，预防为主"的安全方针。

火力发电厂检修内容主要包括阀门、压力管道、压力容器、锅炉设备、汽轮机设备、电气设备、电气线路、燃料设备、化学设备、热工仪表及设备、除尘设备、焊接与切割等。为保证检修作业的安全，检修人员应严格执行《电业安全工作规程》中有关作业安全的规定及设备的"检修规程"和"技术规范"，与运行值班人员密切配合，自觉遵守现场作业安全措施，才能保证人身安全和设备安全。

由于发电厂的系统复杂，发电设备种类繁多，结构、性能各异，因此，检修作业的安全技术也有所不同。另外，发电厂的发电设备均实行轮换检修制度，即某台设备进行检修，相邻的同类设备则处于运行状态。对于电气设备检修，仅是在一个特定范围内的设备停电检修，其他设备仍是带电或运行中。所以，《电业安全工作规程》制定了包括工作票制度，工作许可制度，工作监护制度，工作间断、转移和终结制度等组织措施，明确作业安全的技术规范。严格执行热力机械、电气工作票制度和相应安全技术，可以保证在生产现场进行设备检修、试验、安装工作时，有可靠的安全工作条件并保证设备安全运行，防止发生事故。

一、工作票制度

工作票是准许工作人员在发电设备上作业的书面命令，也是明确安全工作职责，向工作人员进行技术交底，以及履行工作许可手续，工作间断、转移和终结手续，并实施保证安全的技术措施等的书面依据。因此，在对发电设备进行检修工作时，应按工作性质和工作范围填用不同的工作票。

　　热力机械、电气工作票制度中涉及四类工作人员，工作票签发人、工作负责人（监护人）、工作许可人和检修作业工作人员，并确定其任职条件和安全职责。

　　工作票签发人由熟悉生产技术和现场情况的部门领导或技术人员担任，对作业的必要性、安全性，以及对所派工作负责人和工作人员是否恰当，工作票所填写的安全措施是否完备负责。

　　工作负责人一般由班组长或部门领导指派在业务技术上和组织能力上能胜任保证安全、保证质量完成工作任务的人员担任，对作业的组织、安全措施的落实负责，以及担负现场作业指导和监督作业安全工作。《电业安全工作规程（发电厂和变电所电气部分）》（DL 408—1991）中同时规定，工作票签发人不能同时担任该项工作负责人。

　　工作许可人由对现场设备熟悉，有运行经验的发电运行独立值班人员（一般由运行正、副班长）担任，负责审核工作票的安全措施和具体落实这些安全措施；对工作负责人正确说明哪些设备有压力、高温和有爆炸的危险等。

　　检修作业工作人员是检修作业具体执行人，应遵守现场作业有关安全规定，接受工作负责人的指导和监督，保证检修作业安全地进行。

　　（一）热力机械、电气工作票

　　按《电业安全工作规程》中的规定，进行简单的作业，可按口头或电话命令进行，如取油样、测接地电阻等，但值班员应做好记录，并向发令人复诵核对，必要时应录音。但对可以不填用工作票的事故抢修工作，包括运行人员排除故障工作，仍必须明确工作负责人、工作许可人，按《电业安全工作规程》规定做好安全措施、办理工作许可和工作终结手续。工作许可人应将工作负责人姓名、采取的安全措施、工作开始和结束时间记入值班记录。

　　对比较复杂的热力机械、电气作业，均应按要求填用工作票。工作票是书面形式的作业命令，按作业特点分类，有固定的填用范围和格式，包括填写需要检修或试验的设备名称和编号，以及工作内容、工作地点和安全措施等。

　　1. 工作票的分类

　　发电厂工作票的种类有热力机械工作票、动火工作票、电气一种工作票和电气二种工作票。电气工作票的填用范围按作业特点分类，需要全部停电或部分停电作业为第一类，不需停电或带电作业为第二类。《电业安全工作规程（发电厂和变电所电气部分）》（DL408—1991）中明确规定：在发电厂高电压设备上工作，需要全部停电或部分停电；在高压室内的二次接线和照明等回路上的工作，需要将高压设备停电或做安全措施，应填用第一种工作票。

　　在发电厂的电气设备上带电作业和在带电设备外壳上作业；在控制盘和低压配电盘、配电箱，电源干线上的工作；在二次接线回路上的工作，而无需将高压设备停电；转动中的发电机、同期调相机的励磁回路或高压电动机转子回路的工作；非当值值班人员用绝缘棒和电压互感器定相或用钳形电流表测量高压回路的电流，应填用第二种工作票。

　　2. 工作票执行流程

　　工作票制度是保证检修作业安全的重要措施，从填写工作票开始一直到作业终结，有严格的执行流程，如图 4-7 所示。

　　从流程图可以看出，电厂工作票执行从工作负责人接受作业任务后，根据工作内容、现

场条件填写工作票开始。填写好的工作票由
工作票签发人审定签发，然后提交工作现场
的运行值班人员。运行值班人员接到工作票，
要对作业的必要性、安全措施进行审核，确
认工作票合格，才按工作票所列要求布置作
业安全措施。工作负责人在进场作业前，办
理工作许可手续，从工作许可人处得到工作
许可后，带领工作人员进入现场进行作业。
在作业期间，若发生某些工作变更，如工作
间断、转移，扩大工作范围或变更工作人员，
按有关规定办理变更手续。工作结束后，履
行工作终结手续。至此，该工作票执行完毕。

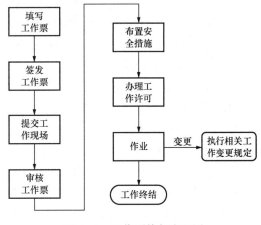

图 4-7　工作票执行流程图

（二）工作票的执行

1. 签发工作票

签发工作票时应按以下规定执行：

（1）工作票签发人根据工作任务的需要和计划工作期限确定工作负责人。

（2）工作票一般应由工作票签发人填写一式两份，签发时应将工作票全部内容向工作负责人交代清楚。工作票也可由工作负责人填写，填写后交工作票签发人审核，工作票签发人对工作票的全部内容确认无误后签发，并仍应将工作票全部内容向工作负责人作详细交代。工作票应由工作负责人送交运行班长。

2. 接收工作票

接收工作票的要求有以下几点：

（1）热力机械工作票一般应在开工前一天，当日消除缺陷的工作票应在开工前 1h 送交运行班长，由运行班长对工作票内容进行审查。必要时填好补充安全措施，确认无问题后记上收到工作票时间，并在接票人处签名。第一种电气工作票应在作业前一日交运行值班人员，使其有充足的时间进行审核安全措施是否完备。第二种电气工作票可在工作当天预先交运行值班人员。

一份工作票应保存在工作地点，由工作负责人收执，作为进行作业的依据。另一份工作票由运行值班人员收执，按值移交。

（2）审查发现问题应向工作负责人询问清楚，如安全措施有错误或重要遗漏，工作票签发人应重新签发工作票。

（3）运行班长签收工作票后，应在工作票登记簿上进行登记。

（4）必须经过值长或运行单元长审批的工作票，应由发电厂作出明确规定。

3. 布置和执行安全措施

按以下程序布置和执行热机工作票所列安全措施：

（1）根据工作票计划开工时间、安全措施内容、机组启停计划和值长或单元长意见，由班长在适当时候布置运行值班人员执行工作票所列安全措施。重要措施应由班长或司机、司炉监护执行。

（2）安全措施中如需由电气值班人员执行断开电源措施时，热机运行班长应填写停电联

系单，送电气运行班长，电气运行班长据此布置和执行断开电源措施。措施执行完毕，填好措施完成时间，执行人签名后，将停电联系单退给热机运行班长并做好记录；如电气和热机非集中控制，措施执行完毕，填好措施完成时间，执行人签名后可用电话通知热机班长，并在联系单上记录受话的热机班长姓名。停电联系单可保存在电气运行班长处备查，热机运行班长接到通知后应做好记录。

（3）安全措施全部执行完毕后应报告运行班长，经运行班长了解执行情况无误后，联系工作负责人办理开工手续。

在执行安全措施时，应符合下列要求：

（1）热力设备检修需要断开电源时，应在已拉开的断路器、隔离开关和检修设备控制开关的操作把手上悬挂"禁止合闸，有人工作！"的警告牌，并取下操作熔断器。

（2）热力设备检修需要电气运行人员做断开电源的安全措施时，如热机检修工作负责人不具备到配电室检查安全措施的条件，必须使用停电联系单取代此项检查。

（3）热力设备、系统检修需要加堵板时，应按工作票制度中的统一要求执行。

4. 工作许可

工作许可制度是落实安全措施，加强安全工作责任感的一项重要制度。工作许可人在检修作业前，对工作内容、安全措施进行核实审查，并逐一落实；在开始检修作业前，工作许可人将工作票一份交工作负责人，自持一份共同到施工现场，由工作许可人向工作负责人详细交代安全措施的布置情况和安全注意事项。工作负责人对照工作票检查安全措施，确认无误后，双方在工作票上签字并记上开工时间，工作许可人留存一份，工作负责人自持一份，作为得到开工许可的凭证。工作负责人即可带领工作人员进入施工现场。

案例1：1999年某电厂化学车间检修班与运行人员办理工作票，准备检修精处理1号鼓风机，运行人员便联系电气人员停电，但配电室内鼓风机标志不清楚，电气人员凭电缆标记将1号鼓风机停电，并将这一情况向化学人员说明。此时正需要启动2号鼓风机，顺便可以验证停电是否正确，于是便启动2号鼓风机，但检修人员在未允许开工时就去检修，且错误地解2号鼓风机外壳螺栓。2号鼓风机启动后，风机外壳上扬，打在该检修人员的胸部，造成重伤。

在这起事故中，该检修人员不仅走错了地点，还提前进行了检修工作。在正式的许可手续未办理前，对检修设备的相关隔离措施是很有可能没有执行完毕的，如：检修地点划定、停电或切断相关的风源、汽源、水源等，甚至还是处于备用状态，随时有转入运行的可能。这时检修人员提前开工就容易走错工作地点或因设备投入运行受到伤害。检修人员不能因为所检修的设备是台小水泵、小风机或小阀门就轻视其危害性，也不能因为检修与运行同属一个车间，就轻视工作票程序。

为保证作业安全措施正确无误，并得到切实执行，在办理好工作票后，还需履行工作许可手续，其工作流程为：审查工作票→落实安全措施→现场检查→确认签名。

应该指出，工作许可命令是按"工作许可人—工作负责人—工作人员"路径传递，即工作负责人从工作许可人处获得工作许可，而工作人员只能从工作负责人处获得工作许可，任何人不能违反工作许可命令的传递要求。

工作人员在执行工作票制度时，应遵循"四不开工"的原则。即：

（1）工作地点或工作任务不明确不开工；

（2）安全措施的要求或布置不完善不开工；

（3）审批手续或联系不完善不开工；

（4）检修（包括试验）和运行人员没有共同赴现场检查或检查不合格不开工。

在作业期间，若需要变更安全措施、工作人员和工作内容，为避免发生混乱酿成事故，应遵守以下规定：

（1）任何人不能擅自变更安全措施，运行值班人员不得变更有关检修设备的接线方式。若有特殊情况需要变动时，应事先征得对方同意。

（2）若要变更安全措施，须重新填用工作票，并重新履行工作许可手续。

（3）若要变更工作人员，须经工作负责人同意；若要变更工作负责人，须经工作票签发人同意，并由签发人将人员变动情况记录在工作票上。

（4）若要增加工作内容（扩大作业范围），须由工作负责人通过工作许可人允许，并在工作票上增填工作项目。

案例2：1998年1月24日某电厂汽轮机检修队队长，带领工作人员擅自扩大检修范围，在高温高压疏水管道上用锤子打保温检查漏点，承压管道爆破，大量高温汽水把几名工作人员冲撞至离故障点6m远的冷却水阀门上，造成头部、胸部严重受伤后死亡。

案例3：1997年某电厂2号机组停机临修，运行人员在调试空气预热器入口烟气挡板时发现该挡板有机械卡涩现象，给检修班组下了相应的缺陷通知单。次日该班组指派一人前往2号机组处理，却错误地走到1号机组的挡板处进行活动试验，造成炉膛压力波动大，频繁报警。司炉查原因发现该挡板信号时有时无，派助手到就地检查，发现该检修人员还在摇动该挡板，立即制止。

这两起案例说明了在开工前明确工作地点和工作任务是非常重要的。在办理工作票许可手续即将开工前，工作负责人一定要将工作地点和任务向工作人员作详细交代。工作中超越划定的检修地点，扩大检修范围是非常危险的，很有可能因原工作票所布置的安全措施和扩大后的工作所需安全措施不一致而发生极不安全的事件。在实际工作中有时还会发生工作人员错走在同类型的机组或相邻的设备上，没有安全措施作保障，也会诱发不良结果。工作负责人和工作成员在没有完全清楚工作地点和任务时，决不能下令开工和动手作业。

5. 工作监护

开工后，在危险性较大的设备，如高压电气设备上进行检修作业或特殊工作，必须执行工作监护制度，否则就会应工作人员的过失而发生事故。因此，执行工作监护制度可使工作人员在作业过程中，得到监护人的指导和监督，及时纠正不安全动作和其他错误做法，避免事故的发生。特别是靠近带电部位的作业及工作转移时，工作监护制度就更为重要。

工作监护人一般由工作负责人担任。在办完工作许可手续后，工作监护人应向工作人员交代现场安全措施，指明带电部位和注意事项，才能准许工作人员开始作业。作业期间，工作负责人（监护人）必须始终在工作现场，对工作人员进行安全监护。工作负责人因故需要离开工作现场，应指定能胜任的人员临时代替。若需长时间离开工作现场，应由原工作票签发人颁发变更工作负责人指令，并办理必要的交接手续。

6. 工作间断、转移和延期

发电、电气设备检修作业一般要经历工作间断、转移、延期、终结几个阶段，为保证作业安全，必须严格遵守工作间断、转移、延期和终结制度的有关规定。

（1）工作间断。工作间断是指因进餐、当日工作时间结束，或室外作业时因天气变化等所发生的作业中断。当工作间断时，检修人员从现场撤离，所有安全措施保持不变。

对当日的短时工作间断（如进餐），工作票由工作负责人执存；间断后无需得到工作许可人的许可，检修人员就可继续工作。

每日工作结束，将工作票交值班员执存。次日复工时，应得到值班员许可，取回工作票，工作负责人须重新检查安全措施，确认符合工作票安全措施的要求后方可开始工作。无工作负责人或监护人带领，检修人员不得进入工作地点。

在工作间断期间，若有紧急需要，值班人员可在工作票未交回的情况下合闸送电，但应确切知道工作人员已撤离现场，并通知工作负责人和其他有关人员，征得同意后方可拆除临时安全措施，恢复常设遮栏，换挂"止步，高压危险"的标示牌，然后合闸送电。并派人在检修人员到场前到工作现场守候，告诉检修人员设备已合闸送电，不得继续作业。

（2）工作转移。在同一厂的检修人员从一个工作地点转移到另一地点进行作业，称为工作转移。

在同一电气连接部分用同一张工作票依次在几个工作地点转移工作时，由于安全措施是工作许可人在作业前一次全部做完的，在上述工作转移时不需办理转移手续；但工作负责人在转移工作地点时，应向工作人员交代作业范围、带电设备位置、安全措施和其他注意事项。

若非上述情况，则要办理工作转移手续，在新工作地点作业开始前要履行工作许可手续。

（3）工作延期。当工作任务不能按批准完工期限完成时，工作负责人一般应在批准完工期限前 2h 向工作许可人申明理由，办理延期手续。一般规定：①两日以上的工作应在批准期限前一天办理工作延期手续。②延期手续只能办理一次，如需再延期，应重新签发工作票，并注明原因。

7. 检修设备试运

需要经过试运检验施工质量后方能交工的工作，应进行检修设备试运。对检修设备试运的要求：

（1）如不影响其他班组安全措施范围的变动，工作负责人在试运前应将全体工作人员撤至安全地点，然后将工作票交工作许可人。

（2）工作许可人认为可以进行试运时，应将试运设备检修工作票有关安全措施撤除，检查工作人员确已撤出检修现场后，联系恢复送电，在确认不影响其他班组安全的情况下，进行试运。

（3）若送电操作需由电气运行人员进行时，热机班长应填好"送电联系单"，交电气运行班长布置撤除安全措施及恢复送电。送电后，在联系单上记下送电完毕时间，执行人签名后由电气运行班长通知热机班长"可以试运"，并在联系单上记录受话人姓名。"送电联系单"保存在电气运行班。

（4）试运后尚需工作时，工作许可人按工作票要求重新布置安全措施并会同工作负责人重新履行工作许可手续后，工作负责人方可通知工作人员继续进行工作。如断开电源措施需由电气值班人员进行时，仍应由热机班长填写"停电联系单"，交电气运行班长联系停电，只有在收到已执行断开电源措施后的停电联系单或接到电气运行班长电话通知断开电源措施已执行时，方可会同工作负责人重新履行工作许可手续。

（5）如果试运后工作需要改变原工作票安全措施范围时，应重新签发新的工作票。

8. 工作终结

工作完工后，应按照以下规定办理工作终结手续：

（1）工作负责人应全面检查并组织清扫整理施工现场，确认无问题时带领工作人员撤离现场，然后向工作许可人讲清检修项目、发现的问题、试验结果和存在问题等。

（2）工作负责人持工作票会同工作许可人共同到现场检查验收，确认无问题时，办理终结手续。

（3）工作许可人在一式两份工作票上记入终结时间，双方签名后盖上"已执行"印章，双方各留一份。

（4）设备、系统变更后，工作负责人应将检修情况、设备变动情况以及运行人员应注意的事项向运行人员进行交代，并在检修交代记录簿或设备变动记录簿上登记清楚后方可离去。

（5）对全部停电或部分停电的设备检修作业，值班人员还须拆除工作地点的全部临时接地线，并经值班负责人确认签名，工作票才算终结。

（6）工作负责人应向工作票签发人汇报工作任务完成情况及存在问题，并交回所持的一份工作票。

已终结的工作票应保存（3个月）一年，以备检查和进行交流。

案例1： 1993年12月22日，某电厂10号炉开始大修，为了起吊空气预热器，施工人员将炉后高22.5m处网状过道割开两个700mm的方孔，又将开孔部位网状过道拆除约2m多。1994年3月2日空气预热器完工，次日工作负责人要求施工方恢复已拆除的网状过道，但未恢复方孔。7日后夜锅炉运行班长安排助理值班员检查10号炉2号电动主汽门是否关严，该值班员从22.5m过道开孔处坠落至7m平台上，经抢救无效死亡。

检修工作结束时，不认真检查清理现场，很容易忘记恢复检修人员自理性质的安全措施，甚至将工作人员遗漏在设备内，所以检修工作结束时工作负责人应全面检查安全设施是否全部恢复，清理完现场后，才能申请结束工作票。结束工作前，工作负责人必须会同工作许可人共同到现场检查验收，确认无问题时，才能办理工作终结手续，千万不可只注重检修过程而轻视检修结果，只有从始至终保证安全才能满足全过程安全的要求。

案例2： 1997年某电厂1号机组临修，炉本体与捞碎渣机均有准备检修的项目，值长令除灰车间先进行开工，时间为3h（8∶00～11∶00），约10∶50时工作负责人判断按计划时间可以完工，便离开检修现场去运行值班室结票。11∶05工作负责人向值长汇报，工作已结束，值长便通知锅炉检修人员进入炉本体，约11∶15开始清除受热面积灰。此时除灰车间2人正在收拾现场准备出捞碎渣机，其中有一人被焦块击中，背部受重伤。

这起人身伤害事故主要是由于除灰车间工作负责人误汇报工作结果造成的。作为工作负责人必须从始至终监督工作的每个环节，不可在工作即将结束时离开现场，而不检查工作结果，甚至靠判断来预计工作结束时间，使交叉作业的衔接出现严重失误。类似这种不亲临目睹现场而遥控式的监护，必须明令禁止。特别是在交叉作业的项目中，更要注意工作能否按计划时间完工，否则提前办理延期手续，严防部门间衔接时出现不安全事件。

二、火电厂检修安全技术

（一）锅炉受热面清扫及检修

1. 受热面清扫

（1）清扫作业人员作业时必须佩戴好安全帽、防尘口罩、防风眼镜、劳保手套等防护用具。

（2）清扫作业时不得进行交叉作业。

（3）作业现场照明应充足，照明电压不得高于 12V。

（4）作业现场相对应的炉本体人孔门外必须设置专人监护。

（5）对空气预热器管内进行清灰时，所使用高压水枪连接管必须牢固可靠，清灰水压不得超过 1.0MPa。枪头在作业过程中应始终保持插在预热器管内，在任何情况下严禁将枪头对人。

2. 受热面检修

（1）工作前确认系统解列完全，不得带压作业。

（2）过热器区承压管道检修割管不得使用火焊，可用无齿锯或其他工具割除，防止火焊熔渣落入管内。

（3）管子割除后应立即用特制的管堵封好下管口，防止杂物落入管内，造成运行中因管内介质循环不畅而发生的锅炉爆管事故。

（4）小径管焊接采用全氩弧焊接，大径管焊接采用氩弧打底，电焊盖面的焊接工艺。

（5）高压锅炉受热面管子检修中非特殊情况不允许进行补焊。

（6）锅炉水冷壁管大量换管时，作业过程中除做好上述封堵措施外，在安装新管时应先进行通水试验，确认管路畅通后方可进行焊接安装。

（二）汽包内部检修

（1）汽包内检修作业前确认系统正确解列，汽包人孔门开启后应先进行通风冷却，汽包内温度降至 40℃以下方可入内作业。保证汽包内照明充足，照明电压不得高于 12V。

（2）汽包检修人员进入汽包前，应先通知化学人员入内采样检查。

（3）进入汽包内检查的人员在进入汽包前，应正确佩戴劳动保护用品。

（4）进入汽包前检查随身所带物品，不得带与工作无关的用品。必须带入的物品应逐项登记。工作结束后逐项认真清点，如有丢失应仔细寻找并及时上报。

（5）不得在汽包内外壁上随意动用点火焊，如需动用应经厂生技处批准。

（6）汽包人孔门用高压石棉板使用前应复验材质单，防止错用低压或不合格产品。

（三）汽轮机本体检修

1. 汽缸解体与组装注意事项和质量要求

（1）当汽缸外壁温度到 120℃时，方可拆掉高压缸部分保温层，拆除所有螺钉，当汽缸外壁温度在 100℃时，方可进行吊缸工作。

（2）热松高压螺栓，并拔除汽缸结合面所有销钉，分解两侧导管法兰螺栓。

（3）揭大盖工作人员一般不应少于 8 人，在大盖四角、两导杆大螺栓处均派专人监视。

（4）大盖吊起前，由工作负责人、检查人检查，确认无妨碍起吊大盖的障碍时，装好导杆，涂上透平油，挂好起吊索具，四角对丝均匀缓缓吊起，将汽缸提升 80～100mm 时，要检查调整索具，确认汽缸悬挂水平后，由专人指挥方可吊起。

（5）在起吊大盖中，当四角升起高度均匀（误差不超过 2mm），导杆不整劲，螺杆与螺孔周围无接触现象，就可以继续吊起大盖，大盖开始顶起时，转子用千分表监视，以防隔板套与大盖间卡涩，将隔板套与转子带起来。

（6）在起吊过程中，如发生卡涩现象，应找适当厚度的垫块，放在四角水平结合面上，把大盖落下，进行调整后，无问题时再吊，在调整中，不允许用撬杠撬汽缸法兰结合面及强行起吊，更不允许用人当平衡重量，调整水平进行起吊。

（7）大盖吊离导杆时，四角应有人扶稳，以防大盖旋转摆动，碰伤设备和在起吊中发生意外，在起吊过程中，严禁将头、手伸进结合面内。

（8）在起吊前，应对起吊机具做一次认真全面的检查，确认安全可靠后，方可起吊。

2. 转子检修质量要求及注意事项

（1）吊转子前，盘车大盖、前箱大盖、上隔板套、上汽封套全部吊走后，分解汽轮机与发电机对轮螺栓，再把发电机转子向后推，使汽轮机与发电机对轮之间直口脱开，两个对轮间应有 5～8mm 的间隙，然后测量下列数据：①推力间隙；②通气部分间隙；③测量轴弯曲；④测量转子扬度；⑤测量轴瓦间隙、紧力和各瓦油档间隙；⑥测量轴颈下沉情况；⑦测量对轮瓢偏度；⑧测量对轮中心情况。

（2）吊转子前，须将推力瓦下部工作瓦块取除，并检查对轮螺钉应全部解完，将妨碍吊运的物件全部拆除后方可进行吊运转子工作，吊转子一定有专人指挥，转子刚刚离开下瓦时，在一瓦轴颈处，找好水平即可吊出，起吊转子时，转子两端有专人扶正，两侧设专人监视动静叶片间隙变化，以防止卡涩、碰伤设备等，将转子放在专用架上，轴头精密部件必须包好。

（3）检修转子的重点是检查清扫各级叶片、拉筋、复环等是否有冲刷、松动、裂纹、变形、磨损等情况，并做好记录，做叶片频率实验（一般指叶片高度在 100～150mm 以上）检查和处理前后轴封磨损、轴颈、推力盘及对轮螺栓孔等，检查永久平衡块是否松动，发生松动立即处理。对轴弯曲应小于或等于 0.03mm，转子由不平衡重量引起的振动振幅不得大于 0.05mm，叶轮瓢偏不得超过 0.03mm，主轴应达到无裂纹、毛刺、磨损、腐蚀及麻坑等。

（4）根据叶片结构情况，可采用凝结水冲刷或喷砂的方法清理转子盐垢，末级叶片冲蚀严重时，可使用专用工具进行电火花强化，先用砂轮将冲蚀处磨平，露出金属光泽，在叶片冲蚀部位喷以硬质合金，使硬质合金点均匀密布，转子轴颈若有严重锈垢和擦伤，可用较细纱布涂上粉笔末，浸透平油处裹白布，进行磨光。

（5）在喷砂和吊运转子时的安全注意事项：采用喷砂方法进行清理盐垢时，必须认真检查转子轴颈、对轮、离心飞环、主油泵叶轮等处是否包扎好，安全技术措施是否齐全，以防砂粒落入，损坏设备。

喷砂时，工作人员应带好防尘口罩、手套、面具等，设安全围栏，严禁对着人进行，防止伤人，喷砂设备出现故障时，应立即处理，若用凝结水冲洗，工作人员应戴好胶布手套，穿上胶皮靴和雨衣，以防烫伤。

（6）质量要求及安全技术注意事项：

1）转子复位前，每级隔板应无杂物，并用压缩空气吹好，放转子前发电机转子应靠后，定好位以防汽轮机转子放不下去。

2）各级叶片应达到以下标准：无盐垢、裂纹、卷边、变形及严重冲刷和腐蚀现象，复环、拉筋、铆钉无松动、断裂和脱边现象，叶片频率实验合格。

3）当放转子时，取出一侧下推力瓦块，轴颈要靠近轴瓦时，注意不要碰伤和卡坏轴瓦。

4）转子的组装复位应做以下调整和测量：①待 1、2 瓦下瓦和下隔板套、下汽封套复位后吊转子找好水平，用压缩空气将转子吹扫干净，然后依照转子吊出的要求，平稳的将转子复位，并将下推力瓦块安好。②测量检查调整隔板汽封、复环、前后轴封间隙，测量调整通气部分间隙，并做好记录，测量调整推力间隙，配合热工调胀差和串轴，测量通气部分间隙，转子应推向非工作侧。

（四）发电机拆卸前的工作

发电机拆卸前，为了掌握情况，应查阅上次大修记录台账进行比较分析，从中发现问题制定处理方案，对设备的原状况进行必要的测量试验工作，记录下各部位的技术数据。如果不这样做或者忽略了这一步，就使检修工作变成盲目地拆拆装装，不能保证检修质量和达到预期的效果。另外，进行仔细的检查和测试，可以积累检修技术资料，不断地总结经验，逐步提高检修工艺水平。

测量检查项目一般包括：定子和转动部分的间隙；导电体与外壳或钢架间的距离；密闭部分的严密性；支持架及其固定零件的稳定性；气体冷却系统循环通道的畅堵；循环水系统管道的畅堵；电气绝缘性能的外表检查等。

发电机拆卸前还应了解下列工作是否进行完毕：

（1）排氢工作是否已全部做完；

（2）试验班的拆前试验工作是否完毕；

（3）发电机冷却器进出口水管阀门是否关闭，冷却水源是否全部切断；

（4）汽轮机车间的工作是否已具备发电机拆卸的条件等。

值得注意的是检修班应选派合适的人员担任检修技术记录员，做好拆卸过程中的各项记录，以保证记录完整、准确。

（5）拆卸发电机应注意以下事项：

1）解体前必须做好详细的测量和准确的记录；

2）拆开各引线接头、各部件前，应做好记录，拆下后的螺钉、垫块、销钉及其他较小零件必须分类妥善保管；

3）管道拆开后，应用白布封闭严密；

4）解体后的发电机，为了保证安全，现场无人工作时应用封条封好；

5）全部解体后，拆下零件要放置稳妥。

（6）发电机抽转子前各部件的拆卸步骤如下：

1）先将发电机与汽轮机、励磁机的联轴器拆开，再拆开油水管路。

2）拆开励磁机及滑环电缆头，将电缆抽出，拆开励磁机基础螺钉，将励磁机吊到专用的检修场所。

3）取出滑环上的碳刷，拆开并吊走滑环上的刷架，用塑料垫或厚青壳纸包扎滑环，以防损坏。

4）拆开发电机端盖和密封瓦。

5）对于把推力盘式密封瓦外壳固定在端盖上的氢冷发电机，应先拆开端盖上的人孔门、分解密封瓦，然后才能拆卸端盖和内护板。对于把推力盘式密封瓦外壳固定在主轴承上的氢冷发电机，可以先拆开端盖和内护板，然后再拆卸密封瓦，此时应测量风挡与转子间隙，并拆开吊走，还应测量定子转子空气隙。

由于发电机结构上的差异，尚不能定出统一的解体步骤，但有一基本原则，即决不能使设备由于解体方法不当而损坏。一般解体的步骤是：

1）拆开发电机本身与其他设备的连接；

2）拆开固定设备的销子和地脚螺钉、拆开引线；

3）用吊车吊走各单元设备；

4）解体发电机本体。

（7）抽转子的注意事项：发电机抽转子是检修发电机中重要的一环，这种大件设备的起吊，参加人员较多，相互之间配合协调，所以必须事先做好准备工作，联系好吊车，仔细检查所用设备和专用工具，确保起吊的安全。抽装转子时应注意以下事项：

1）在抽转子前，应在端部线圈上垫上塑料垫，以防擦伤定子线圈；

2）为不伤害转子小齿和线圈，应检查并调整转子大齿在上下位置；

3）抽装转子过程中对人员的分工要明确，发电机的汽、励两侧均应安排一个监视定、转子间的气隙，当转子外抽出时，定子膛内应配备人员扶持转轴端以防止来回摆，拉倒链人员应组织好，做到统一指挥互相配合、协调行动；

4）当转子拉出静子膛起吊时，钢丝绳不得直接套在转子体上，应围绕转子铁芯在钢丝绳下部垫好木衬条，防止钢丝绳磨碰转子表面；

5）放置转子时不允许用护环、风扇、滑环等作为支撑或受力点，转子支架应垫在铁芯本体或轴颈处，转子轴颈、滑环工作面要用布或麻绳保护包扎，以防碰伤。

复 习 思 考 题

1. 指出企业生产技术的主要内容及其对安全技术的影响。
2. 说明怎样进行热力机械及电气操作。
3. 工作票制度中对工作监护的规定。
4. 说明热力机械及电气工作票许可的程序。
5. 简述热力机械及电气操作票的执行程序。

问 答 题

1. 何谓安全技术和生产技术？两者有何关系？
2. 电力生产的直接安全技术措施有哪些？
3. 简要说明执行热力机械和电气操作票制度的重要性。
4. 简要说明热机和电气操作人的条件及应负的安全责任。
5. 哪些情况下应使用热力机械、电气操作票？
6. 何谓倒闸操作？
7. 填写操作票时，应遵守哪些规定？

8. 操作中出现疑问，为什么要重新核对，不能强行操作？

9. 在执行操作票制度中，"五不操作"的内容是什么？

10. 发电厂设备及系统的安全运行和安全检修的要求是什么？

11. 简述执行热力机械及电气工作票的重要性。

12. 工作票中"必须采取的安全措施"一栏，应主要填写哪些内容？

13. 工作票中"运行人员补充安全措施"一栏，应主要填写哪些内容？

14. 在热力机械及电气工作票制度中，对执行安全措施的要求有哪些？

15. 在执行工作票制度中，"四不开工"的内容是什么？

第五章

事故案例及事故预防

第一节　电力生产中违章作业及危害

一、违章作业的概念

违章作业是指在电力生产、施工中，凡违反国家、部或主管上级制订的有关安全的法规、规程、条例、指令、规定、办法、有关文件，以及违反本单位制订的现场规程、管理制度、规定、办法、指令而进行工作。违章作业是电力生产事故的主要根源。根据违章者的安全技术素质与思想、心理、习惯等，违章作业可分为习惯性违章和偶然性违章。习惯性违章指固守旧有的不良作业传统和工作习惯，违反安全工作规程的行为；偶然性违章是指由于缺乏安全技术知识发生的不安全行为。

习惯性违章作业是在了解各项安全规程、规定、制度的前提下，在电力生产中不遵守《电业安全工作规程》和其他现场安全规程和制度，这与偶然性违章存在本质的区别。在现今持证上岗、经培训考核才能进入现场工作的情况下，违章作业主要是习惯性违章作业，是发生人身事故和各种责任事故的主要原因。要有效地提高电力企业安全生产水平，就必须杜绝违章作业，特别是习惯性违章作业。

二、形成习惯性违章的原因

形成习惯性违章的原因是多方面的，有技术素质不高的缘故，有工作作风的问题，也有侥幸心理的影响，其表现如下：

1. 技术素质差

电业工作人员不能正确理解安全规程条文中的含义，安全技术的原理等，缺乏安全意识和自我保护意识，甚至由不良习惯形成错误的观念。如不按规定验电就进行接地线工作，只知道装设接地线是为了保证检修作业安全，未考虑若不经验电就接地线，万一走错间隔就可能造成带电接地线，伤害操作人员。又如误将三相系统的中性点与电气地等同，在三相电流对称时中性点与电气地等电位，但三相不对称时中性点则与电气地的电位不等。对一些新设备、新技术，工作人员未能及时学习，掌握新知识、新要求，以致在工作中发生错误，也是技术素质低的表现。

2. 缺乏认真细致的工作作风

发电厂中的电气设备和电气接线都比较复杂，电气工作人员在工作中若缺乏认真严谨的科学态度，马虎大意，凭以往一些片面、不正确的经验，容易发生责任事故。如在倒闸操作中碰到疑问，不进行认真分析就错误地对设备解锁，或强行操作造成的误操作；认为已经十分熟悉的操作就不认真审核操作票、不经模拟预演，以致发生操作票漏项；在一些较简单操作中不执行唱票复诵制度发生的错误，在二次回路、继电保护装置上作业时不带图纸造成接错线等。

3. 对违章行为存在侥幸心理

电力安全技术和安全措施是按某种极限条件和"双重化"或"多重化"要求制定的。侥幸心理则在某些特殊环境下，如赶时间急于完成任务，只是短时进入工作现场，人手较紧张等，嫌严格执行规程太麻烦，费时间，认为偶然违章不会碰巧发生事故。如不戴安全帽进入工作现场，无监护单人进行倒闸操作，不开操作票或不对设备进行认真检查核对就进行操作，不开工作票就进行作业等。这些违章作业行为在没有导致事故的情况下往往容易被忽视或被隐瞒，违章者也没有及时受到教育。侥幸心理造成的违章行为，还会逐渐形成不安全作业的习惯，留下事故隐患，导致更大的事故发生。

三、违章作业的危害

违章作业导致事故发生，带来生命财产重大损失，据原国家电力公司《安全情况通报》汇编（1994～1999），其中就有因违章作业造成人身伤亡事故、设备事故、电网事故的实例，下面是几个违章作业例子。

案例 1：某电厂电除尘运行人员凌晨 2 时 30 分发现 3 号炉三电场二次电压降至零，四个电场的电除尘器当一个电场退出运行时，除尘效率受到一定影响。由于在夜间，便安排一名夜间检修值班人员处理该缺陷。在检修人员进入电除尘器绝缘子室处理 3 号炉三电场阻尼电阻故障时，由于运行人员停电操作存在严重的随意性，仅将三电场停电，且检修人员违反《电业安全工作规程（发电厂和变电所电气部分）》（DL 408—1991）的规定，在没有监护的情况下单人在带电场所作业，造成了检修人员触电，经抢救无效死亡。

案例 2：1988 年 4 月 30 日，武汉某热电厂发生 8 号锅炉炉膛爆炸，造成 6 人受伤事故。1988 年 4 月 30 日 10：57，8 号煤气（瓦斯）锅炉在计划小修结束并准备启动时，焦炉瓦斯经分闸门漏入炉膛，检修人员在扩大点火孔面积进行明火作业时，未开工作票、未做安全措施，违规作业，引起炉膛瓦斯爆炸，造成炉体塌落、6 人受伤的特大事故。

案例 3：某电厂空压机的小车开关检修完成后，检修人员要求运行人员试送电。运行人员在送电操作过程中没有认真执行操作票，没有断开断路器，也没有进行检查核对断路器位置就推小车至合闸位置。尤其在两次试合闸都不成功的情况下（机械闭锁处于闭锁位置），也不认真进行检查核对，强行第三次合闸，造成带负荷合隔离开关，引起弧光短路，使在场工作人员三人烧伤和小车开关严重损坏。

案例 4：某厂一台 300MW 机组，在备用后热态启动过程中，因人员违章操作，忘记盘车装置运行正常后，先轴封送汽，后抽真空的规定，高中压轴封送汽滞后于抽真空时间近 30min，致使冷气沿高中压转子轴封处进入汽轮机，转子受到局部冷却，造成转子弯曲。致使汽轮机高中压转子产生永久性弯曲，被迫停运 20 余天，进行直轴处理。

案例 5：2005 年 10 月 15 日，华能某电厂 4 号机副值田某（男、25 岁）、巡操员郝某（男、33 岁）进行 2 号启动备用变压器 6kV ⅣB 段由检修转冷备操作，二人在拉开 6kV ⅣB 段工作电源 64B（开关柜）间隔封装的接地小车后走至柜后，本应在 64B 后柜上柜处测量绝缘，二人未认真核对设备名称编号，却误走至相邻的 6kV ⅣB 段备用电源 604B 开关后柜，打开下柜门。打 604B 开关后柜下柜门时，在拧开下柜门两边 6 条螺钉的同时将下柜门上防误闭锁装置一颗螺钉拧下，另一颗螺钉拧松，致使防误闭锁锁孔片脱开，防误闭锁装置失效，强行解除了防误闭锁装置。在打开后柜的下柜门后接着打开母线连接处绝缘护套，未用验电器检查柜内是否带电，就直接开始测量绝缘，造成短路放电。电弧将 2 人面部、颈部、手臂灼伤，同时将衣服（工作服不符合要求）引燃，自救不及时，造成了身体其他部位烧伤。10 月 19 日田某伤情恶化，经抢救无效死亡；11 月 1 日，郝某伤情恶化，抢救无效死亡。

案例 6：某电厂检修人员检查双母线 I 母线（停运检修）的某隔离开关闭锁回路时，不认真核对图纸，造成判断错误。在无人监护的情况下，又不了解现场安全措施，随意操作，擅自合上 II 母线（运行中的母线）隔离开关的操作电源，改变了母线检修的现场安全措施，又随意将该隔离开关的合闸接触器合上，准备对隔离开关闭锁回路进行检查，结果造成带接地刀合闸，引致全厂停电。

案例 7：某电厂高压试验人员在对电压互感器进行高压试验，没有严格执行安全规程，分工不具体，记录人员参与对试验设备的操作，造成工作人员相互依赖，更换接线时无人切断试验电源；工作负责人也没有认真履行职责，更换接线前没有下达断开试验电源命令，在完成一相试验更换接线时，由于没有断开试验变压器电源，导致负责更换接线的工作人员触电死亡。

从上述实例可以看出，违章作业的危害是巨大的，教训也十分惨痛。所以，培养高素质的工作人员，形成认真细致的工作作风，一丝不苟的工作态度，是不发生违章作业的根本保证。

第二节　事　故　案　例

本事故案例主要选取了人身伤害、电气及热机系统误操作、设备损坏等典型的人员责任事故。这些事故大多是由于不遵守安全工作规程、"两票三制"执行不力或安全生产管理不到位等原因造成的，每次事故都是血和泪的教训。通过对这些事故案例的学习，我们应当更加清醒地看到"违章是事故的根源"这一论断。一时的疏忽大意或麻痹侥幸都可能造成极其严重的后果。

一、事故案例

（一）制粉系统爆燃，作业人员身亡事故

事故经过：1994 年 8 月 7 日，某发电厂 4 号炉直吹式制粉系统配有 4 台风扇磨煤机。事故前制粉系统 A 磨处于检修状态，其余 3 台磨运行。20 时 55 分，运行中的 D 风扇式磨煤机一次风压回零，司炉马某初步判断为锁风器堵塞，司炉要求副司炉停止 D 磨运行，让司水员检查 D 磨锁风器无杂物后，判断为分离器堵，在将情况汇报班长后，随即联系电气运行将 D 磨停电，并用防误罩扣上了 D 磨操作开关把手，联系制粉车间值班人员处理。司水员在 22 时找到值班人员姜某（临时工）和吕某（临时工），2 人正在处理 3 号炉 10 号磨大盖漏粉，司水员讲明情况后，2 人同意处理，司水员随即离去。此时，4 号炉 B、C 磨运行，投一个油枪助燃，22 时 33 分由于煤湿，C 磨突然断煤，致使 4 号炉燃烧不稳瞬间正压（60Pa），由于检修人员在处理分离器堵时，没有插入分离器出口插板（此项工作规定由检修人员完成），D 磨没有与运行系统隔绝，运行人员没有按安全工作规定监督检修人员采取可靠的隔绝措施，致使火焰冲入磨煤机分离器并引起内部煤粉爆燃，将正在处理分离器堵塞的姜、吕二人烧成重伤，姜某于次日死亡。疏于对外雇工的安全管理，外雇工单独从事危险性作业，失去有效的监护，是造成伤亡事故的重要原因，事故教训十分深刻。

原因分析：

（1）"两票三制"执行不力，缺少相应安全工作检查监督机制。检修工作无票作业，严重违反《电业安全工作规程（热力与机械部分）》中热力机械工作票制度的补充规定第 1.1、

1.2、2.3条。

　　（2）运行人员安全意识淡薄，安全生产责任制落实不到位，对无票工作没有提出制止。事故防范、事故预想执行不到位，对制粉系统发生爆炸的机理及危险性认识不足。既未在开工前按《电业安全工作规程（热力与机械部分）》要求执行安措（将分离器插板插上），检查安措执行情况，办理工作许可手续，也未在就地进行监护。

　　（3）检修人员自我保护意识差，对工作的危险性认识不足。开工前未有采取任何安全措施，也未要求运行人员在运行操作调整上采取安全措施。

　　（4）危险点分析预控不到位，消缺工作的安全管理制度不健全，运行人员对检修人员的工作时间没掌握，不能根据本次作业的危险点而采取有效措施以保证锅炉安全稳定运行，当由于来煤过潮发生断煤引起锅炉燃烧不稳时，没有采取保护检修人身安全的意识。

　　（二）炉膛负压反正，检修人员摔伤事故

　　事故经过：2003年6月17日，某发电厂锅炉分公司本体班人员，在处理7号炉2号角火嘴护板堵漏缺陷时，工作前按规定履行了工作票手续，而且安全措施中也明确指出：炉内保持负压，保持运行参数。工作票中所列安全措施是完备的。工作中当锅炉炉膛突然正压，王某因躲避从炉膛喷出的火焰，从2m高的脚手架上掉下，造成右脚扭伤、骨折。

　　原因分析：

　　（1）运行人员安全意识不强，对检修工作所提出的安全措施没有引起足够的重视，特别是对于存在人身安全的问题思想重视不够，没有对可能出现的问题做好事故预想，致使运行中炉膛正压，是发生本次事故的重要原因。

　　（2）在处理7号炉2号角火嘴护板堵漏缺陷工作过程中，检修人员不认真执行防范措施，为图方便不顾烧伤危险，采取正面作业的错误方法，在场的其他工作人员也没有及时制止，反映出检修人员在危险点分析上，还存在做表面文章的现象。

　　（三）安全措施不到位，热浪喷出酿群伤事故

　　事故经过：2003年9月6日8时左右，某电厂运行值班人员发现1号炉乙侧捞渣机电机销子断裂，随即通知检修人员来厂处理，检修人员来厂修好后恢复捞渣机正常运行。打开炉底弧门时，运行人员检查发现，灰斗内积灰下灰不畅，有搭桥现象，需检修人员处理。14时45分检修人员重新办理工作票，经许可后进入现场工作，先用长铁棍（6～7m）通过灰斗南面人孔门（标高约3m）进行捣灰作业。上部积灰清完后，又开启炉底捞渣机人孔门（西侧）对捞渣机内的积灰进行清理，15时左右，捞渣机内灰渣基本清除，形成正常负压。检修人员认为清灰工作已经结束，为了防止锅炉正常燃烧受到影响，检修人员即去关闭炉底捞渣机人孔门，准备恢复锅炉正常运行。就在关门的一瞬间，突然，灰斗上部积灰大量下落、外溢，将正在炉底捞渣机处关闭人孔门的赵某、杨某、解某和正在4.5m层看火孔处监视的任某四人烫伤。

　　原因分析：

　　（1）安全技术措施不到位。检修人员违反《电业安全工作规程（热力和机械部分）》第214条：放灰时，除灰设备和排灰沟附近应无人工作或逗留的规定，在关闭炉底捞渣机人孔门前，应先将炉底弧门关闭。而此次操作未将炉底弧门关闭，就直接去关捞渣机人孔门，是造成此次事故的直接原因。

　　（2）检修人员对清灰作业的危害性估计不足，自我防范意识不强，是事故发生的又一

原因。

（四）违章操作造成汽轮机大轴弯曲事故

1989年1月13日，某电厂1号炉再热器漏泄，经请示调度同意于21时45分开始滑停，值长对运行人员说："汽温在350℃以上可以快点滑"（规程规定滑停速度为1～1.5℃/min），开始时降温速度为1～1.25℃/min，22时到23时降温速度为2.7℃/min，23时到0时降温度为3.6℃/min。从额定参数滑到2.0MPa、260℃时应该需要6h，而这次滑停仅用2.5h。由于下降速度过快，汽缸受到急剧冷却后变形，当胀差急剧变化并达到负值时，值长没有及时下令打闸停机，而是先倒厂用电后才停机，此时负胀差达到−1.8mm，此后又延误了停机时间，造成大轴弯曲最大达23道（0.23mm）。

原因分析：

（1）违章操作，机组滑停降速度过快，汽缸受到急剧冷却后变形，动静发生摩擦。

（2）处理失误，先倒厂用电后才停机，延误了停机时间。

（五）走错位置操作，低真空保护跳机事故

事故经过：2000年9月4日，某发电厂6号机停备，5号机正常运行。零米值班员在接到主值班员下达的"开6号机凝汽器至室外放水门"的命令时，没有认真执行"五要领"（操作任务、操作顺序、操作范围、注意事项、安全措施），心不在焉，拿着工具就去操作，将5号机的凝汽器汽轮机侧放水门误当成6号机凝汽器至室外放水门进行操作，致使运行中的5号机真空急剧下降，汽轮机"凝汽器真空低"保护动作跳机。

原因分析：

（1）无票操作，习惯性违章是5号机低真空保护动作跳闸的直接原因。

（2）责任心不强。运行主值班员发出命令后，既没有派监护人对其操作进行监护，也没有注意单元表计的参数变化，更没有直接到就地去查看，没有及时发现人员误操作，最终使异常扩大，保护动作而停机。

（3）设备管理粗放，设备标示牌严重缺损。5号机与相邻的6号机，许多设备、阀门都没有明确的标识，即使有标识，部分也因设备陈旧字迹模糊不清，运行人员多是凭经验及对系统的熟悉程度进行相关操作，操作时缺乏必要的提醒和确认。为事故的发生埋下了隐患。

（4）培训工作缺乏针对性和有效性，培训工作流于形式。运行人员虽然每年都进行规程、系统图考试，但平时运行人员的培训、学习流于形式，运行值内部的现场培训跟不上，不能充分利用学习时间进行岗位培训，造成操作出错，事发后不能及时正确判断处理，延误了处理时间。

（六）由凝结水泵检修引起的事故

事故经过：2001年7月4日某电厂发生了一起因凝结水泵检修而引起机组跳闸和一台给水泵损坏的事故。当时2号机运行，因发现凝结水泵出力不足，负荷带不起来，于是联系检修。检修人员办票清理B凝结水泵入口滤网。约半小时后，检修人员将B凝结水泵入口滤网打开。这时运行人员发现机组真空急剧下降，A凝结水泵电流剧烈波动，除氧器水位下降，凝汽器水位上升。运行人员立即启动备用射水泵以维持真空，并降负荷。约2min后真空降至−80.99kPa，但低真空保护没有动作。此时运行人员意识到可能是凝结水泵检修引起的，立即去关紧B凝结水泵入口手动门并终止检修工作，但效果不明显，除氧器水位继续下降，于是继续大幅降负荷。约7min后，A给水泵电流开始波动，A给水泵汽蚀。4min

后，停 A 给水泵，启动 B 给水泵，B 给水泵仍处于轻微汽蚀状态中。此时运行人员意识到了关键所在，立即去关 A、B 凝结水泵的空气门，但为时已晚，凝结水泵中的空气一时没法排出，水不能排走。又约 4min 后，凝汽器满水，真空由－83.9kPa 降至－77.9kPa，低真空保护动作。就地检查，发现 B 给水泵的平衡管被打坏，漏水严重，于是停 B 给水泵。

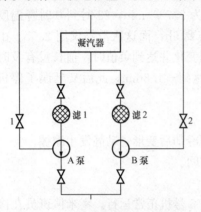

图 5-1　凝汽器及凝结水泵系统图
1—A 凝结水泵空气门；
2—B 凝结水泵空气门；
滤 1—A 凝结水泵入口滤网；
滤 2—B 凝结水泵入口滤网

原因分析：

（1）检修人员和运行人员均忽视了关闭凝结水泵空气门 1，2（见图 5-1），检修票签发人没有在工作票中填写这一安全措施，运行人员也没有进行补充，从而当检修人员打开 B 凝结水泵入口滤网时，大气与凝汽器和 A 凝结水泵泵体相通，导致真空急剧下降，A 凝结水泵进空气排不出来水。这是根本原因。

（2）低真空保护没有按规定动作（真空低至－83kPa 时保护应动作），导致了事故扩大，使 B 给水泵损坏。

（3）运行人员判断事故不及时，处理事故不果断，导致了 B 给水泵损坏。经认真分析判断，B 给水泵损坏是因处理故障的时间过长导致除氧器水位下降，使给水泵发生汽蚀，造成给水泵平衡鼓与衬套咬死，以及叶轮与密封环轻度碰磨。

（七）汽轮机组小修后启机过程中的误操作发生烧瓦事故

事故经过：2002 年 10 月 16 日，山西某电厂 5 号机组小修后按计划进行启动。13 时机组达到冲转条件，13 时 43 分达到额定转速。司机在查看高压启动油泵电动机电流从冲转前的 280A 降到 189A 后于 13 时 49 分盘前停高压启动油泵，盘前光子牌发"润滑油压低停机"信号，机组自动掉闸，交流润滑油泵联启。运行人员误认为油压低的原因是就地油压表一次门未开造成保护动作机组掉闸，因此再次挂闸。14 时 14 分，在高压启动油泵再次达到 190A 时，单元长再次在盘前停高压启动油泵。盘前光子牌再次发"润滑油压低停机"信号，由于交流润滑油泵联启未复归，交流润滑油泵未能联启，汽轮机再次掉闸。单元长就地检查发现五瓦温度高，油挡处冒烟，司机盘前发现六、七瓦温度高至 90℃，立即破坏真空紧急停机处理。

事故后经检查，发现二、五、六、七瓦下瓦乌金不同程度烧损。五瓦处低压轴封轻微磨损，油挡磨损。解体检查高压启动油泵出口逆止门时发现门板无销轴。

原因分析：

（1）两次停高压启动油泵时均未严格执行运行规程的规定：检查高压启动油泵出口逆止阀前油压达到 2.0MPa 后，缓慢关闭高压启动油泵出口门后再停泵（实际运行泵出口逆止阀不严）。同时在停泵过程中未严密监视转速、调速油压和润滑油压的变化，异常情况下未立即恢复高压启动油泵。

（2）在第二次挂闸前对高压启动油泵和交流润滑油泵的联锁未进行复归操作，造成低油压时交流润滑油泵不能联启。

（3）高压启动油泵出口逆止门板无销轴，造成门板关闭不严，主油泵出口门经该门直接流回主油箱，使各轴承断油。

（4）机组启动过程中现场指挥混乱，各级管理人员把关不严也是本次事故的重要原因。

该电厂5号机组烧瓦事故不仅暴露了当值运行人员操作中存在严重的违章操作情况，有章不循，盲目操作，责任心不强。同时也暴露了在操作指挥中有违反制度、职责不清、程序不明的混乱现象，暴露了一些运行人员对系统不熟，尤其是对主要测点位置不清的问题，暴露了检修工作中对设备隐患不摸底，设备检修验收制度执行不严谨的问题。

（八）检修之前不对号，误入间隔触电身亡事故

事故经过：1996年10月9日，某热电厂电气变电班班长安排工作负责人王某及成员沈某和李某对户李开关（35kV）进行小修，户李开关小修的主要内容是：①擦洗开关套管并涂硅油；②检修操动机构；③清理A相油渍。并强调了该项工作的安全措施。

工作负责人王某与运行值班人员一道办理了工作许可手续，之后王某又回到班上。当他们换好工作服后，李某要求擦油渍，王某表示同意，李某即去做准备。王某对沈某说："你检修机构，我擦套管"。随即他俩去检修现场。王某攀登到与户李开关相临正在运行的户城开关（35kV）南侧。当打开操动机构箱准备工作时，突然听到一声沉闷的声音，紧接着发现王某已经摔爬在地上，沈某便大声呼救。此时其他同志在班里也听到了放电声，便迅速跑到变电站，发现王某躺在户城开关西侧，人已失去知觉，马上开始对王某进行胸外按压抢救。约10min后，王某苏醒，便立即送往医院继续抢救。但因伤势过重，经抢救无效于10月17日晨5时死亡。从王某的受伤部位分析得知，王某的左手触到了带电的户城开关（35kV）上，触电途经左手—左腿内侧，触电后从1.85m高处摔下，王某戴的安全帽摔裂，其头骨、胸椎等多处受伤。

原因分析：当工作负责人王某和沈某到达带电的户城开关处时，既未看见临时遮栏，也未看见"在此工作"标示牌，更未发现开关西侧有接地线。根本未核对自己将要工作的开关，到底是不是在20min前和电气值班员共同履行工作许可手续的那台开关，就贸然开始检修工作，其安全意识淡薄。

（九）安全距离不遵守，检修人员被灼伤事故

事故经过：2000年9月8日14时38分，某热电厂变电班两名检修人员在检查设备漏泄点过程中，发现热海乙线6314断路器（110kV）C相外壳下部有油迹，怀疑该开关C相灭弧室放油门漏油，检修人员在登上该开关支架（2m左右）作进一步检查时，人身与带电设备的距离小于安全距离造成感电。经医院及时抢救后，该人员右上臂上段施行截肢，构成人身重伤。

原因分析：

（1）检修人员进入变电站，未经运行人员同意，且班长在布置工作时未对工作人员交代安全注意事项和所存在的危险，致使工作人员工作时产生麻痹思想，为事故的发生留下了思想隐患。

（2）监护人未真正起到监护作用，检查设备前没有进行危险点分析、工作人员登上开关也未及时发现制止，当听到叫声时才发现有人感电。

（十）严重违章，蛮干造成短路弧光伤亡事故

事故经过：2001年6月17日上午，某电厂5号机组大修DCS系统进入调试阶段，电检分公司仪表班5名工作人员在65乙段停电设备TA回路加二次电流对变送器进行校验工作。

将近中午，班长到 65 乙段宣布工作结束，随即先行离开工作现场。但王某认为 65 乙备 TA 回路端子排侧测试数据有些不准确，提出在 TA 根部接线处再测一次，于是 5 人到 65 乙备柜。当时，有 1 人提醒说：带电指示灯亮，此柜有电。但王某说没事，随即拆除了运行人员设置的遮栏绳、带电标示牌，强行打开 65 乙备开关柜的下柜门，进行 TA 二次端子电流试验。11 时 57 分，65 乙备开关柜母线发生短路，弧光将 5 名工作人员烧伤。王某因烧伤严重，经医院抢救无效死亡。

原因分析：

(1) 严重违章是造成这次事故的主要原因。

违章之一：电检分公司仪表班在进行 65 乙备工作时，超越工作范围，不开工作票，严重违反了"高压设备上工作需要全部或部分停电者填用第一种工作票"的规定。

违章之二：电检分公司仪表班成员王某在工作过程中，不理组员提醒强行拆除带电间隔的安全设施，造成 65 乙备电源侧母线弧光短路。严重违反了"在高压遮栏内或导电部分小于 0.7m 规定的安全距离进行继电器和仪表等的检查试验时，需要将高压设备停电"的规定。

违章之三：电检分公司仪表班班长和编号为"丙 2001－5－31 工作票"负责人，在工作人员没有全部撤离的情况下，离开工作现场，使工作人员失去监护，违反了"工作期间，工作负责人若因故必须离开工作地点时，应指定胜任的人员临时代替"的规定。

(2) 没有进行危险点预控。在检修过程中，没有对有可能导致事故发生的危险点提前进行充分的分析、识别、预测，并有针对性地制定有效控制措施。

(3) 自我保护意识不强。王某在有人提示设备带电的情况下，没有引起足够的重视，逆反心理严重，侥幸心理作怪，逞能心理抬头，违规蛮干，最终酿成事故。

(4) 劳动组合不合理。在 6 月 17 日，配电二班和仪表班使用的编号为"丙 2001－5－31 工作票"中的工作票签发人和工作负责人均不熟悉仪表班工作内容，这两人不适合担当此项工作内容的工作票签发人和工作负责人。

(十一) 低级违章作业造成触电死亡事故

事故经过：2002 年 5 月 17 日，某电厂多种经营公司检修班职工刁某带领张某检修 380V 直流焊机。电焊机修后进行通电试验良好，并将电焊机开关断开。刁某安排工作组成员张某拆除电焊机二次线，自己拆除电焊机一次线。约 17 时 15 分，刁某蹲着身子拆除电焊机电源线中间接头，在拆完一相后，拆除第二相的过程中意外触电，经抢救无效死亡。

原因分析：

(1) 刁某已参加工作 10 余年，一直从事电气作业并获得高级维修电工资格证书；在本次作业中刁某安全意识淡薄，工作前未进行安全风险分析，在拆除电焊机电源线中间接头时，未检查确认电焊机电源是否已断开，在电源线带电又无绝缘防护的情况下作业，导致触电。刁某低级违章作业是此次事故的直接原因。

(2) 工作组成员张某虽为工作班成员，在工作中未有效地进行安全监督、提醒，未及时制止刁某的违章行为，是此次事故的原因之一。

(3) 该公司于 2001 年制订并下发了《电动、气动工器具使用规定》，包括了电气设备接线和 15 种设备的使用规定。《电动、气动工器具使用规定》下发后组织学习并进行了考试。但刁某在工作中不执行规章制度，疏忽大意，凭经验、凭资历违章作业。

(4) 该公司领导对"安全第一，预防为主"的安全生产方针认识不足，存在轻安全重经营的思想，负有直接管理责任。

（十二）临时措施不可靠，检修人员丧命事故

事故经过：1999 年 1 月 15 日，某发电厂由于 7 号甲路皮带断裂，燃储车间在更换新皮带时，将该起吊孔的围栏碰坏。因工作未结束，暂时用一条尼龙绳将起吊孔四周围好，作为临时防护安全措施。

1 月 17 日 8 时 30 分燃储车间领导安排副班人员清理一期输煤系统 7 号皮带吊坨间处的积煤，同时疏通落煤管内的堵煤。约 9 时，工作负责人于某带领 7 名临时工到达 7 号皮带吊坨间开始作业，其中于某、杨某两人负责疏通落煤管，岳某等五人负责清理积煤。杨某用铁锤砸落煤管时，于某发现效果不佳，随即给燃储车间领导打电话请示，要求让自己继续砸通落煤管。于某回来接替杨某用铁锤砸落煤管，岳某为让出作业空间往南侧的起吊孔方向后退时不慎从起吊孔坠落到 8 号皮带地面处（落差 25m）。于某等人发现岳某坠落后，立即将岳某送往张家口市 251 医院抢救，后抢救无效死亡。

原因分析：

（1）工作负责人于某带领作业人员到达现场后，对现场的临时安全措施没有引起重视，没有强调安全注意事项，没有采取任何补充安全措施，不考虑作业过程的危险因素，起不到工作负责人的监护作用，是此次事故发生的主要原因。

（2）没有及时恢复被拉坏的防护围栏，而仅用一条尼龙绳将起吊孔四周围好，来代替防护围栏，作为他们的临时安全措施，给事故的发生埋下了隐患。

（十三）擅离工作岗位，连续违章坠落身亡事故

事故经过：1999 年 9 月 2 日 23：00，某电厂锅炉运行二班 4 号炉司炉刘某戴上安全帽、手套，拿上看火眼镜走出集控室，到 4 号炉就地看火打焦。23：30，4 号炉零米值班员走出隔音室去渣口时，发现 3 号炉甲侧磨煤机入口旁主通道躺着一个人，一看，是司炉刘某（脸、口、鼻有血，旁边有顶安全帽），立即送医院急救，但终因脑管畸形破裂出血抢救无效而死亡。

原因分析：经事故调查组对现场反复勘察分析认为，死者是在正在大修的 3 号炉 5.3m 平台吊装孔坠落的（在该孔边缘留下死者被挂掉的手套）。这个临时吊装孔（130cm×86cm）安全警示遮栏、安全围栏齐全，现场照明充足。分析推断死者是钻过安全警示遮栏，又跨过安全围栏，在跨越吊装孔时坠落至水泥地面，头未碰地前安全帽已滑脱。

分析这次事故的直接原因是：

（1）擅离岗位。死者的工作岗位在 4 号炉，却私自走到不属于自己当班工作范围的 3 号炉检修现场，违反了岗位责任制有关规定。

（2）连续违章。死者先是违章钻过安全警示遮栏，再违章跨过安全围栏，最后违章跨越吊装孔时不慎高处坠落。

（3）自我保护措施不力。安全帽未扣紧、未系牢，导致坠落时人帽分离，头部未能受到有效保护。

（十四）一起习惯性违章事故

事故经过：某日 09：00，某电厂燃料部机械维修工作负责人罗某办好"斗轮堆取料机定期加油"工作票后，带 3 名加油工到斗轮堆取料机进行加油工作。09：45，加油工作结束，但还需要清理回转平台下面油槽里的积油。临时工付某图方便，擅自揭开回转平台上的

一块格栅（约 1200mm×1000mm，距地面 6.9m 高），未采取任何防止人员坠落的安全隔离措施，又未及时恢复，也未向任何人交代。工作负责人在平台的另一端，没有发现格栅被揭开。10：05，清理油槽工作完成，工作班人员撤离，工作票未结束。当日 10：30，燃料分部运行 E 值的斗轮堆取料机司机陈某在斗轮堆取料机进行设备例行巡回检查时，从揭开的空洞高处掉下，造成腰椎体压缩性骨折、胸椎体轻度压缩性骨折、左前臂腕关节骨折。

原因分析：

（1）临时工付某安全意识淡薄，习惯性违章，擅自揭开平台盖板，不作任何安全围栏，违反了《电业安全工作规程（热力和机械部分）》第 12 条："生产厂房内外工作场所的井、坑、孔、洞或沟道，必须覆以与地面齐平的坚固的盖板。在检修工作中如需将盖板取下，必须设临时围栏。临时打开的孔、洞，施工结束后，必须恢复原状"的规定。

（2）外包工程或由职工带临时工进行的工作现场组织松懈，工作负责人没有严格履行《电业安全工作规程（热力和机械部分）》中的有关规定，对工作班成员进行必要的安全教育和安全监督。

二、电力生产人身死亡事故分析

原国家电力公司对我国 1998～2001 年电力生产人身死亡事故进行了统计，分析了事故的特点、原因及暴露的问题，并提出了应采取的措施。

1. 综述

1998～2001 年共发生电力生产人身死亡事故 125 次，死亡 136 人（见表 5-1）。

表 5-1 　　　　　　1998～2001 年全国发、供电企业人身死亡情况 　　　　　人/次

项 目	1998 年	1999 年	2000 年	2001 年	合计
发电企业	11/10	16/15	14/13	17/12	58/50
供电企业	22/22	25/25	14/13	17/15	78/75
合计	33/32	41/40	28/26	34/27	136/125

总体情况：①近几年来，国家电力公司系统电力生产人身死亡事故居高不下，死亡人数徘徊在 30～40 人之间。②近两年来发电企业人身死亡事故所占比例呈上升趋势，1998 年占 33.3%，1999 年占 39.0%，2000～2001 年达到了 50.0%。③各公司人身死亡事故和死亡人数不平衡。1998～2001 年华东、华中、西北、江西、云南、青海、华能国际 7 个电力公司连续 4 年未发生人身死亡事故。其他各公司均发生了人身死亡事故，其中死亡人数达 8 人及以上的公司有：甘肃、陕西、山西、河南、江苏、上海。

2. 1998～2001 年人身死亡事故的特点

1998～2001 年人身死亡事故按事故类别分：触电死亡 57 人，占全部死亡人数的 41.9%；高处坠落死亡 23 人，占全部死亡人数的 16.9%；物体打击死亡 9 人，占全部死亡人数的 6.6%；倒杆塔死亡 8 人，占全部死亡人数的 5.9%。

在触电死亡事故中，25 人的触电电压在 10～35kV 之间，占全部触电死亡人数的 43.9%；10 人的触电电压在 35kV 以上，占全部触电死亡人数的 17.5%；9 人是低压触电，占全部触电死亡人数的 15.9%。另外，从触电类别分，误登带电设备造成触电死亡 12 人，占触电死亡人数的 21.1%；由于安全距离不足造成触电死亡 9 人，占触电死亡人数的 15.9%；误入带电间隔造成触电死亡 6 人，占触电死亡人数的 10.5%。

（1）发电方面的事故。发电单位人身事故死亡共 58 人，按事故类别分比较分散，其中：触电事故死亡 10 人，占死亡人数的 17.2%；高处坠落事故死亡 9 人，占死亡人数的 15.5%；物体打击和火灾事故，各死亡 6 人，各占死亡人数的 10.3%。

从专业方面来看，以燃料运输引发的事故最多，共死亡 12 人，占发电单位死亡人数的 20.7%，主要原因是火灾或原煤坍塌窒息死亡事故；其次是锅炉专业死亡 11 人，占发电单位死亡人数的 20.0%，主要原因是检修当中发生的机械伤害和高处坠落事故；第三是电气专业的事故死亡 10 人，占发电单位死亡人数的 17.2%，主要原因是检修、运行当中的安全距离不足或误入带电间隔事故。

在发电单位发生的人身死亡事故中，检修人员死亡人数最多，共 29 人，占发电单位死亡人数的 50.0%。

（2）供电方面的事故。供电单位共死亡 78 人，从事故类别分，主要集中在：触电事故死亡 47 人，占死亡人数的 60.3%；高处坠落事故死亡 14 人，占死亡人数的 17.9%；倒杆塔事故死亡 8 人，占死亡人数的 10.3%。

从专业方面看，供电单位发生的人身死亡事故主要是送电、变电和配电专业，并且主要是在检修、运行当中发生的触电、高处坠落和倒杆塔事故。

在供电单位发生的人身死亡事故中，检修人员死亡人数亦最多，共 32 人，占供电单位死亡人数的 41.0%。

（3）从用工类别上看。1998～2001 年农民工、临时工、勤杂工发生的人身死亡事故，共死亡 43 人，占全部发、供电单位死亡人数的 31.6%。

（4）从人员死亡年龄上看。在发、供电单位死亡事故中，死亡人员越来越年轻，其中年龄在 35 岁及以下的占 70.0%。

（5）群伤群亡事故。1998～2001 年间发、供电企业共发生群伤群亡事故 5 次。这些事故多发生在发电企业。

3. 事故原因分析及暴露出的问题

在发、供电单位死亡的 136 人中，由于不严格执行安全工作规程，违章指挥、违章操作或装置性违章引起的人身死亡有 112 人，占死亡人数的 80.4%。除违反规程制度、违章工作外，因为设备装置缺陷、工作人员安全措施欠缺或业务技能差等原因引起的人身死亡事故明显升高。事故原因分析如下：

（1）部分基层单位的领导对安全工作重视不够。

1）不能正确处理好安全与效益、改革、发展的关系；

2）口头上重视，思想上并不重视；

3）要求别人重视，而自己在日常工作中不研究、不布置、不检查、不过问，上行下效，导致企业安全管理上的薄弱。

结果是：一些性质严重的事故屡禁不止，有的本不应该发生的低级、简单的事故却重复发生。上海"7·17"事故后不到 1 个月的时间里，发生了陕西咸阳"8·14"事故，仅 3 个多月河南济源又发生"11·25"事故，3 起事故从过程上看极为相似，问题非常突出。

（2）安全生产责任制没有得到很好的落实。企业在主辅分离过程中，大量剥离后的三产队伍工作上依托主业。在管理关系上很不规范，既不像自己的班组，有统一的指挥和约束；又不像外包工程，有明确的合同和责任。并且在工作的组织上往往与主业的队伍混合作业，工作过程中常常出现界面不清、职责不明的状态。在管理制度上却没有按主业的要求去抓，问题也就比较突出。

（3）生产现场安全管理问题突出。

1）"两票三制"执行不认真、不严格，规程制度流于形式。

2）放松安全管理，擅自扩大工作范围。

3）工作负责人或班组长对违章现象制止不力，有些甚至是工作负责人或班组长带头违章。

4）责任心不强，监护不到位是近几年死亡事故的一个比较突出的特点。多次事故发生在清扫或检修时，监护不周、无人监护、监护人员不称职等。

5）一线人员的业务素质不能适应工作需要。

6）工作人员安全思想淡薄，缺乏自我保护意识。

7）技术监督管理工作和设备管理工作还存在薄弱环节。在近两年死亡事故中，设备装置缺陷造成的人身死亡事故明显高于前几年。

（4）体制改革对安全产生一定的影响，发电企业尤为突出。

1）当时的电力体制改革问题对领导的思想状况有较大的影响，体制改革必然要面临资产重组、机构调整、职能变化、人员变化的过渡过程，各方面人员思想都比较活跃，尤其是发电企业，关心下一步改革对自己的影响是普遍性问题，不免会在思想上、情绪上产生波动，从而引发技术管理上的滑坡。

2）发供电单位的机构改革也对安全生产有一定的影响，①人员分流、工龄买断、提前退休等，造成从中层干部到基层职工的思想波动较大；②由于一些技术上过硬、经验丰富但年龄相对较大的职工大量地离开一线工作岗位，使得一些技术难度大、危险程度高的工作没人把关。

第三节 事 故 预 防

一、事故预防的基本概念和基本方法

事故预防是指为了控制人的不安全行为、物的不安全状态而开展以某些知识、态度和能力为基础的综合性工作，一系列相互协调的活动。

事故预防的基本方法是安全管理，包括资料收集、原因分析、制定改进措施、实施改进措施，并对实施过程及结果进行监测和评价。在监测和评价的基础上再收集资料，发现问题，这样不断地循环、不断地提高，从而实现安全生产、有效预防事故的目标。应当指出，加强对职工安全生产意识和业务技能培训，是事故预防工作的基础。

二、两种后果影响较大事故的预防工作

（一）人身事故的预防

造成人员伤害的事故称为人身事故。严重的人身事故不仅将导致人生命的终结，而且还将影响到家人的幸福，重大人身死亡事故还将产生极坏的社会影响，因此，预防人身事故尤为重要。

1．防止人身事故的基本途径

（1）安全教育。首先要强化安全学习，提高职工对安全生产重要性的认识，牢固树立"安全第一，预防为主"、"安全责任重于泰山"的观念，自觉遵守安全生产各项规章制度，

增强自我保护和相互保护意识，做到"三不伤害"：不伤害自己，不伤害他人，不被他人伤害。

（2）建立班组安全生产保证体系。班组长对班组安全保证体系的正常有效运转全面责任，班组安全员要协助班组长组织安全知识和规章制度的学习，对班组成员进行安全教育，检查生产设备、安全设施及作业环境状况，发现问题时反映、解决每个人员必须制定控制人身未遂的措施，每月对照检查，并将检查结果及整改措施计入安全管理台账。

（3）严格执行保证安全的技术措施。如在全部停电或部分停电的电气设备上工作，必须完成停电、验电、装设接地线、悬挂标示牌和装设遮栏等措施。

（4）正确使用个人劳动保护用品。正确使用个人劳动保护用品是预防生产人员发生意外伤害的基本安全防护措施，任何人在生产活动中都必须按照《电业安全工作安规》的要求，正确使用，真正发挥其对劳动者的保护作用。

（5）正确使用工器具。就是要按照《电业安全工作规程》的要求，正确使用各类电气绝缘工具、登高安全工具、电动及风动工具等，并按要求对工器具定期检查试验。

（6）不断改进作业环境。工作环境要照明充足、通风良好，温度、湿度适宜，要不断降低噪声与振动，物料堆放要整齐，作业空间要适度。同时，门口、通道、楼梯和平台等处，不准放置杂物，以免阻碍通行。

（7）不断完善现场安全防护设施。

1）工作场所的井、坑、孔、洞或沟道，必须加盖与地面齐平的坚固的盖板。在检修工作中如需将盖板揭开，必须设临时围栏。临时打的孔、洞，施工结束后，必须恢复原状。

2）所有升降口、大小孔洞、楼梯和平台，必须装设不低于 1.05m 高的栏杆和 100mm 高的护板。如在检修期间需将栏杆拆除时，必须装设临时遮栏，并在检修结束时将栏杆立即装回。

3）所有楼梯、平台、通道、栏杆都应保持完整，铁板必须铺设牢固。铁板表面应有纹路以防滑跌。

（8）提高人在生产活动中的可靠性。人在生产活动中的可靠性是减少人身事故的重要方面，违章是人的可靠性降低的表现，要通过对每次事故的具体分析，找出规律，从中积累经验，采取针对性措施提高人在生产活动中的可靠性，防止人身机器伤害、灼烫伤等类事故的发生。

2. 防止高空坠落的具体措施

（1）在 2m 以上高处作业，必须系安全带；

（2）在线路杆塔上工作要穿防滑绝缘鞋，戴好安全帽；

（3）安全带使用前进行检查，按规定佩戴、使用；

（4）使用安全带时，挂钩挂在牢固的构件上，换位时不能失去保护；

（5）用合格的钢丝绳、麻绳起吊重物；

（6）使用合格的梯子并正确使用，梯子与地面的倾斜角不能过大或过小，有专人扶持；

（7）搭设脚手架时，绑扎要牢固，脚手板等的厚度、强度要合乎规格，脚手板两头绑扎。

3. 防触电的具体措施

（1）要消除由于设备缺陷和设计不周留下的隐患，尤其是防止不合格电气设备入网运行；

(2) 提高工作人员的专业技术水平，严格执行"安全规程"和"两票三制"，以及现场安全规程和作业技术措施；

(3) 电气操作时要按规定使用合格的安全用具，低压带电作业要设专人监护；

(4) 配电变压器、架构、电动工具的外壳必须接地，并按规定进行测试和开挖检查；

(5) 完善线路标牌及防护设施；

(6) 不得以铜（铝）丝代替熔丝。按规定安装漏电保护器，并定期测试其完好的状况。

4. 防止机器伤害、灼烫伤

电力生产中还有可能遇到机器伤害、灼烫伤等类人身事故，均要采取相应具体防护措施。

此外，严禁酒后工作，患有高血压、心脏病、贫血的人员不盲从事高处作业。同时还要消除装置性违章，防止因设备安装不规范造成人身事故。

(二) 电气误操作事故的预防

电气误操作事故主要包括：带负荷拉（合）隔离开关、带电挂（合）接地线（接地开关）、带接地线（接地开关）合断路器（隔离开关）等。防止误操作事故的基本途径：

(1) 严格执行操作票、工作票制度，并使两票制度标准化、管理规范化。

操作票是运行人员将电气设备由一种运行方式转换为另一种运行方式的操作依据。填写正确的操作票是防止电气误操作事故发生的重要措施和基础。操作票不允许随意修改，操作时不允许改变操作顺序。当操作发生疑问时，应立即停止操作，并报告发令人。

工作票是工作人员对设备进行检修维护、缺陷处理、调试试验等作业的依据。工作票不仅对当次工作任务、人员组成、工作中注意事项等作出了明确规定，同时也对检修设备的状态和安全措施提出了具体要求。填写正确的工作票是保证工作任务完成和确保工作人员及设备安全的重要措施。

在实际工作中，"两票"制度对于保证电力企业的安全生产发挥了重要作用。但是还存在部分人员安全意识不强、工作责任心差、违章作业等问题，严重影响了安全生产，导致了事故的发生。

案例： 1999 年 7 月 21 日，北京某热电厂发生带地线合隔离开关造成全厂停电的重大事故。7 月 21 日，在 2212-5 断路器检修工作结束后，发现 2212-5 断路器电动合切不灵。在处理该问题的过程中，由于继电保护工作人员在没有搞清现场电气设备接线和有关安全措施的情况下，没有认真核对图纸及现场设备，仅凭印象认为闭锁 2212-5 操作回路的触点在 2212-4 断路器合闸接触器上，并在无人监护的情况下，随意操作，擅自合上 2212-4 断路器操作小开关，改变了现场的安全措施。又随意将接触器捅到合闸位置，从而导致了带地线合隔离开关造成全厂停电重大事故的发生。事故暴露出现场工作人员责任心极差。同时也反映出现场工作失去监护、执行工作票制度很不严肃和该厂在防误装置管理制度及执行上存在严重漏洞等一系列问题。

(2) 建立严格的防误装置管理制度及万能钥匙的使用和保管制度，完善防误装置运行规程及检修规程。防误闭锁装置不能随意退出运行，在倒闸操作过程中不得随意用万能钥匙解锁操作；停用防误闭锁装置时，必须经总工程师批准；短时间退出防误闭锁装置时，应经值长批准，并应按程序尽快投入运行。

（3）采用计算机监控系统时，远方、现地操作均应具备电气闭锁功能。从而避免在电气操作回路上带负荷合隔离开关、带电合接地开关的可能性。

（4）断路器或隔离开关闭锁回路不能用重动继电器，应直接用断路器或隔离开关的辅助触点，这样就可保证即使在变电间隔进行停电检修时，其断路器或隔离开关（包括接地开关）送出的用于闭锁逻辑判断的辅助触点也能真实地反映断路器或隔离开关（包括接地开关）的实际状态；为防止由于辅助开关出现故障，不能真实地反映断路器或隔离开关（包括接地开关）的实际状态，导致闭锁逻辑出现误判断，特别强调，操作断路器或隔离开关时，应以现场状态为准。

（5）成套高压开关柜五防功能应齐全，性能应良好。"五防"功能中除误分、误合断路器可采用提示性的装置外，其他"四防"均应用强制性的装置。

（6）为防止走错间隔，误入带电区域或误攀登室外带电设备，应采取全封闭（包括网状）的检修临时围栏。并在围栏上悬挂适当数量的"止步，高压危险！"标示牌，标示牌必须朝向围栏里面。在工作地点悬挂"在此工作"标示牌。

（7）安全工器具特别是高压验电器必须经检测合格后方可使用，以真实判断设备带电与否，保证作业人员的安全。

（8）强化岗位培训，提高人员的技术素质，特种作业人员必须持证上岗。

第四节　危险点分析预控

随着社会的不断发展，人们对预防事故，保证安全生产客观规律的认识也必然会不断深化，危险点分析预控理论是近年来电力企业在预防事故中摸索出来的新方法，其突出点：

（1）把诱发事故的客观原因归纳为危险点的存在；

（2）把危险点演变成现实事故，看成是一个逐渐生成、扩大、临界和突变的过程；

（3）提出预防事故的重点，应放在分析预控危险点上；

（4）提出习惯性违章是生成、扩大危险点，甚至使危险点发生突变的重要因素。

因此，为使作业人员和设备不受危害，必须有效地控制危险点。

一、危险点概述

1. 危险及危险点的概念

人类从事的每一项生产活动都存在着包括劳动者本身、工具设备、劳动对象、作业环境等方面不同程度的危险性和不安全因素。所谓危险，就是指能导致事故发生的既有或潜在的条件（或可能产生潜在损失的征兆）。危险是安全的反义词，是风险的前提，没有危险就无所谓风险。危险性是指事故发生的可能性（概率）和所具有的危害性（严重程度），是对危险程度的客观描述。若其超过了允许限度，则所从事的活动或对象系统是危险的，否则认为是安全的。

危险严重度是表示危险严重程度的等级，是对危险严重程度的定性度量。一般危险分为4个等级：①恶性的，这类危险的发生会导致恶性事故发生，造成重大设备损坏或人员伤亡；②严重的，这类危险的发生会导致设备严重损坏或人身严重伤害；③轻度的，这类危险的发生会导致人身轻度伤害或设备损坏；④轻于三等级的轻微受伤或设备轻微损坏，这类危险可以忽略。

　　危险点就是事故的易发点、多发点、设备隐患的所在点和人的失误的潜在点。因此，危险点是一种诱发事故的隐患，如果不进行防范和治理，在一定条件下就有可能演变为事故。作业中的危险点，是指在作业中有可能发生危险的地点、部位、场所、设备、工器具和行为动作等。危险点包括三个方面：①有可能造成危害的作业环境。如作业环境中存在的有毒物质，将会直接或间接地危害作业人员的身体健康，诱发职业病。②有可能造成危害的机器设备等物体。如机器设备没有安全防护罩，其运动部分裸露在外，与人体接触，就会造成伤害；带电的裸露电源线，如果人与之接触，就会发生触电事故。③作业人员在作业中违反安全工作规程，随心所欲地操作。如有的作业人员在高处作业不系安全带，即使系了安全带也不按规定系牢等。作业环境中存在的不安全因素、机器设备等物体存在的不安全状态、作业人员在作业中的不安全行为，都有可能直接或间接地导致事故的发生，我们都可以把它们看成是作业中存在的危险点，从而采取措施加以防范或消除。

　　2. 危险点的特点

　　在实际生产中，由于设备、环境、人的活动等因素的存在，危险点是一种诱发事故的隐患。事先进行分析预控并采取措施加以防范，就会化险为夷，确保安全。作业中存在的危险点的特点：

　　（1）危险点具有客观实在性。生产实践活动中的危险点，是客观存在的，也就是说，这类危险点存在于我们的意识之外，不以人的主观意识为转移。

　　（2）危险点具有潜在性。这种潜在性表现在：①存在于即将进行的作业过程中，不容易被人们意识到或能够及时发觉而又有一定危险性的因素。②存在于作业过程中的危险点虽然明显地暴露出来，但没有转变为现实的危害。如在群体交叉作业中，高处落物是一个具有潜在危险的因素，必须谨慎地防范。所有参加作业或进入作业现场的人都必须戴好安全帽，否则，就有可能被落物击伤头部。

　　（3）危险点具有复杂多变性。在作业中存在的危险点是复杂的。危险点的复杂性是由于作业情况的复杂性决定的。每次作业尽管作业任务相同，但由于参加作业的人员、作业的场合地点、使用的工具以及所采取的作业方式各异，可能存在的危险点也会不同，而相同的危险点也有可能存在于不同的作业过程中。即使是相同情况的作业，所存在的危险点也不是固定不变，旧的危险点消除了，新的危险点又会出现，所以分析预控危险点的工作不能一劳永逸。危险点的复杂多变性告诫我们：在分析预控危险点时，一定要具体情况具体分析，按照实际情况决定所应采取的方法。

　　（4）危险点具有可知可防性。电力企业作业中存在的危险点具有一定的隐蔽性，它常常隐藏在作业环境、机器设备或作业人员的行为之中，做好危险点的预知和预防工作必然会有一定的难度。但是，辩证唯物论认为，一切客观存在的事物都是可知的。既然危险点是一种客观存在的事物，我们就能够认识它，防范它。一些企业在探索危险点预知预防工作中积累的实践经验表明，电力企业作业中的危险点完全是可以认识和提前预防的，只要思想重视，措施得力，危险点是完全可以消除的。

　　3. 危险点的成因

　　通过分析电力企业作业中发生的事故案例，可以看出，危险点的生成有下列几种情况。

　　（1）伴随着作业实践活动而生成的危险点。只要有作业实践活动，就必然会生成相应的危险点。如在电焊作业过程中，电焊弧光会对人的眼睛造成伤害；电焊溅出的焊渣火花落在易燃物上，会引起火灾；如果电焊枪漏电，人体与之接触可能会被电击等。

（2）伴随特殊的天气变化而生成的危险点。只要出现这类不良的天气，就有可能生成相应的危险点。如安全工作规程明确规定，遇有 6 级以上的大风天气，禁止露天进行起重作业。据国内外有关资料介绍，每年都发生数起起重机被风吹走倾倒的事故。

（3）伴随机械设备制造缺陷而生成的危险点。有些机械设备的制造缺陷不经过技术检验很难发现。而一旦购进并投入使用，在一定条件下，潜藏的缺陷就会变成现实的危险。

某单位进行设备抢修。起重班安装检修平台，并对牵引钢丝绳进行试吊后，交检修人员使用。当检修平台上升停在 29m 高程，3 号牵引钢丝绳滑脱，该处断绳保护器又因机械卡涩失灵，致使检修平台倾斜，平台上 6 名检修人员全部坠落，其中，两人经抢救无效死亡，1人重伤，3 人轻伤。这便是因机械设备在制造时留下的危险点而造成的事故，按照《起重机械安全管理规定》要求，起重机械的断绳保护器在断绳时，将悬吊物制停在任何高度，以防止发生坠落事故。但此次作业使用的检修平台，其断绳保护器设计制造有缺陷，机械卡涩失灵，起不到保护作用，未能把检修平台制停。这表明，有些危险点出自机械设备制造时留有的缺陷。

（4）因缺乏维修和检查，使机械设备生成危险点。一些机械设备存在的缺陷——危险点，不都是在制造时就存在，有些是年久失修，逐渐生成，如果缺乏作业前的认真检试，带故障使用，就会给作业人员的生命与健康带来威胁。一次，某单位进行设备组装，在焊接过程中，一只链条葫芦起重链突然断裂，另一只链条葫芦因单只受力不支而崩断，使设备从 15m 高处坠落地面。因焊工正在临时设置的脚手架上作业，也被设备带下，造成右胸两根肋骨骨折。经现场勘查验证：坠落前，突然断裂的那只链条葫芦起重链有一节的碰焊点有 60% 已裂开，这说明，对起重链平时缺乏维护，使用前又疏于检查，最终使潜在的缺陷扩大，成为导致这起坠落事故的危险点。

（5）违章冒险作业直接生成的危险点。《电业安全工作规程》是我们电力行业安全工作的经验总结，对控制和防止危险点具有至关重要的作用。如果违反《电业安全工作规程》，冒险作业，就会使处于安全状态的作业环境危机四伏，险象环生，不仅不能控制已经存在的危险点，还会生成一些新的危险点，进而导致事故的发生。

危险点的生成，从总体来说，是违反了生产活动客观规律的结果。不论是违章作业、违章操作，还是违章指挥。归根结底是违背生产活动客观规律的行为。因此，要有效地预控危险点，就要树立科学的态度，尊重客观规律，按照客观规律办事。这条认识，无异揭示了危险点生成的本质原因。在电力作业中，违反生产活动客观规律，生成危险点，甚至使危险点演变成现实事故的表现主要有：

1）工作负责人不负责任，违章指挥。违章指挥就是违反生产活动客观规律的盲动行为，其结果是必然带来严重危害。例如某班在一次清扫 10kV 配电变压器台时，工作负责人责任心不强，到达作业现场后，既没宣读工作票，也没接接地线，只是断开高压跌落式开关，就让职工开始作业。他本人不在现场监护，却去附近市场买烟。造成一名工人被反送电击伤。

2）颠倒或简化作业程序。电力生产过程每项作业是由一系列的步骤完成的，只有一步一步地按程序即先后步骤展开作业，才能避免危险点的生成。反之，颠倒作业程序，把后一步骤放在前面去做，就会违背客观规律，为危险点的生成提供条件。

3）安全措施漏项。漏项之处，又恰恰就是潜在的危险点。例如某供电公司运行班做变压器预试工作。作业人员张某停完两相跌落开关后便以为"电已停完"，将操作拉杆竖靠墙上。操作人员王某登台开始作业，只听一声巨响，王某触电后坠落到地面，抢救无效死亡。事后一检查，造成这起事故的主要原因是张某漏停变压器的 A 相高压跌落开关，变压器仍然有电。

4）填写工作票失误。有些人凭想当然填写和签发工作票。这样的工作票脱离现场的实际情况，许多危险点都是因为工作票的误导而生成的。例如某单位在"秋检"停电作业中，工作票签发人下班前急于赶通勤车，匆忙中，所填写的停电线路和工作地段的停电线路不符，挂地线位置有误，还漏写了临近带电线路的名称、位置等，更没有明确防止误登的安全事项。配电班人员虽然听过宣读工作票，但并没有搞清应该检查的杆号，结果误登临近带电的用户自己维护的线路，当这名工人登到带电的铸造线时，右腿触电，坠地死亡。

4. 危险点是如何演变成事故的

在人们的印象中，事故往往是预料之外、瞬间发生的。古人也常讲"祸从天降"、"飞来横祸"等。其实，一切事物的发展变化都遵循着从无到有、由量变到质变的客观规律。事故也不例外，事故是存在于生产中的危险点逐渐生成、扩大和发展而形成的，在危险点的量变期间，人们没能引起重视而任其产生质的变化，最终造成了伤害和损失。

分析一些具体的事故，我们可以看到：危险点演变成现实的事故，一般要经历潜伏、渐进、临界和突变这四个阶段。

（1）潜伏阶段。这是指危险点已经生成却没有引起人们的注意，以其固有的姿态而存在的阶段。它是事故发生的初始阶段或萌芽状态，但还不至于很快地导致现实事故。如以下情况：

1）机械设备虽然存在着缺陷，但没有明显暴露出来，不易被操作者所觉察。

2）作业人员处于危险环境，存在侥幸心理，麻痹大意，明知作业对象存在危险点却疏于防范。

3）危险点没有交底讲明，作业人员有险不知险。

4）安全措施虽然拟定了，但存在重大漏洞，应该重点防范之处却无所防范。这些都会成为生成事故的根源。

（2）渐进阶段。这是指潜在的危险点逐渐扩大的过程，它仍然处于事故的量变时期。在这个量变时期，机械设备原有的缺陷随着频繁的工作运行和时间的推移，将会产生更为严重的缺陷。比如原有的焊道质量差，不够牢固，现已开焊裂缝；电源线超负荷，现已发热；违章操作也会给危险点的渐进、扩大创造外部条件。

（3）临界阶段。这是指事故将发生但还没有发生的运行过程。这个阶段危险点的扩大已进入导致事故的边缘，是危险点引发事故的最危险的阶段，就是我们通常所说的事故即将发生质的突变。因为任何事物的稳定状态只是相对的，相对的稳定状态里包含着不稳定的状态，只不过是这时的相对稳定状态处于支配的主导地位。近代科学研究表明，事物由稳定状态向不稳定状态的转变，期间存在一个逐渐接近临界点的过渡阶段。由危险点导致事故也是如此，尽管潜伏阶段、扩大阶段都是向导致事故最终结局靠近，但这两个阶段仍旧处于量变状态，是量变的积累。积累到一定程度达到临界点，即将要突破安全状态的最大限度，危险点就真正演变成现实事故了。

我们预控的危险点，从其危险点程度划分，有时所预控的是处于潜伏阶段的危险点，有时预控的是处于扩大阶段的危险点，有时所预控的则是处于临界阶段的危险点，就一起有可能导致现实事故的危险点而言，控制临界阶段的危险点是预控这起事故的最后一道防线和机会。处于这个阶段的危险点一旦被发现必须立即处理，如果没有发现和处理，必然会导致事故的发生。比如：对带电危险区，必须保持一定的安全距离。进入安全距离与危险区的边缘，就处于临界状态。突破这一临界状态，进入危险区就会造成触电伤害。

（4）突变阶段。这是指事故的形成阶段，是危险点生成、潜伏、扩大、临界的必然结果，是由量变到质变的飞跃。这个阶段，不是事物由稳定状态向不稳定状态的量变，而是发生了根本性质的变化，即事物完全处于不稳定状态。在突变阶段，危险点已成为现实的无法挽回的事故，并且必然造成一定程度的危害。我们所见到的高处坠落、触电伤害、机械伤害、起重伤害等，都是危险点进入突变阶段造成的严重后果。

案例：某单位罐车人孔爆开就很能说明危险点是如何演变成事故的。当时，正值冬季，气温较低，操作人员加热罐车时间不到5h，碱液中结晶体未全部溶化，出碱管被堵，碱液压不出来。操作人员误以为罐内压力低，便盲目提高压力0.49MPa，超过该罐车允许值（罐体工作压为0.098MPa，进风压力不得超过0.196MPa），严重超压，从而埋下隐患。在超压的情况下，卸不出碱，操作人员以为人孔门漏气，就违章带压紧人孔门螺钉。这处螺钉又因年久失修，腐蚀严重而滑扣，把人孔门崩开，一名操作人员被气浪掀起，从碱罐平台（高3.58m）摔下，脑损伤致死。

危险点演变成现实事故的过程告诉我们：

1）预防事故，必须从控制处于初始阶段的危险点入手，做到及早预控，及早采取措施消除隐患，这样，才能防微杜渐，把事故消灭在萌芽状态。由危险点演变成现实的事故是由几个演变阶段所组成的，因而控制处于潜伏阶段、渐进阶段的危险点，或控制处于临界阶段的危险点都非常重要，只要做好防范工作，都能遏制事故的发生。

2）违章作业是推动危险点向现实事故演变的重要因素，违章会生成危险点，扩大危险点，使危险点处于临界状态，最终导致事故的发生。因此，要控制危险点，就必须铲除违章行为，养成遵章守规的良好习惯。

5. 习惯性违章最易使危险点诱发为事故

资料统计，电力系统78%以上的事故是由于习惯性违章造成的。人们通过总结经验教训还发现，就诱发事故的原因来讲，习惯性违章与危险点是一对孪生兄弟，习惯性违章是导致事故的人为因素，危险点则是引发事故的客观因素，习惯性违章与危险点相结合，很容易造成事故。这是因为：

（1）习惯性违章往往会人为地制造新的危险点。在一些具体的作业过程中，如果我们坚持按照规程操作，就不会生成危险点。但是，如果我们固守违反规程的旧的传统做法和工作习惯，本来不存有危险点的作业过程也会生成新的危险点，进而危及人的生命安全与身体健康。

（2）习惯性违章会掩盖危险点的存在。习惯性违章者，往往抱有侥幸心理，对作业中可能存在的危险点视而不见，听而不闻，违章操作，铤而走险，使危险点演变成事故。如《电业安全工作规程（热力和机械部分）》明确规定："不准进入有煤的煤斗内捅堵煤。在特殊情况下，须进入有煤的煤斗内进行工作时，必须经企业主管生产的领导（总工程师）批准，通知运行值班人员将煤斗出口挡板关闭，切断给煤机电源。必须使用安全带，安全带的绳子应缚在外面的固定装置上，并至少有两人在外面进行监护，进入煤斗后安全带应由监护人一直保持在稍微拉紧的状态"。《电业安全工作规程（发电厂和变电所电气部分）》（DL 408—1991）这样规定，实际是预见到进入煤斗工作存在着危险，而采取相应的保护措施。但某单位工人张某擅自清理原煤斗堵煤，明知存在着危险，却在既无人监护又没切断电源，而又不扎安全带的情况下，独自一人进入原煤斗内扒煤。结果由于原煤塌落，造成全身埋没窒息死亡。

（3）习惯性违章会使危险点进一步扩大，造成更为严重的后果。危险点演变成现实的危险以后，如果及时采取措施，能够控制事态的发展，把损失减少到最低限度。而在危险点演变成现实的危险之后，又遇到习惯性违章行为，则会使危险点进一步扩大。比如：《电业安全工作规程（热力和机械部分）》规定，在高处作业时，工具材料要用绳索上下吊送。但某单位工人黄某和郭某在连接一次风管时，既未开工作票也没采取安全措施即开始工作。他们从 3 号喷燃器开始，一直割到 11 号风管，使所有被割掉的方圆节都从 11m 标高处向 8m 平台自由落下。在 11 号风管将近割完时，因焊工站在管子东侧无法切割，站在风管西侧的郭某便要过割把继续切割。被割掉的方圆节落在架板上，黄某即用脚将这根重约 25kg 的方圆节蹬掉。当其下落时，砸在 5 号炉的回油总管弯头上，使弯头焊口处断裂（当时，因 3 号炉需要，启动了燃油泵，回油总管带压），油喷到黄某和郭某身上，着起火来。其中，黄某烧伤面积达 80%，抢救无效死亡，郭某头颈部烧伤。

（4）习惯性违章会使危险点演变成事故。一些客观存在的危险点只有具备一定的条件（主要是它与人或设备接触）时才会演变成事故，而人的习惯性违章行为恰恰为已经存在的危险点演变成事故提供了条件。如《电业安全工作规程（热力和机械部分）》规定，在金属容器内施焊，必须垫橡胶绝缘垫、穿绝缘鞋和工作服。但某调速班马某和综合班曹某在高压加热器内进行管板沙眼焊接工作时，公然违反安全工作规程。马某站在容器外监护，曹某进入容器内施焊。他直接坐在管板上，汗湿的后背靠着容器壁。由于粗心大意，将焊把触到前胸，使电流通过身体接触到金属导体放电，严重击伤心脏而死亡。

总而言之，习惯性违章是生成和引发危险点的人为因素，要有效地控制危险点就必须根除习惯性违章。

二、危险点分析

危险点分析，是指在一项作业或工程开工前，对该作业项目（工程）所存在的危险类别、发生条件、可能产生的情况和后果等进行判断和推测，找出危险点。其目的是控制事故发生。

一般来说，作业中存在的危险点可以分为两大类：①显现的危险点，通过现场考察或认真预想就可以发现。比如正因为人们知晓电气作业会有触电的危险，所以事先戴好绝缘手套、穿好绝缘鞋，与带电体保持一定的安全距离。登杆作业前，人们也会预感到存在坠落的危险，因此，上杆之后，小心地挂好安全带。②潜在的危险点，人们仅凭经验或想象难以作出准确的判断，这就需要进行科学地分析。潜在的危险点也是一种客观存在的事物，只要是客观存在的事物，人们就有能力去认识它。

1. 危险点分析的难度

我们在进行危险点预测的时候，往往抱有最大的希望把有可能存在的所有的危险点都寻找出来，把每个危险点会在何时何地出现都判断准确，但事实上并非完全如此。这是因为：

生产过程中有许多因素是随机的，特别是因为它受到作业人员的心理和精神状态的影响，未来作业的发展过程及其有可能存在的危险点很难暴露无遗，我们新得出的结论，只是一种推论，不是从作业实践中直接得来；并且，尽管我们依据的是以往作业中寻找和控制危险点的成功经验，但是每一次具体作业的情况是不同的，过去的经验不能反映新的情况。就我们每个人来说，认识能力是有限的，或者是知识缺乏，或者是经验不足，或者是头脑中存在着旧规矩等。都有可能妨碍对未来作业中存在的危险点作出正确的判断。而危险点判断不准或被遗漏，在毫无思想和手段准备下的作业，都有可能造成无法弥补的危害。也就是说，基于这些考虑，在进行危险点分析时必须注意以下几点：

（1）《电业安全工作规程》是分析危险点的重要依据。只有以安全工作规程为指导分析得出的危险点，才具有更高的可靠性。也只有以安全工作规程为指导研究制定安全措施，并落到实处，分析预控危险点才能更加卓有成效。实际上，《电业安全工作规程》已指明了各类作业中存在的危险点，例如各类安全工作规程里，都有"不得"、"严禁"、"防止"等表述，就是针对具体危险点而言的。

（2）收集的资料必须充实。一般的说，在以过去作业情况作为依据时，其作业情况与将要开展的作业情况（时间、地点、作业过程、使用的工器具、作业人员的素质等）越类似，相比照而推断出的危险点越准确。因此，选择过去进行的作业一定要有类比之处。

（3）对时间较长、过程较复杂的作业，除了对其可能存在的危险点作出概略的预测外，应把整个作业过程分为若干小阶段，预测出每个小阶段有可能存在的危险点。作业阶段越短，预测出的危险点越可靠。

（4）要坚持把实践作为检验预测正确与否的标准。在作业前预测到的危险点和采取的防范措施是否与实际作业情况相符，还必须接受实践的验证。凡是与实际作业情况相符，则说明所作出的预测是准确无误的；反之，与实际作业情况不符或部分符合则说明所作出的预测有误，应该依照实际情况重新作出预测。

2. 危险点分析的要点

（1）工作场地的特点，如高空、井下、容器内、带电、交叉作业等，可能给作业者带来的危险因素。

（2）工作环境的情况，如高温、高压、易燃、易爆、辐射、有毒有害气体、缺氧等，可能给工作人员安全健康造成的危害。

（3）工作中使用的机械、设备、工具等可能给作业人员带来的危害或设备异常。

（4）操作程序工艺流程的颠倒、操作方法的失误等可能给作业人员带来的危害或设备异常。

（5）作业人员当时的身体状况不适、思想情绪波动、不安全行为、技术水平能力不足等可能给作业人员带来的危害或设备异常。

（6）其他可能给作业人员带来危害或造成设备异常的不安全因素。

3. 危险点分析的步骤

（1）收集本单位过去同类作业或其他单位同类作业的有关资料。

（2）认真考查和分析将要从事的作业范围、特点和参加人员的安全思想、技术素质、设备及系统的功能、结构以及运行等方面的情况；对此次作业的情况越熟悉，所分析的特点越透彻，对可能出现的问题估计得越充分，找出的此次作业中可能存在的危险点就会更加全面、准确。

（3）在占有充分资料的基础上，吸取以往的经验教训，运用相关科学技术知识分析过去和现在已知的情况，找出真正影响作业安全的危险因素，对危险点作出推测和判定。具体作法是：

1）工作负责人组织召开会议进行具体的分析预测。与会人员应该是即将从事此次作业的人员，特别应注意邀请有此类作业实践经验的老工人或技术人员参加会议。

2）把即将开始的作业的全过程，分成若干阶段，结合过去的经验教训，让大家分析本次作业可能出现的危险因素，逐个阶段地寻找有可能存在的危险点。每次作业中存在的危险点有可能不等，因此在分析预测的时候，应尽可能地把所有的危险点都找出来。

3）识别转化条件，即研究危险因素变为危险状态的触发条件和危险状态变为事故的必要条件。

4）最后，集中大家的意见，归纳划分出此次作业中危险点的等级，排出先后顺序和应重点加以防范的危险点。

应当指出，在作业、操作的过程中，还应根据作业过程的变化以及特殊性不断辨识、查找可能的危险点。

分析预测得出的结论正确，符合实际情况，采取的控制危险点的措施才有针对性和实效性。

三、危险点预控

危险点预控是指在危险点分析的基础上有针对性地制订相应的安全防范措施，防止潜在危险点的生成和发展，控制显现的危险点转变为事故。

危险点预控必须从源头抓起，设备固有危险点要通过消缺、检修、改造，及时消除，从根本上消除潜在的危险；对一时无法消除的危险点，或从技术上及经济上难以进行根本性地治理时，可采用其他预控措施和应急方案，但应视危险点的性质得到有关部门或上级的批准。

行为危险点预控要从安全教育培训抓起，加强安全工作规程学习，熟练掌握《电业安全工作规程》，严格执行《电业安全工作规程》，因为安全工作规程指明了各类作业中危险点的预控措施。《电业安全工作规程》中有关应该怎么做、不应该怎么做，以及一些标准界限划定等表述，实际上，都是预控危险点的基本措施，对同一类作业具有普遍的适用性和可操作性。经验教训一再昭示，危险点的生成、扩大、突变以致造成事故，从主观原因上看，皆是因为有关人员不熟悉或不能严格遵守安全工作规程所致。

危险点预控要突出作业和操作的过程预控，制定危险点预控措施卡，还要加强现场执行和监督的落实，以书面的形式使危险点预控措施得以确认，保证现场的工作负责人、监护人必须清楚，并使现场每个人清楚危险点的所在和应采取的防范措施，并有切实可行的制度和责任制保证执行和监督到位。

对作业人员行为危险点预控除加强分析和防护外，重要的是开展标准化、规范化、程序化作业，科学合理地制定作业标准、安全操作规定和有针对性地制定危险点预控措施卡，规范作业人员个体行为，防止违章作业，这样才能安全而高效地进行作业。

四、分析预控危险点能有效地预防事故

国内外资料统计表明，90％以上的事故是由于当事人对有可能造成伤害的危险点或者缺乏事先预想，或者虽然预想到却缺乏有效地防范而造成的。因此，做好危险点的分析预控工作，就能使有可能诱发事故的人为因素得以避免，把事故遏止在萌芽状态。

（1）做好危险点分析预控工作，可以增强人们对危险性的认识，克服麻痹思想，防止冒险行为。一些事故的发生，与当事人对作业中可能存在的危险点及其危害性认识不足、有险不知有直接关系。如：从卸煤车厢两钩间穿过，如果车厢处于正常的稳固状态，不会发生什么危险；车厢一旦出现不稳固状态，人在两钩间通过时，非常危险。某单位对工人穿越车厢两钩的现象，司空见惯，未能把它视为危险行为加以纠正。有一天，工人韩某准备从四道的南侧越到北侧检查车辆过程中，为抄近路，在钩距不到 1m 的第 8、9 节车厢两钩间穿过，恰在此时，翻车机排空车，造成四道停留的空车冲撞，使车辆移动，把他挤伤致死。在分析事故教训时，人们都深刻认识到，如果韩某把在车厢两钩间穿越看作是一种危险行为，或者绕开这一危险区行走，或者在作空车前的检查时，通知机车室值班员，采取措施停止推车器，这起事故完全可以避免。做好危险点分析预控工作，让每个在现场作业的职工都明确，现场作业存在哪些危险点，有可能造成什么样的后果。

（2）做好危险点分析预控工作，能够防止由于仓促上阵而导致的危险。准备不充分，安排不周，忙乱无序或图方便简化和颠倒作业步骤，这本身就埋藏着事故隐患。如安全工作规程明确规定：煤车摘钩、挂钩或启动前，必须由调车员查明车底下各节车辆的中间确已无人，才可发令操作。挂车前需事先检查被挂车辆各种作业是否完毕，人员是否躲开，道眼是否清洁完好等。

（3）做好危险点预控工作，能够防止由于技术业务不熟而诱发的事故。在作业前，开展危险点分析预控活动，实际上就是对安全工作重要性的再认识，对有关作业的工艺、技术业务的再学习。作业人员虽然已经培训，持证上岗，但是，要把学到的理论知识转变为实际能力还有一个过程；由于作业的对象、时间、地点及复杂情况、危险点发生了变化，已经学到的理论知识或获得的经验体会不可能完全满足需要。开展危险点分析预控活动，就能帮助作业人员研究新情况，接受新知识，解决新问题，使人身和设备安全得以保证。如：某班在 10kV 线路停电清扫之前，吸取以往一些单位发生事故的教训，首先对将要清扫的线路进行考察和登记，结果发现一基杆已改为双电源杆，消除一起有可能导致人员触电的事故。其次，鉴于参加此次作业的人员较新，对登杆清扫作业不够熟悉的实际，利用半天时间进行培训，着重讲解清扫作业的要领，应注意的安全事项和防范措施，并带领他们现场演练，一人作业，大家观看。由于大家熟悉了作业技术，知晓危险点，慎于防范，使这次登杆清扫任务圆满地完成。

（4）做好危险点分析预控工作，能够使安全措施更具针对性和实效性，确实起到预防事故的作用。以往的教训是：作业人员对作业中存在的危险点心中无数，工作票中提出的安全措施缺乏针对性和可操作性，导致事故的发生。如：一次某班在 10kV 变压器台上更换避雷器，工作票上只填写了"注意扎好安全绳"字样。作业人员孙某到了现场在未全部拉开跌落熔断器的情况下即登上变压器台，结果触电身亡。开展危险点分析预控活动，针对危险点填写应注意的安全事项和应采取的措施，就能防患于未然。

（5）做好危险点分析预控工作，能够减少以致杜绝由于指挥不力而造成的事故。指挥人员由于不熟悉作业中存在的险情或凭主观臆断进行指挥，极有可能造成事故，甚至会造成群死群伤。

安全无止境，事故能预防，关键在于认真研究、实践、总结。

复 习 思 考 题

1. 电力生产中的事故和违章作业。
2. 违章作业的主要种类及应对措施。
3. 事故预防的概念及基本方法。
4. 危险及危险性的概念。
5. 危险点分析要点。

问 答 题

1. 电力生产中违章作业的概念、成因及危害是什么？
2. 根据电力生产的事故案例，简要归纳事故原因的种类。
3. 人身事故的种类和预防途径有哪些？
4. 电气误操作的危害是什么？
5. 危险点的概念及分析步骤是什么？
6. 如何实施危险点控制？

第 六 章

电力设备的防火防爆

第一节　电业火灾和爆炸概述

在电力生产过程中，不可避免地存在许多引起火灾和爆炸的因素。例如：电气设备的绝缘大多数是采用易燃物（绝缘纸、绝缘油等）组成，火电厂的煤、煤粉、燃油罐区和锅炉油系统中的燃油及发电机冷却用的氢气等都是易燃易爆物质，它们在导体经过电流时的发热、开关产生的电弧及系统故障时产生的火花的作用下，发生火灾和爆炸。若不采取切实的预防措施及正确的扑救方法，则会酿成严重的灾难。

一、火灾和爆炸的基本概念

1. 火灾

超出有效控制范围而形成灾害的燃烧称为火灾。可燃物在空气中的燃烧是最普遍的现象，因而绝大多数火灾都是发生在空气中的。

燃烧的实质是伴随有热和光的强烈的氧化反应。它的发生必须具备三个基本要素：可燃物质、助燃物质（氧化剂）和着火源。

(1) 可燃物质：凡能与空气中的氧或其他氧化剂起剧烈化学反应的物质。如木材、纸张、煤等是固体可燃物；甲烷、乙炔、氢等是气体可燃物；酒精、绝缘油、润滑油、燃油等是液体可燃物。

(2) 助燃物质：具有较强的氧化性，能与可燃物发生化学反应并引起燃烧的物质。如空气、氧气等。

(3) 着火源：具有一定温度和热量、能引起可燃物质着火的能源。如明火、灼热物体、电火花、电弧等。着火源不参加燃烧，但它是可燃物质与助燃物进行燃烧的化学反应的起始条件。

以上三个要素，必须同时存在并相互作用才能发生燃烧，缺一不可。

2. 燃点和闪点

(1) 燃点。可燃物质只有在一定温度条件下与助燃物质接触，遇明火才能产生燃烧。使可燃物质遇明火燃烧的最低温度称为该物质的燃点。不同的可燃物质有不同的燃点。

(2) 闪点。可燃物质在有助燃剂的条件下，遇明火达到或超过燃点便产生燃烧，当火源移去后，燃烧仍会继续下去。但可燃液体的蒸气或可燃气体与助燃剂接触时，在一定的温度条件下，遇明火并不立即燃烧，只发生闪烁现象，当火源移去时，闪烁自然停止。这种使可燃物遇明火发生闪烁而不引起燃烧的最低温度称为该物质的闪点。

显然，同一物质的闪点比燃点低。由于液体可燃物质燃烧首先要经过"闪"，然后才是"燃"，故衡量液体、气体可燃物燃烧爆炸的主要参数是闪点。闪点越低，形成火灾和爆炸的可能性越大。

(3) 自燃及自燃点。可燃物质受热升温而不需明火作用就能自行着火的现象称为自燃。引起物质自燃的最低温度称为自燃点，又称为该物质的自燃温度。

根据促使可燃物质升温的热量来源不同，自燃可分为受热自燃和本身自燃两类。可燃物质由于外界加热，温度升高至自燃点而发生自行燃烧的现象，称为受热自燃。如纸张等物质因为受热温度升高到333℃以上时自燃。可燃物质由于本身的化学反应、物理或生物作用而产生的热量，使温度升高至自燃点而发生自行燃烧的现象，称为本身自燃。本身自燃不需要外界热源，在常温下，甚至低温下也能发生，因而其危险性较受热自燃的危险性更大。例如，火电厂煤厂的煤或煤粉在空气中与氧气发生氧化反应，产生热量引起自燃，应引起足够的重视。

3. 爆炸

物质发生剧烈的物理或化学变化，瞬间释放大量的能量，产生高温高压气体，使周围空气发生猛烈震荡而发生巨大声响的现象称为爆炸。爆炸的特征是物质的状态或成分瞬间变化，温度和压力骤然升高，能量突然释放。爆炸往往是与火灾密切相关的。火灾能引起爆炸，爆炸后伴随发生火灾。

根据爆炸性质的不同，爆炸可分为物理性爆炸、化学性爆炸和核爆炸三类。

(1) 物理性爆炸。由于物质的物理变化如温度、压力、体积等的变化引起的爆炸。物理性爆炸过程不产生新的物质，完全是物理变化过程。如蒸气锅炉、蒸气管道的爆炸，是由于其压力超过锅炉或管道能承受的极限压力所引起的。物理性爆炸一般不会直接发生火灾，但能间接引起火灾。

(2) 化学性爆炸。物质在短时间完成化学反应，形成其他物质，产生高温高压气体而引起的爆炸。其特点是：这种爆炸过程中含化学变化过程且速度极快，有新的物质产生，伴随有高温及强大的冲击波。例如梯恩梯（TNT）炸药、氢气与氧气混合物的爆炸，其破坏力极强。由于化学性爆炸内含剧烈的氧化反应，伴随发光、发热现象，故化学性爆炸能直接引起火灾。

化学性爆炸的产生必须同时具备三个基本条件，即可燃物质、可燃物质与空气（氧气）混合、引起爆炸的引燃能量。这三个条件共同作用，才能产生化学性爆炸。

(3) 核爆炸。物质的原子核在发生"裂变"或"聚变"的链锁反应瞬间放出大量能量而引起的爆炸。例如原子弹、氢弹的爆炸。爆炸时产生极高的温度和强烈的冲击波，同时伴随有核辐射，具有极大的破坏性。

4. 爆炸性混合物和爆炸极限

(1) 爆炸性混合物。可燃气体、可燃液体的蒸气、可燃粉尘或化学纤维与空气（氧气、氧化剂）混合，其浓度达到一定的比例范围时，便形成了气体、蒸气、粉尘或纤维的爆炸混合物。能够形成爆炸性混合物的物质，称为爆炸性物质。

(2) 爆炸极限。由爆炸性物质与空气（氧气或氧化剂）形成的爆炸性混合物浓度达到一定数值时，遇到明火或一定的引爆能量立即发生爆炸，这个浓度称为爆炸极限。可燃气体、液体的蒸气爆炸极限是以其在混合物中体积的百分比（%）来表示的；可燃粉尘、纤维的爆炸极限是以可燃粉尘、纤维占混合物中单位体积的质量（g/m^3）来表示的。

爆炸极限又分为爆炸上限和爆炸下限。浓度高于上限时，空气（氧气或氧化剂）含量少了，浓度低于下限时，可燃物含量不够，都不能引起爆炸，只能着火燃烧。

爆炸极限不是一个固定值，它与很多因素如环境温度、混合物的原始温度、混合物的压力、火源强度、火源与混合物的接触时间等有关。

二、危险物品与危险环境

1. 危险物品

凡能与氧气发生强烈氧化反应，瞬间燃烧产生大量热量和气体，并以很大压力向四周扩散而形成爆炸的物质均属危险物品。按其化学性质不同，可以分为以下七类：

（1）爆炸物品。这类物品具有强烈的爆炸性，在常温下缓慢地分解，形成爆炸性混合物，当受热、摩擦、冲击时就发生剧烈的氧化反应而爆炸。按爆炸混合物的状态不同可分为：

1）可燃气体与空气形成的爆炸性混合物，氢氧混合物，其他可燃气体与氧的混合物。

2）易燃液体的蒸气与空气形成的混合物，此类混合物常称为蒸气爆炸性混合物。

3）悬浮状可燃粉尘或纤维与空气形成的混合物，如导火索、雷管、炸药、鞭炮等。

（2）易燃或可燃液体。这类物品容易挥发，能引起火灾和爆炸。如汽油、煤油、锅炉燃油、润滑油、液化气等。

（3）易燃或助燃气体。这类物品受热、受冲击或遇电火花即能引起火灾和爆炸。如氢气、煤气、乙炔、氨等气体。

（4）自燃物品。这类物品燃点低，燃烧不需外界能量。在一定条件下，自身产生热量而燃烧，如黄磷、硝化纤维、胶片、油纸、煤等。

（5）遇水燃烧品。这类物品遇水分解出可燃气体，并放出热量，引起燃烧和爆炸。如钠、碳化钙、锌粉、钙等。

（6）易燃固体。这类物品受热、冲击或摩擦，同时与氧化剂接触时能引起燃烧和爆炸。如红磷、硝化纤维素、硫黄等。

（7）氧化剂。这类物品本身不能燃烧，但具有很强的氧化能力，当它与可燃物品接触时，造成可燃物氧化而引起燃烧和爆炸。如过氯酸钾、过氯化氢、重铬酸盐等。

2. 危险环境

（1）爆炸危险环境。能形成爆炸性混合物或爆炸性混合物侵入能引起爆炸的环境称为爆炸危险环境，按危险物品的状态可将爆炸危险环境分为爆炸性气体环境危险区域和爆炸性粉尘环境危险区域。

爆炸性气体环境危险区域内含有易燃气体、易燃液体的蒸气或者薄雾与空气混合形成的爆炸性混合物。

爆炸性粉尘环境危险区域内含有爆炸性粉尘、可燃性导电粉尘、可燃性非导电粉尘、可燃纤维与空气形成的爆炸性混合物。

（2）火灾危险环境。不可能形成爆炸性混合物，但可燃物质在数量和配置上能引起火灾的环境称为火灾危险环境。

三、电力火灾和爆炸的原因

引发电力火灾和爆炸要具备两个条件，即有易燃易爆环境和引燃条件。

1. 易燃易爆环境

在发电厂等电力生产场所，广泛存在易燃易爆物质，许多地方潜伏着火灾和爆炸的可能性。

（1）煤场。燃煤电厂要消耗大量的原煤。煤场上堆积的原煤在环境温度高时，特别是夏天，会发生原煤自燃，引起火灾。

（2）输煤及制粉系统。输煤及制粉系统会产生大量的煤粉，与空气中的氧混合易引起火灾和爆炸。

（3）电厂锅炉炉膛内有未燃尽的煤粉和可燃气体，炉膛检修动火时容易引起膛内爆炸。

（4）天然气罐和输气管道。有些电厂用天然气为能源，当天然气罐或管道泄漏时容易引起火灾和爆炸。

（5）油库及用油设备。发电厂要消耗大量的原油、工业用油。如燃料油、汽轮机润滑油、变压器油、油断路器油。油库及用油设备均容易发生火灾和爆炸。

（6）制氢站及氢气系统。发电机运行需用氢气冷却，制氢站不断地向发电机提供冷却用氢气，若发生氢气泄漏，氢气与氧气的混合气体达到爆炸极限时，遇明火而发生氢气爆炸。制氢站、输气管道、发电机氢气系统都是容易发生爆炸的危险环境。

（7）其他。发电厂、变电站大量使用电缆，电缆本身是由易燃的绝缘材料制成的，故电缆沟、电缆夹层和电缆隧道容易发生电缆火灾；发电厂、变电站使用的烘房、烘箱、电热设备、乙炔发生站、氧气瓶库、化学药品库都容易发生火灾或爆炸。

2. 引燃条件

电气系统和电气设备正常和事故情况下都可能产生电气着火源，来作为火灾和爆炸的引燃条件。电气着火源可能由下述原因产生：

（1）电气设备或电气线路过热。由于导体接触不良、电力线路或设备过载、短路、电气产品制造和检修质量不良造成运行时铁芯损耗过大、转动机械长期相互摩擦、设备通风散热条件恶化等原因都会使电气线路或设备整体或局部温度过高。若其周围存在易燃易爆物质则会引发火灾和爆炸。

（2）电火花和电弧。电气设备正常运行时，如开关的分合、熔断器熔断、继电器触点动作均产生电弧；运行中的发电机的电刷与滑环、直流电动机电刷与整流子间也会产生或大或小的电火花；绝缘损坏时发生短路故障、绝缘闪络、电晕放电时产生电弧或电火花。另外，电焊产生的电弧，使用喷灯产生的火苗等都为火灾和爆炸提供了引燃条件。

（3）静电。两个不同性质的物体相互摩擦，可使两个物体带上异种电荷；处在静电场内的金属物体上会感应静电；施加电压后的绝缘体上会残留静电。带上静电的导体或绝缘体，当其具有较高的电位时，会使周围的空气游离而产生火花放电。静电放电产生的电火花可能引燃易燃易爆物质，发生火灾或爆炸。

（4）照明器具或电热设备使用不当也能作为火灾或爆炸的引燃条件，雷击易燃易爆物品时，往往也引起火灾和爆炸。

发电厂生产运行过程中，存在许多的易燃易爆环境，也容易具备高温、电火花等引燃条件，故发电厂是容易发生火灾和爆炸的危险场所，必须采取有效的防范措施，防止火灾和爆炸的发生。

四、电业防火防爆的一般措施

根据电业火灾和爆炸产生的条件和原因分析，电业防火防爆一般性措施是对加强工作人员安全意识和安全技术教育，严格执行《电业安全工作规程》和《设备运行操作规程》；改善环境条件，排除生产场所空气中的各种易燃易爆物质；强化安全管理，消除电力设备产生火灾或爆炸的着火源。

（1）严格执行动火工作票制度。防火重点部位或场所以及禁止明火区如需动火工作时，必须执行动火工作票制度。动火工作前，各级审批人和动火工作票签发人均应到现场检查防火安全措施是否正确完备，检测施工场所的可燃气体浓度，确认符合动火条件、没有发生爆炸和火灾的可能后方可动火工作。动火时，消防监护人必须始终在现场监护。动火工作在间断或终结时应清理现场，认真检查和消除残留火种。

（2）加强对易燃易爆物质的管理。发电厂中的易燃易爆物质必须严格管理，特别重要的是对煤场、油库、制氢站、化学药品库、气瓶库、乙炔站、木材库等应严格管理。易燃易爆物品应集中放置在厂房外仓库，设置"严禁烟火"标志，并有专人负责管理。管理人员应熟知易燃易爆物品火灾危害性和管理储存方法，以及发生事故处理方法。易燃易爆物品入库，必须加强入库检验，若发现品名不符，包装不合格，容器渗漏时，必须立即转移到安全地点或专门的房间里处理。对危险区域严禁带入火种，实行严格的出入管理制度。

（3）改善环境条件，排除易燃易爆物质。①防止易燃易爆物质的泄漏。发电厂易燃物质的跑、冒、滴、漏是火灾和爆炸发生的根源，因此，对存有易燃易爆物质的容器、设备、管道、阀门加强维护，确保其密封，杜绝易燃易爆物质的泄漏，从而消除火灾和爆炸事故的隐患。②保持环境卫生，保持良好通风。在有可燃易爆物质的场所，经常打扫环境卫生，保持良好通风，必要时采取强制通风，不仅是美化、净化环境的需要，而且是防火防爆安全的重要措施之一。易燃易爆库房应有隔热降温及强制通风措施，并设置防爆型通风排气装置。经常进行对易泄漏的可燃易爆物质的清扫，保持良好的通风，把可燃易爆气体、液体、蒸气、粉尘和纤维的浓度降低到爆炸极限以下，才能达到有火不燃，有火不爆的效果。

（4）强化安全管理、排除电气火源。排除电气火源就是消除或避免电气线路、电气设备在运行中产生电火花、电弧和高温。

1）在易燃易爆区域内，应选用绝缘合格的导线，连接必须良好可靠、严禁明敷。导线和电源的额定电压不得低于电网的额定电压，且不得低于500V；导线截面应满足要求，防止因电流过大而使导线过热；移动电气设备应采用中间无接头的橡皮软线供电。

2）合理选用电气设备。根据危险场所的级别，合理选用电气设备类型。特别是在易燃易爆的危险场所，应选用防爆型电气设备，例如采用防爆开关、防爆电动机、防爆电缆头等，这对防止火灾和爆炸具有重大意义。

在易燃易爆危险场所，应尽量不用或少用携带型电气设备。

3）加强对设备的运行管理。保持设备正常运行，防止设备过载过热；对设备定期检修、试验，防止因机械损伤、绝缘损坏等造成短路。

4）易燃易爆场所内的电气设备，其金属外壳应可靠接地或接零，以便发生碰壳接地短路时迅速切断电源，避免产生着火源。

5）保持电气设备与危险场所的安全距离。室内外配电装置与爆炸危险场所的建筑物、易燃易爆液体、气体的储存场所之间应保持必要的距离，必要时应加装防火隔墙。

6）合理应用保护装置。除将电气设备可靠接地（接零外），还应有比较完善的保护、监测和报警装置，以便从技术上完善防火防爆措施。凡突然停电有可能引起火灾和爆炸的场所，必须有双电源供电，且双电源之间应装有无延时自动切换联锁装置，当一路电源中断，另一路电源自动投入，保持供电不中断。

（5）土建的要求。电气建筑应采用耐火材料，如配电室，变压器室应满足耐火等级的要求。隔墙应采用防火材料。充油设备之间应保持防火距离，当间距不能满足要求时，其间应装设能耐火的防火隔墙或隔板；为了防止充油设备发生火灾时火势的蔓延，应为充油设备设置事故储油和排油设备。在容易引起火灾的环境应在显著位置装配灭火器材和消防工具。

（6）防止和消除静电火花。一方面选择适当的设备或材料、限制流体速度和物体间的摩擦强度以减少静电的产生和积累；另一方面采用静电接地、抗静电添加剂、静电中和器等方法消除物体上产生的静电，避免静电火花的产生。

第二节　电力设备的防火防爆

一、电动机的防火

1. 电动机起火原因

电动机运行中起火有下述几种原因：

（1）电动机短路故障。电动机定子绕组发生相间、匝间短路或对地绝缘击穿，引起绝缘燃烧起火。

（2）电动机过负荷。电动机长期过负荷运行、被拖动机械负荷过大及机械故障引起的动静部分卡涩使电动机停转，过电流引起定子绕组过热而起火。

（3）电源电压太低或太高。电动机启动时，若电源电压太低，则启动转矩小，使电动机启动时间长或不能启动，引起电动机定子电流增大，绕组过热而起火；运行中的电动机，若电源电压太低，电动机转矩变小而机械负荷不变，引起过电流，使绕组过热而起火；若电源电压大幅下降，会使运行中的电动机停转而烧毁；若电源电压过高，磁路高度饱和，励磁电流急剧上升，使铁芯严重发热引起电动机起火。

（4）电动机运行中一相断线或一相熔断器熔断，造成缺相运行（即两相运行），引起定子绕组过载发热起火。

（5）电动机启动时间过长或短时间内连续多次启动，将使定子绕组温度急剧上升，引起绕组过热起火。

（6）电动机轴承润滑不足、润滑油脏污、轴承损坏卡住转子，导致定子电流增大，使定子绕组过热起火。

（7）电动机吸入纤维、粉尘而堵塞风道，热量不能排放，或转子与定子摩擦，引起绕组温度升高起火。

（8）接线端子接触电阻过大，电流通过时产生高温，或接头松动产生电火花起火。

（9）配有冷却器的密封电动机运行中冷却介质中断导致电动机过热，起火。

2. 电动机的防火措施

（1）根据电动机的工作环境，选择合适的电动机，符合防火要求。

（2）电动机周围不得堆放杂物，电动机及其启动装置与可燃物之间应保持适当距离，以免引起火灾。

（3）检修后及停电超过7天以上的电动机，启动前应测量其绝缘电阻合格，以防投入运行后，因绝缘受潮发生相间短路或对地击穿而烧坏电动机。备用电动机的防潮加热装置在电动机备用时应投入运行，启动或联动后应及时检查加热装置是否自动退出。

（4）电动机启动应严格执行规定的启动次数和启动间隔时间，避免频繁启动。

（5）加强运行监视。电动机运行时，应监视电动机的电流、电压不超过允许范围；电动机的温度、声音、振动、轴转动等正常，无焦臭味；电动机冷却系统或轴承润滑系统应正常。

（6）发现缺相运行，应立即切断电源，防止电动机缺相运行，过载发热起火。

（7）电动机一旦起火，应立即切断电源，用电气设备专用灭火器进行灭火。如二氧化碳、四氯化碳、1211灭火器或蒸汽灭火。一般不用干粉灭火器灭火，若使用干粉灭火器灭火时，应注意不使粉尘落入轴承内，必要时可用消防水喷射成雾状灭火，禁止大股水注入电动机内。

二、电力电缆的防火防爆

发电厂及其工矿企业都大量使用电力电缆，一旦电缆起火爆炸将引起严重火灾和停电事故，此外，电缆燃烧时产生大量浓烟和毒气，不仅污染环境，而且危及人的生命安全。为此，应重视电力电缆的防火。

案例1： 1999年6月28日，黑龙江某发电厂室外电缆沟发生电缆着火，将电缆沟内部分电缆烧损，造成220kV失灵保护电缆芯线短路，保护出口动作将220kV甲、乙母线上的全部元件及运行中的3台机组全部跳闸，致使发电厂与系统解列，110kV系统失去外来电源，最终导致全厂停电事故。电缆着火原因是电缆沟内一条220kV动力直流电缆存在着机械损伤或质量缺陷，运行中发生绝缘击穿，短路拉弧并引燃周围电缆。另外，由于5号机组厂用VB段的电缆沟与室外电缆沟交界处封堵不严，室外电缆沟电缆着火的烟气在风的吹动下窜入VB段母线室，造成室内开关柜内元件严重污染，绝缘大大降低，甚至丧失，大部分需要更换或清洗。事故暴露出电缆防火方面存在的问题以及所导致的严重后果：①电缆布置混乱，没有分层布置，且没有采取分段阻燃或涂刷防火涂料，导致电缆着火事故的扩大，烧损控制电缆，保护动作使全厂停电；②室内电缆沟与室外电缆沟交界处封堵不严，扩大了事故损失。电缆着火时产生大量有毒烟气，特别是普通塑料电缆着火后产生氯化氢气体，其通过缝隙、孔洞弥漫到电气装置室内，在电气装置上形成一层稀盐酸的导电膜，从而严重降低了设备、元件和接线回路的绝缘，造成了对电气设备的二次危害。

案例2： 某电厂室外电缆沟中一台循环水泵电缆中间接头发生爆破，损伤和引燃周围其他循环水泵的动力和控制电缆，造成了正在运行的5台循环水泵中的4台泵跳闸，致使2台汽轮发电机组由于真空低而被迫停机。

1.电缆爆炸起火的原因

电力电缆的绝缘层是由纸、油、麻、橡胶、塑料、沥青等各种可燃物质组成，因此，电缆具有起火爆炸的可能性。导致电缆起火爆炸的原因是：

（1）绝缘损坏引起短路故障。电力电缆的保护层在敷设时被损坏或在运行中电缆绝缘受机械损伤，引起电缆相间或与保护层的绝缘击穿，产生的电弧使绝缘材料及电缆外保护层材料燃烧起火。

（2）电缆长时间过载运行。长时间的过载运行，电缆绝缘材料的运行温度超过正常发热的最高允许温度，使电缆的绝缘老化，这种绝缘老化的现象，通常发生在整个电缆线路上。由于电缆绝缘老化，使绝缘材料失去或降低绝缘性能和机械性能，因而容易发生击穿着火燃烧，甚至沿电缆整个长度多处同时发生燃烧起火。

（3）油浸电缆因高度差发生淌、漏油。当油浸电缆敷设高度差较大时，可能发生电缆淌油现象。淌流的结果，使电缆上部由于油的流失而干枯，使纸绝缘在热量作用下焦化而提前击穿；另外，由于上部的油向下淌，在上部电缆头处腾出空间并产生负压力，使电缆易于吸收潮气而使端部受潮；电缆下部由于油的积聚而产生很大的静压力，促使电缆头漏油。电缆受潮及漏油都增大了发生故障起火的几率。

（4）中间接头盒绝缘击穿。电缆接头盒的中间接头因压接不紧、焊接不牢或接头材料选择不当，运行中接头氧化、发热、流胶；在做电缆中间接头时，灌注在中间接头盒内的绝缘剂质量不符合要求；灌注绝缘剂时，盒内存有气孔及电缆盒密封不良，损坏而漏入潮气。以上因素均能引起绝缘击穿，形成短路，使电缆爆炸起火。

（5）电缆头燃烧。由于电缆头表面受潮积污，电缆头瓷套管破裂及引出线相间距离过小，导致闪络着火，引起电缆头表层绝缘和引出线绝缘燃烧。

（6）外界火源和热源导致电缆火灾。如油系统的火灾蔓延，油断路器爆炸火灾的蔓延，锅炉制粉系统或输煤系统煤粉自燃、高温蒸汽管道的烘烤，酸碱的化学腐蚀，电焊火花及其他火种，都可使电缆产生火灾。

2. 电缆防火措施

为了防止电缆火灾事故的发生，应采取以下预防措施：

（1）选用满足热稳定要求的电缆。选用的电缆，在正常情况下，能满足长期额定负荷的发热要求，在短路情况下，能满足短时热稳定，避免电缆过热起火。

（2）防止运行过负荷。电缆带负荷运行时，一般不超过额定负荷运行，若过负荷运行，应严格控制电缆的过负荷运行时间，以免过负荷发热使电缆起火。

（3）遵守电缆敷设的有关规定。基建安装时电缆敷设应尽量远离热源，避免与蒸汽管道平行或交叉布置，若平行或交叉，应保持规定的距离，并采取隔热措施，禁止电缆全线平行敷设在热管道的上边或下边；在有热管道的隧道或沟内，一般避免敷设电缆，如需敷设，应采取有效的隔热措施；架空敷设的电缆，尤其是塑料、橡胶电缆，应有防止热管道等热影响的隔热措施；电缆敷设时，电缆之间、电缆与热力管道及其他管道之间、电缆与道路、铁路、建筑物等之间平行或交叉的距离应满足规程的规定；此外，电缆敷设应留有波余度，以防冬季电缆停止运行时收缩产生过大拉力而损坏电缆绝缘。电缆转弯应保证最小的曲率半径，以防过度弯曲而损坏电缆绝缘；电缆隧道中应避免有接头。由于电缆接头是电缆中绝缘最薄弱的地方，接头处容易发生电缆短路故障，当必须在隧道中安装中间接头时，应用耐火隔板将其与其他电缆隔开。以上电缆敷设有关规定对防止电缆过热、绝缘损伤起火均起有效作用。对于重要的保护、保安电源、保安设备的电力电缆尽量使用阻燃电缆。

（4）定期巡视检查。对电力电缆应定期巡视检查，定期测量电缆沟中的空气温度和电缆温度，特别是应做好大容量电力电缆和电缆接头盒温度的记录。通过检查及时发现并处理缺陷。

（5）严密封闭电缆孔、洞和设置防火门及隔墙。为了防止电缆火灾，必须将所有穿越墙壁、楼板、竖井、电缆沟而进入控制室、电缆夹层、控制柜、仪表柜、开关柜等处的电缆孔洞进行严密封闭。靠近注油设备的电缆沟，应设有防火阻燃措施，盖板应封堵。对较长的电缆隧道及其分叉道口应设置防火隔墙及隔火门。在正常情况下，电缆沟或洞上的门应关闭，这样电缆一旦起火，可以隔离或限制燃烧范围，防止火势蔓延。

（6）剥去非直埋电缆外表黄麻保护层。直埋电缆外表有一层浸沥青之类的黄麻保护层，对直埋地中的电缆有保护作用，当直埋电缆进入电缆沟、隧道、竖井中时，其外表浸沥青之类的黄麻保护层应剥去，以减小火灾扩大的危险。同时，电缆沟上面的盖板应盖好，且盖板完整、坚固，电焊火渣不易掉入，减少发生电缆火灾的可能性。

（7）保持电缆隧道的清洁和适当通风。电缆隧道或沟道内应保持清洁，不许堆放垃圾和杂物，隧道及沟内的积水和积油应及时清除；在正常运行的情况下，电缆隧道和沟道应有适当的通风。

（8）保持电缆隧道或沟道有良好照明。电缆层、电缆隧道或沟道内的照明经常保持良好状态，并对需要上下的隧道和沟道口备有专用的梯子，以便于运行检查和电缆火灾的扑救。

（9）防止火种进入电缆沟内。在电缆附近进行明火作业时，应采取措施，防止火种进入沟内。

（10）热体管道的保温应始终保持完好，检修临时拆除的保温应该在检修工作完毕后立即恢复。

（11）油系统的密封应该完好，出现泄漏时应及时处理。

（12）对设备周边电缆桥架上积尘应定期进行清理。

（13）定期进行检修和试验。按规程规定及电缆运行实际情况，对电缆应定期进行检修和试验，以便及时处理缺陷和发现潜伏故障，保证电缆安全运行和避免电缆火灾的发生。当进入电缆隧道或沟道内进行检修、试验工作时，应遵守《电业安全工作规程（发电厂和变电所电气部分)》（DL 408—1991）的有关规定。

三、汽机油系统防火

由于润滑油为易燃物质，具有起火爆炸的可能性。汽轮机的润滑油和液压调节的高低压油管道大部分布置在高温管道、热体附近，一旦油管道发生泄漏，压力油喷到高温管道、热体上即会引起着火，并且火势发展很快。

案例1： 1973年9月，某发电厂1号125MW机组油系统发生泄漏着火，大火沿着汽轮机平台下面的电缆，迅速向集控室蔓延，由于火势猛烈，不到0.5h，整个集控室被烧毁，汽轮机房屋架烧塌。

案例2： 1981年5月，河南某电厂3号汽轮机机头前箱下部一根φ32的压力油管，在密封接头处爆破，泄漏的压力油经过电缆孔洞喷到二级旁路汽门上着火，此火又把二级旁路汽门周围的电缆引燃，因此火势迅速扩大，现场灭火器材无法扑灭，以致酿成一场损失严重的火灾事故。

案例3： 2000年12月某热电厂10号机组由于高压油动机进油管焊接接头管座处开裂，导致高压油泄漏着火，迫使机组停运事故的发生。

1. 汽轮机油系统起火的原因

（1）油系统管道法兰、阀门及轴承、调速系统等处密封不严出现漏油，遇高温引燃条件就会起火。

（2）在油管道上进行焊接工作。

2. 汽轮机油系统防火措施

（1）尽量减少使用法兰、锁母接头连接，推荐采用焊接连接，以减少火灾隐患。

（2）油系统法兰禁止使用塑料垫、橡皮垫（含耐油橡皮垫）和石棉纸垫，以防止老化滋垫，或附近着火时塑料垫、橡皮垫迅速熔化失效，大量漏油。油系统法兰的垫料，要求采用厚度小于1.5mm的隔电纸、青壳纸或其他耐油、耐热垫料，以减少结合面缝隙。锁母接头须具有防松装置，采用软金属垫圈，如紫铜垫等。

（3）对小直径压力油管、表管要采取防震、防磨措施，加大薄弱部位（与箱体连接部位）的强度（如局部改用厚壁管），以防止振动疲劳或磨损断裂引起高压油喷出着火。

（4）油系统管道截门、接头和法兰等附件承压等级应按耐压试验压力选用，油系统禁止使用铸铁阀门，以防止阀门破裂漏油着火。

（5）对油管道材质和焊接质量也应定期检验、监督，以防止使用年久产生缺陷，在运行中断裂漏油。

（6）在油系统管道、法兰、阀门和可能漏油部位的附近，必须进行明火作业时，一定要严格执行动火工作票制度，并做好有效的防火措施，准备充足的灭火设备后方可开工，以防止泄漏的油遇明火着火，或漏出的油蒸发的蒸汽与空气混合后遇明火发生燃烧、爆炸。

（7）在油管道上进行焊接工作，焊接作业前，必须将需要焊接作业的油管道与运行或停备状态的油系统断开（如拆下焊接油管道或加堵板），然后对该段油管道进行冲洗，确保其内部无油、油气，以防止焊接作业时油气爆燃。

（8）在汽轮机油系统检修时，必须保证检修质量，法兰、阀门和接头的结合面必须认真刮研，做到结合面接触良好，确保不漏、不渗。在轴承箱外油挡检修时，应注意检查其下部回油孔，以防止回油孔堵塞而造成运行中漏油。主机各瓦及密封瓦如果漏油，则应加装回收油的装置，并保证回油管畅通。

（9）运行人员应认真巡视、检查设备，对于容易引起火灾的各危险点要重点巡视和检查，如发现问题应及时汇报并联系检修人员进行处理。

案例 4：1989 年 11 月，某电厂发生 7 号机组调速汽门起火造成机组停运事故。事故原因是由于调速汽门回油碟没有防护罩，飞扬的树绒、昆虫和粉尘飞落到油碟内，造成油碟回油堵塞，使油碟回油溢出到热力管道的保温层上而引起着火，而又由于保温层内部已有渗油着火，无法扑灭，最后被迫打闸停机。

四、燃油罐区及锅炉油系统的防火防爆

锅炉启动或低负荷用燃油为易燃易爆物质，极易起火爆炸。一旦发生火灾爆炸事故，后果极为严重。其主要原因是管道系统的泄漏遇明火或高温作业造成；油区特别是油泵房室内漏出的油蒸发的油气与空气混合达到一定的浓度时，就会着火甚至爆炸。另外，火电厂在装卸和使用燃油时，需要用蒸汽对燃油进行加温，如果燃油的加热温度达到自燃点后，即使没有点火源也会自燃。

案例 1：1991 年 8 月 1 日，某电厂发生 6 号炉燃油系统火灾事故。该电厂 6 号炉在投油助燃时，由于连接 10 号喷燃器油枪的胶皮管老化、漏油后起火，将 9、11、12 号喷燃器的供油及拌气管烧断，导致大量轻柴油（78℃闪点）从 4 根喷燃器供油管中喷出，将两面热工控制柜烧毁，部分电缆烧断以及其他一些附属设备烧损。由于原电缆通往电缆夹层的孔洞已封堵，火灾发现及时，扑灭得快，才没有使火势蔓延。

案例 2：1994 年 3 月 1 日，吉林某热电厂发生重油母管爆裂起火特大事故。该热电厂锅炉点火重油母管因管材存在严重的原始缺陷——沿圆周方向分布的纵向重皮裂纹，导致运行中在 12 号锅炉部位管段突然爆裂，大量喷出的重油油雾在邻近锅炉运行和距爆裂点 7.5m 处正在进行焊接工作的条件下，被引起爆燃，而由于值长误判断为制粉系统事故，油管爆裂 14min 后才停油泵，导致事故的扩大，火灾造成 1 台 410t/h 锅炉烧毁和 4 人死亡的特大

事故。

燃油罐区及锅炉油系统防火措施：

（1）燃油系统不要使用铸铁阀门，以防止阀门爆裂漏油。

（2）油系统法兰禁止使用塑料垫、橡皮垫（含耐油橡皮垫）和石棉纸垫，以防止老化滋垫，或附近着火时塑料垫、橡皮垫迅速熔化失效，大量漏油。

（3）储油罐或油箱的加热温度必须根据燃油种类严格控制在允许的范围内，加热燃油的蒸汽温度，应低于油品的自燃点。

（4）禁止穿带铁钉的鞋进入油区，在油区作业要使用防爆工具等，禁火区内使用电气设备（如开关、灯具等）要采用防爆电器设备，油区、输卸油管道有可靠的防静电安全接地装置，防止产生火花或电火花。

（5）油区、油库必须有严格的管理制度。油区内明火作业时，必须办理明火工作票，并应有可靠的安全措施。对消防系统应按规定定期进行检查试验。

（6）油区内易着火的临时建筑要拆除，禁止存放易燃物品；对燃油罐区划定明确的禁火区，设置禁火标志，严禁明火。

（7）提高设备的检修质量，消除各泄漏点的渗漏缺陷，防止燃油泄漏。

（8）对油泵房等室内可能积存蒸发油气的场所，要备有足够容量的通风设施，在有油漏出的情况下，经过通风确保蒸发油气与空气混合物保持在爆炸极限的下限以下。

（9）燃油系统的管道设备系统，特别是软管，应定期检查更换。

（10）在消防方面，燃油罐区、油泵房还应备有专用的泡沫等灭火设施和灭火器材，定期检查消防设施和消防系统，并要保证防火通道的畅通。

对油区的构、建筑物、油罐的防雷接地系统每年都要进行检测，保持其接地良好，地网因检修临时破坏的部分要及时修复，并进行接地电阻的检测，始终保持其具有良好的接地。

五、锅炉制粉系统的防火防爆

锅炉制粉系统中的高温煤粉空气混合物及煤粉仓内的高温煤粉极易着火爆炸。如果系统出现漏粉及明火，或系统内煤粉积存一段时间会产生自燃，引起起火爆炸，或导致其他可燃物质的燃烧，如引起电缆着火等。

煤粉和空气混合物，当燃料挥发分 $V_{daf}<10\%$ 时，一般没有自燃和爆炸的危险；当燃料挥发分 $V_{daf}>20\%$ 时，由于属于反应能力强的煤，此时燃料挥发分析出和着火温度均较低，容易发生自燃和爆炸事故。烟煤气粉混合物浓度只有在 $0.32\sim4kg/m^3$ 范围内才会发生爆炸，而浓度在 $1.2\sim2kg/m^3$ 范围时爆炸危险性最大。当气粉混合物中氧含量小于 15% 时，一般没有爆炸危险。若采用具有自燃爆炸特性的煤种，则在爆炸范围内的气粉混合物，如遇足够的点火能源就能引起爆炸事故。

在制粉系统中，凡是发生煤粉沉积的地方，就能成为气粉混合物自燃和爆炸的发源地。在制粉系统中容易产生积粉处，包括系统管道、制粉设备及煤粉仓。一旦发生煤粉沉积，煤粉就开始氧化，放出热量促使温度升高，又加快氧化、放热、升温。经一定时间后温度就能达到自燃温度并发生自燃，就有可能出现爆炸事故。因此，积粉、自燃是制粉系统爆炸的主要原因。

案例 1：1989 年某电厂发生煤粉仓爆炸导致 2 人重伤事故。1989 年 6 月 1 日 19：35，23 号锅炉粉仓粉位到零，在锅炉点火时，锅炉分场主任违章指挥作业，在煤粉仓温度 83℃

和火源没有消除的情况下，决定强行向煤粉仓送粉，并在送粉前开吸潮管通风，促成了爆炸条件的成立，导致煤粉仓发生爆炸事故。同时，在爆炸时防爆门未破，人孔门鼓开，煤粉火焰喷出并充满 44 号段输煤间，气浪将南北隔墙冲倒、西墙移位，并将正在进行送粉操作的 2 人烧成重伤。

案例 2： 1991 年 11 月 18 日，某电厂发生 2 号炉 2 号煤粉仓爆炸事故，事故导致煤粉仓盖破损，D 列墙外移，钢窗扭曲变形，给粉机平台墙壁倒塌，热风管路被砸变形，部分楼梯、平台损坏。1991 年 11 月 21 日，该电厂 1 号炉 1 号粉仓又发生爆炸。这两次煤粉仓爆炸的主要原因为：①煤粉仓粉位低，氧气空间较大，而制粉系统连续运行，致使整个粉仓处在粉尘飞扬状态，粉仓中粉尘浓度处在爆炸极限范围之内；②煤种的挥发分高，实际燃用煤种的挥发分为 45% 左右，可燃气体析出速度快、数量多；③由于存在长时间的积粉，为煤粉自燃、爆炸提供了点火能量。所以，煤粉仓爆炸也就成为必然。

锅炉制粉系统防火、防爆措施：

（1）要求严格执行锅炉制粉系统防爆有关规定，对磨煤机要采取可靠措施。

（2）保持制粉系统稳定运行，磨煤机出口温度和煤粉仓温度应严格控制在规定范围内，出口风温不得超过煤种要求的规定。

（3）严禁在煤粉内火源未消除前，向煤粉仓内送粉。

（4）消除制粉系统及设备可能积粉的部位，注意消除气粉流动管道的死区和系统死角。煤粉仓内壁光滑、严密，其锥角符合要求。输粉管弯头及变形部分内壁光滑且管道任何部位其流速应高于 18m/s。制粉系统停运时要注意抽粉。输粉管道停运时应进行吹扫。中储式制粉系统在运行中应按规程规定实施定期降粉制度和停炉清仓工作。

（5）消除制粉系统及粉仓漏风、漏粉点，保持其严密性。保持制粉系统及设备周围环境的清洁，及时清除漏出的煤粉。清理煤粉时，应杜绝明火。

（6）加强对防爆门的检查与管理，保持防爆门完整、严密，门上不得有异物妨碍其动作。防爆门动作方向应避免危及人身和电缆安全。

（7）保持制粉系统消防和充氮系统处于随时可投运状态。当制粉系统停用时，要对煤粉仓实行充氮或二氧化碳保护，这样才可有效地防止制粉系统的爆炸。

（8）在运行中的制粉系统管道上严禁动火，以防止制粉系统发生爆炸；在制粉系统、管道检修和清理煤粉作业中，要严格控制煤尘浓度，防止局部空间煤粉混合浓度超标，遇火源发生爆炸。

六、防止氢系统爆炸着火

当可燃气体的容积含量在空气中达到一定的比例时，遇到明火源即发生爆炸。引起可燃气体爆炸的最低含量为爆炸下限，相应地能引起爆炸的最高含量为爆炸上限。爆炸下限至爆炸上限之间的含量为该可燃气体爆炸范围。氢气是一种可燃气体，其在空气中的爆炸范围为 4.0%～75.6%，即当空气中的氢气含量在此范围内，一旦遇到火源即发生爆炸。

案例 1： 1993 年 11 月，某电厂发生 6 号机组氢爆着火事故。在 6 号机组运行中，由于发电机氢中含氧量大，需要对空排污，而运行人员违章操作打开了对室内排污门，且排污门开的较大，导致排污时大量氢气充满直流密封油泵开关箱内和发电机、汽机盘车下部。又因氢密封油压低，且备用交流密封油泵没有联动成功，联动直流密封油泵，在联动直流密封油泵时励磁开关打火，引起开关箱内氢气爆炸，进而引燃了积存在附近的氢气，造成机组被迫停运。

案例 2： 1984 年 6 月 28 日，湖北某热电厂发生氢气爆炸造成 2 人死亡、1 人受伤的事故。1984 年 6 月 25 日，该热电厂 5 号机组因主油泵推力瓦磨损被迫停机检修，因需要明火作业，将发电机内氢气进行置换。6 月 27 日，在检修人员对 5 号发电机内部接线套管是否流胶进行检查，并清擦由于密封瓦泄漏流入发电机内部的渗油时，感觉在发电机内发闷，因未找到轴流风机通风，改用家用台式电风扇通风。6 月 28 日，当检修人员将电风扇放入发电机人孔门内并开停几次寻找合适放置位置时，发生氢气爆炸。事故原因是由于在发电机检修时，制氢站到发电机内部的氢管道未采取彻底的隔离措施，而该管道两道阀门又不严密，使发电机内氢气达到爆炸浓度，而检修工作中使用的日用电风扇的按键，在启停特别是换挡时，产生电火花，从而造成了发电机内发生氢气爆炸。

氢系统防火防爆措施：

（1）氢冷系统和制氢设备运行时，按照有关规程对氢气纯度和含氧量进行分析化验，氢纯度和含氧量必须符合规定的标准（氢冷系统中氢气纯度需不低于 96%，含氧量不应超过 2%；制氢设备中，气体含氢量不应低于 99.5%，含氧量不应超过 0.5%）。

（2）氢冷发电机密封油系统的压差阀、平衡阀，必须保证动作正确、灵活、可靠，以确保密封油压大于氢压，氢—油压差在要求范围内。

（3）运行人员应严格监视密封油箱油位，防止由于油位过低导致密封油压下降而造成漏氢。主、备用密封油泵应轮换运行，并定期进行联动试验，以确保运行泵出现故障时，备用泵能够顺利联起。主油箱上的排烟风机，应保持经常运行，以防止主油箱内积存氢气发生爆炸。

（4）对在制氢站或氢气系统附近进行明火作业必须严格管理，禁止在制氢站中或氢冷发电机与储氢罐近旁进行明火作业或做能产生火花的工作。如必须在氢气管道附近进行焊接或点火的工作，应事先测量明火作业地点的空气含氢量，证实工作区域含氢量小于 3%，并经厂主管生产的领导（总工程师）批准后方可工作。

（5）排出带有压力的氢气、氧气或进行储氢时，应均匀缓慢地打开设备上的阀门和节气门，使气体缓慢放出。禁止剧烈地排送，以防因摩擦引起自燃。

（6）制氢场所应按规定配备足够的消防器材，并按时检查和试验。

七、防止输煤皮带着火

挥发分较高的原煤积存一段时间后将产生自燃，原煤自燃后将会烧毁皮带、烧断输煤栈桥以及烧坏输煤、输粉设备附近的其他设施，地面堆积的积煤、积粉自燃还会发生人员误踩造成烧伤。

案例 1： 1992 年 6 月 18 日，河南某电厂发生输煤皮带重大火灾事故。该电厂布袋除尘器（输煤系统中的）安装后不能正常运行，存在积粉，而该厂燃用煤种挥发分为 40% 左右，又极易自燃，因此，4 号乙侧皮带头部（按输煤流向）的布袋除尘器积粉发生自燃，自燃的煤粉落到皮带使之着火，又因输煤皮带架及底面清扫不干净，输煤皮带为非阻燃橡胶钢丝带，着火后燃烧迅速，而值班人员不按制度巡回检查，擅自脱岗，致使积粉自燃未能及时发现，酿成了重大火灾事故。事故造成火灾，烧损皮带 487m，烧塌栈桥 31m，两台机组被迫停运 186h，损失严重。

案例 2： 1995 年 11 月 22 日，某发电总厂发生 5 段输煤皮带着火事故。该厂燃用褐煤，挥发分较高，煤垛的煤发生自燃，致使在上煤过程中，煤中夹有火炭及火星，将积粉引燃，导致 5 段输煤皮带着火。值班人员又离岗吃饭，没有及时发现着火，使火势蔓延扩大。

输煤皮带防火措施：

（1）输煤皮带应定期进行轮换、试验。及时清除输煤皮带上下、输煤系统、辅助设备、电缆排架等各处的积煤和积粉，保证输煤系统无积煤和积粉。

（2）燃用易自燃煤种的电厂应采用阻燃输煤皮带。

（3）煤垛发生自燃现象时应及时扑灭，不得将带有火种的煤送入输煤皮带。

（4）运行人员要按规定对运行和停用输煤皮带进行全面巡视检查，当发现输煤皮带上有带火种的煤时，应立即停止上煤，并查明原因，及时消除，并切换输煤系统。

（5）输煤皮带停用时，要将皮带上的煤走完以后再停，确保皮带不存煤。发现积煤、积粉，应及时清理。

第三节　扑 灭 电 气 火 灾

发电厂虽然采取了相应的措施，但火灾和爆炸在所难免。火灾和爆炸发生后，及时、正确地扑救，可以有效地防止事态的扩大，减少事故损失。

一、一般灭火方法

从对燃烧的三要素的分析可知，只要阻止三要素并存或相互作用，就能阻止燃烧的发生。由此，灭火的方法可分为窒息法、冷却法、隔离法和抑制灭火法等。

（1）窒息灭火法。阻止空气流入燃烧区或用不燃气体降低空气中的氧含量，使燃烧因助燃物含量过小而终止的方法称为窒息法。例如用石棉布、浸湿的棉被等不燃或难燃物品覆盖燃烧物；封闭孔洞；用惰性气体（CO_2、N_2 等）充入燃烧区降低氧含量等。

（2）冷却灭火法。冷却灭火法是将灭火剂喷洒在燃烧物上，降低可燃物的温度，使其温度低于燃点，而终止燃烧。如喷水灭火、"干冰"（固态 CO_2）灭火都是采用冷却可燃物达到灭火的目的。

（3）隔离灭火法。隔离灭火法是将燃烧物与附近的可燃物质隔离，或将火场附近的可燃物疏散，不使燃烧区蔓延，待已燃物质烧尽时，燃烧自行停止。如阻挡着火的可燃液体的流散，拆除与火区毗连的易燃建筑物构成防火隔离带等。

（4）抑制灭火法。前述三种方法的灭火剂，在灭火过程中不参与燃烧化学反应，均属物理灭火法。抑制灭火法是灭火剂参与燃烧的连锁反应，使燃烧中的游离基消失，形成稳定的物质分子，从而终止燃烧过程。例如 1211（二氟一氯一溴甲烷）灭火剂就能参与燃烧过程，使燃烧连锁反应中断而熄灭。

二、常用灭火器

根据灭火的基本原理和方法，可以制成不同类型、不同特点的灭火器。常用灭火器如下：

1. 二氧化碳灭火器

将二氧化碳（CO_2）灌入钢瓶内，在 20℃时钢瓶内的压力为 6MPa。使用时，液态二氧化碳从灭火器喷嘴喷出，迅速气化，由于强烈吸热作用，变成固体雪花状的二氧化碳，又称为干冰，其温度为−78℃。固体二氧化碳又在燃烧物上迅速挥发，吸收燃烧物热量，同时，使燃烧物与空气隔绝而达到灭火的目的。

二氧化碳灭火器主要适用于扑救贵重设备、档案资料、电气设备、少量油类和其他一般物质的初起火灾。不导电，但电压超过 600V 时，应切断电源。其规格有 2、3、5kg 等多种。

使用时，因二氧化碳气体易使人窒息，人应该站在上风侧，手应握住灭火器手柄，防止干冰接触人体造成冻伤。

2. 干粉灭火器

干粉灭火器的灭火剂主要由钾或钠的碳酸盐类加入滑石粉、硅藻土等掺和而成，不导电。干粉灭火剂在火区覆盖燃烧物并受热产生二氧化碳和水蒸气，因其具有隔热吸热和阻隔空气的作用，故使燃烧熄灭。

干粉灭火器适用于扑灭可燃气体、液体、油类、忌水物质（如电石等）及除旋转电动机以外的其他电气设备的初起火灾。

使用干粉灭火器先打开保险，把喷管口对准火源，另一手紧握导杆提环，将顶针压下，干粉即喷出。扑救地面油火时，要平射左右摆出，由近及远，快速推进。同时应注意防止回火重燃。

3. 泡沫灭火器

泡沫灭火器的灭火剂是利用硫酸或硫酸铝与碳酸氢钠作用放出二氧化碳的原理制成，其中加入甘草根汁等化学药品造成泡沫，浮在固体和密度大的液体燃烧物表面，隔热、隔氧，使燃烧停止。由于上述化学物质导电，故不适用于带电扑灭电气火灾，但切断电源后，可用于扑灭油类和一般固体物质的初起火灾。

灭火时，须将灭火器筒身颠倒过来，稍加摇动，两种药液即刻混合，喷射出泡沫，由喷嘴喷出。平时存放时泡沫灭火器只能立着放置。

4. 1211 灭火器

1211 灭火器的灭火剂 1211（二氟一氯一溴甲烷）是一种具有高效、低毒、腐蚀性小、灭火后不留痕迹、不导电、使用安全、储存期长的新型优良灭火剂，是卤代烷灭火剂的一种。其灭火作用在于阻止燃烧连锁反应并有一定的冷却窒息效果。特别适用于扑灭油类、电气设备、精密仪表及一般有机溶剂的火灾。

灭火时，拔掉保险销，将喷嘴对准火源根部，手紧握压把，压杆即将封闭阀开启，1211 灭火剂在氮气压力下喷出，当松开压把时，封闭喷嘴，停止喷射。

该灭火器不能放置在日照、火烤、潮湿的地方，防止剧烈震动和碰撞。

5. 其他

水是一种最常用的灭火剂，具有很好的冷却效果。纯净的水不导电，但一般水中含有各种盐类物质，故具有良好的导电性。未采用防止人身触电的技术措施时，水不能用于带电灭火。但切断电源后，水却是一种廉价、有效的灭火剂。水不能对密度较小的油类物质灭火，以防油火飘浮水面使火灾蔓延。

干砂的作用是覆盖燃烧物，吸热、降温并使燃烧物与空气隔离。特别适用于扑灭油类和其他易燃液体的火灾，但禁止用于旋转电动机灭火，以免损坏电动机和轴承。

三、火灾自动报警灭火系统

火灾自动报警灭火系统是将报警与灭火联动并加以控制的系统。一旦发生火灾，该系统能及时自动报警、指示火灾部位、记录火灾时间、发出动作指令、自动（或手动）启动灭火装置进行灭火。对及时发现、扑灭火灾，减少火灾损失具有重大意义。在电力、电信、大型建筑、宾馆等防火要求较高的场所已得到广泛使用，效果良好。

四、电气火灾的扑火

从灭火角度看，电气火灾有两个显著特点：①着火的电气设备可能带电，扑灭火灾时，若不注意可能发生触电事故；②有些电气设备充有大量的油，如电力变压器、油断路器、电压互感器、电流互感器等，发生火灾时，可能发生喷油甚至爆炸，造成火势蔓延，扩大火灾范围。因此扑灭电气火灾必须根据其特点，采取适当措施进行扑救。

1. 切断电源

发生电气火灾时，首先设法切断着火部分的电源，切断电源时应注意下列事项：

（1）切断电源时应使用绝缘工具操作。因发生火灾后，开关设备可能受潮或被烟熏，其绝缘强度大大降低，因此，拉闸时应使用可靠的绝缘工具，防止操作中发生触电事故。

（2）切断电源的地点要选择得当，防止切断电源后影响灭火工作。

（3）要注意拉闸的顺序。对于高压设备，应先断开断路器，后拉开隔离开关，对于低压设备，应先断开磁力启动器，后拉开闸刀，以免引起弧光短路。

（4）当剪断低压电源导线时，剪断位置应选在电源方向的支持绝缘子附近，以免断线线头下落造成触电伤人、发生接地短路；剪断非同相导线时，应在不同部位剪断，以免造成人为短路。

（5）如果线路带有负荷，应尽可能先切除负荷，再切断现场电源。

2. 断电灭火

在着火电气设备的电源切断后，扑灭电气火灾的注意事项如下：

（1）灭火人员应尽可能站在上风侧进行灭火；

（2）灭火时若发现有毒烟气（如电缆燃烧时），应戴防毒面具；

（3）若灭火过程中，灭火人员身上着火，应就地打滚或撕脱衣服，不得用灭火器直接向灭火人员身上喷射，可用湿麻袋或湿棉被覆盖在灭火人员身上；

（4）在灭火过程中应防止全厂停电，以免给灭火带来困难；

（5）在灭火过程中，应防止上部空间可燃物着火落下危害人身和设备安全，在屋顶上灭火时，要防止高空坠落"火海"中；

（6）室内着火时，切勿急于打开门窗，以防空气对流而加重火势。

3. 带电灭火

在来不及断电，或由于生产或其他原因不允许断电的情况下，需要带电灭火。带电灭火的注意事项如下：

（1）根据火情适当选用灭火剂。由于未停电，应选用不导电的灭火剂。如手提灭火器使用的二氧化碳、四氯化碳、二氟一氯一溴甲烷（1211）、二氟二溴甲烷或干粉等灭火剂都是不导电的，可直接用来带电喷射灭火。泡沫灭火器使用的灭火剂有一定导电性，且对电气设备的绝缘有腐蚀作用，不宜用于带电灭火。

（2）采用喷雾水枪灭火。用喷雾水枪带电灭火时，通过水柱的泄漏电流较小，比较安全，若用直流水枪灭火，通过水柱的泄漏电流会威胁人身安全，为此，直流水枪的喷嘴应接地，灭火人员应戴绝缘手套，穿绝缘鞋或均压服。

（3）灭火人员与带电体之间应保持必要的安全距离。用水灭火时，水枪喷嘴至带电体的距离为：110kV 及以下不小于 3m；220kV 及以上不小于 5m。用不导电灭火剂灭火时，喷嘴至带电体的最小距离为：10kV 不小于 0.4m；35kV 不小于 0.6m。

（4）对高空设备灭火时，人体位置与带电体之间的仰角不得超过 45°，以防导线断线危及灭火人员人身安全。

（5）若有带电导线落地，应划出一定的警戒区，防止跨步电压触电。

4. 充油设备灭火

绝缘油是可燃液体，受热气化还可能形成很大的压力造成充油设备爆炸。因此，充油设备着火有更大危险性。

充油设备外部着火时，可用不导电灭火剂带电灭火。如果充油设备内部故障起火，则必须立即切断电源，用冷却灭火法和窒息灭火法使火焰熄灭，即使在火焰熄灭后，还应持续喷洒冷却剂直到设备温度降至绝缘油闪点以下，以防止高温使油气重燃造成重大事故。如果油箱已经爆裂，燃油外泄，可用泡沫灭火器或黄沙扑灭地面和储油池内的燃油，注意采取措施防止燃油蔓延。

发电机和电动机等旋转电动机着火时，为防止轴和轴承变形，应使其慢慢转动，可用二氧化碳、二氟一氯一溴甲烷或蒸汽灭火，也可用喷雾水灭火。用冷却剂灭火时注意使电动机均匀冷却，但不宜用干粉、砂土灭火，以免损伤电气设备绝缘和轴承。

复 习 思 考 题

1. 燃烧的实质及三要素。
2. 电业火灾和爆炸的起因、防护措施。
3. 危险物品、危险场所的定义。
4. 常用灭火器材的种类、使用和保管。
5. 电气灭火常识。

问 答 题

1. 何谓危险物品、危险场所？举例说明。
2. 电业火灾和爆炸的种类和起因主要是哪些？应采取什么防护措施？
3. 各类灭火器材适用于什么场合？应如何保管？
4. 电气设备着火，首先必须采取的措施是什么？
5. 电气灭火应遵循哪些安全措施？
6. 发电厂中主要有哪些电力设备应防火、防爆？
7. 充油设备火灾应如何扑救？
8. 带电灭火应注意哪些安全问题？

第 七 章

防止电力生产重大事故技术措施

1992 年原能源部《关于防止电力生产重大事故的二十项重点要求》颁发后，在防止重大、特大事故方面收到明显效果。在电网容量增加、系统不断扩大的条件下，各项事故普遍呈下降趋势，其中锅炉灭火放炮、汽轮机超速、开关损坏、互感器爆炸、系统稳定破坏等事故有了较大幅度的下降。

但是，随着我国电力工业高参数、大容量机组和超高压电网的快速发展，自动化水平的提高，新的事故类型也不断出现，一些近十年来未成发生过的重大事故，如轴系断裂事故、锅炉汽包缺水事故、电缆着火事故以及全厂（站）停电事故又有出现，一些比较严重的人身、设备事故，如发电机烧损事故、汽轮机弯轴事故以及水电站水淹厂房事故又有所发生。为进一步落实"坚持预防为主，落实安全措施，确保安全生产"的要求，完善各项反事故措施，更好地推动电力安全生产，有目标、有重点地防止电力生产重大恶性事故的发生，前国家电力公司在原能源部《防止电力生产重大事故的二十项重点要求》的基础上，增加了防止枢纽变电站全停、重大环境污染、分散控制系统失灵和热工保护拒动、锅炉尾部再次燃烧、锅炉满水和缺水等事故的重点要求，制定了《防止电力生产重大事故的二十五项重点要求》。在电力体制进一步改革拆分后的五大发电公司和两大电网公司结合自己的安全管理要求又制定了更多的反事故措施。下面结合前国家电力公司《防止电力生产重大事故的二十五项重点要求》选择性地介绍电力生产中的重大事故及其反事故技术措施。

一、大容量锅炉承压部件爆漏事故及预防

锅炉承压部件的爆漏是指水冷壁、过热器、再热器、省煤器、联箱及管道等因某种原因使管壁的局部应力超过材料的屈服极限、持久强度而发生爆漏。通常包括材料不当、焊接质量不良、管壁磨损、腐蚀、侵蚀减薄使应力升高、管壁超温使材料金相组织发生劣化而导致材料强度下降以及附加应力或交变应力等因素使管壁发生爆漏。

大容量锅炉承压部件爆漏是造成大型火电机组强迫停运（也称为非计划停运）的主要原因，根据 2000 年全国 200MW 及以上火电燃煤机组可靠性统计，锅炉设备所造成的非计划停机时间约占全部非计划停机时间的 53.1%，其所造成的非计划停机次数约占全部非计划停机次数的 48.9%，其中四管爆漏所造成的非计划停运时间约占锅炉设备非计划停运时间的 80.8%，其所造成非计划停运次数约占锅炉设备非计划停运次数的 60.5%。

1. 锅炉承压部件爆漏事故的原因

（1）设计不合理。如炉膛设计偏小、断面热负荷、容积热负荷过大，水冷壁管管径设计过细，选材不合理等。

（2）制造质量及管材缺陷、安装、焊接质量不良等（一台锅炉安装有数万个焊口）。

（3）锅炉缺水和超温（运行温度超过设计值或超过运行时限）、超压运行。锅炉管道内部堵塞、缺水、水循环破坏或膜态沸腾等，造成管道短期超温爆破；中、长期超温使钢材长期工作在蠕变温度以上，导致其金相组织发生变化，降低了金属的晶间强度，造成爆破。

（4）承压部件受热面大面积腐蚀。锅炉受热面腐蚀分汽、水侧腐蚀和烟气侧腐蚀。汽、

水侧腐蚀按其机理包括苛性腐蚀（介质内具有含量较高的苛性钠促使钢材腐蚀）、氢损害（钢材中的氢会使材料的力学性能脆化）、氧腐蚀、垢下腐蚀及应力腐蚀。烟气侧腐蚀包括水冷壁向火侧腐蚀、高温煤灰（油灰）腐蚀和低温腐蚀。

高温腐蚀是指水冷壁外壁在还原性气氛中，在挥发硫、氯化物及熔融灰渣的作用下，使管壁减薄的一种现象。

低温腐蚀是烟气中的二氧化硫在低于露点的受热面上凝结形成硫酸、亚硫酸，使受热面腐蚀的一种现象。

（5）炉外管爆破事故除管道超温超压使材料机械强度下降、管材缺陷和焊接质量不良外，还有支吊架失效、管系膨胀受阻、管系振动、水冲刷、振动磨损等因素。

2. 预防措施

（1）锅炉安全性检查。新建锅炉在安装阶段应进行安全性能检查。新建锅炉投运1年后要结合检查性大修进行安全性能检查。在役锅炉结合每次大修开展锅炉安全性能检验。锅炉检验项目和程序按有关规定进行。同时也要对在役锅炉进行安全性检验。

（2）加强锅炉的制造、安装阶段质量检验、监督，深入掌握锅炉在设计、制造及安装阶段情况，可以对不合理的设计、制造、安装缺陷及时予以更正。加强锅炉承压部件的技术监督，对锅炉材料分批次进行金相检测，确保材料使用正确，准确掌握锅炉的安全状况，及时发现存在的问题，以便进行相应维护、改造。

（3）严防锅炉缺水和超温超压运行，严禁在没有锅炉水位保护或汽包水位表数量不足（指能正确指示水位的水位表数量）的状况下运行。对于短期过热引起的爆管，一般要求防止锅炉汽包低水位、过量使用减温水引起过热器内水塞和作业工具、焊渣等异物进入锅炉管道而造成堵塞等措施。对于中、长期超温引起的爆管，就要弄清由于锅炉热力偏差、水力偏差，还是结构偏差所引起的超温，以便采取相应的对策。

（4）锅炉超压水压试验和安全阀整定应严格按规程进行。大容量锅炉超压水压试验和热态安全阀校验工作应制订专项安全技术措施，以防止锅炉升压速度过快或压力、汽温失控而造成锅炉超压超温。

（5）严禁锅炉在解列安全阀状况下运行，因为安全阀是防止锅炉超压的重要安全附件。

（6）凝结水的精处理设备严禁退出运行。在凝汽器铜管发生泄漏、凝结水品质超标时，应及时查找、堵漏。加强给水含氧、含铁量及饱和蒸汽中的含氢量的检测与控制；品质不合格的给水（含氧、含铁量超标）严禁进入锅炉，蒸汽品质不合格严禁汽轮机启动，防止管内壁腐蚀结垢和结垢导致水冷壁管传热不良的过热。水冷壁结垢超标时，要及时进行酸洗，防止发生垢下腐蚀及氢脆。

（7）避免高温腐蚀的主要预防措施为：锅炉安装后或燃烧器检修后必须进行空气动力场试验，调整控制燃烧器喷射角度与烟气氧量，改善贴壁气流防止出现烟气对水冷壁的冲刷，避免运行中未燃煤粉与还原性气体冲刷水冷壁；采用渗铝管或火焰喷涂的方法提高水冷壁管的抗腐蚀能力；在降低烟气含氧量采用低氧燃烧或为降低 NO_x 而采用二次燃烧时，应注意可能出现的向火侧腐蚀。

（8）避免低温腐蚀的主要预防措施：采用低硫煤、炉内脱硫；采用耐腐蚀材料、改变传热元件型线；加装暖风器等。

（9）预防炉外管爆破的措施：①加强对炉外管道的巡视，对管系振动、水击等现象应分析原因，及时采取措施。当炉外管道有漏汽、漏水现象时，必须立即查明原因、采取措施，若不能与系统隔离进行处理时，应立即停炉。②加强机组和锅炉运行调整，防止管道超温超压，减少易引起两相流的疏水、空气管道的冲刷。③要加强金属监督，定期对喷水减温器、汽包、炉外管道、主蒸汽管道、再热蒸汽等大口径管道、弯头、阀门、三通以及焊缝喷水减温器进行检查，发现问题及时更换。④对支吊架要定期进行检查，防止由于管系负荷分布不均，造成管系膨胀受阻和失效；在检修中，应重点检查可能因膨胀和机械原因引起的承压部件爆漏的缺陷。⑤要改善停炉保护工作，认真控制化学清洗工作的质量。

在承压部件检修时要严格焊接工艺，对焊口进行百分之百的探伤检查，确保焊接质量。

总之，为了有效地预防大容量锅炉承压部件爆漏事故的发生，必须严格按照有关的规程和规定，对大容量锅炉承压部件实施从设计、制造、安装、运行、检修和检验的全过程管理。

二、压力容器爆破事故及预防

1. 压力容器的概念

一般认为同时具备下列条件的都属于压力容器：

（1）最高工作压力大于或等于 0.1MPa；

（2）容器内径大于或等于 0.15m，且容积大于或等于 0.025m^3；

（3）盛装介质为气体、液化气体或最高工作温度高于或等于标准沸点的液体。

压力容器被电力系统广泛应用，如火电厂中的汽包、除氧器、氢罐、高压加热器、低压加热器、扩容器、联箱、液氯钢瓶、液氨钢瓶、溶解乙炔气瓶等，它们具有温度高、压力高、容积大、介质种类多等特点。有些压力容器使用条件恶劣，一旦爆炸其后果不堪设想。

案例1：1981 年某发电厂发生 7 号机组（200MW）除氧器爆炸事故。1981 年 1 月 11 日，7 号机组正常运行负荷 200MW，在除氧器水位低的情况下，补充大量低温水，运行人员违反规程采用 2.4MPa 压力的二段抽汽加热（要求负荷大于 150MW 采用三段抽汽），当停止大量补水后，未关闭汽源，造成了除氧器超压，安全门虽然动作，但排汽量小于进汽量，压力继续升高，致使除氧器爆炸。事故造成设备和厂房严重损坏，并造成 9 人死亡，5 人受伤。

案例2：1989 年天津某电厂发生氢罐爆炸事故。1989 年 9 月 7 日，在向 3 号发电机充氢过程中，由于 1 号制氢设备氢氧侧压力调整器卡涩，导致氧气窜到氢气中，使 1 号氢罐氢、氧混合气体达到爆炸极限，在值班人员倒罐开门瞬间，因氢气压差大（0.4MPa）、流速快（初始流速可达每秒数百米）扰动铁锈摩擦发热，引爆了 1 号罐内混合气体，发生氢罐爆炸。

2. 压力容器爆破事故的原因及预防措施

压力容器发生爆破通常是由压力容器超压（超温）运行（超压保护故障）或压力容器存在缺陷，使压力容器的内壁不能承受内压应力，从而发生爆破。因此，防止压力容器爆破的重点措施如下：

（1）压力容器的采购是保证设备可靠性、安全性的重要环节。采购具有相应设计、制造资格的单位制造的压力容器，其产品必须附有制造厂的"产品质量证明书"和当地压力容器监检机构签发的"监检证书"。

（2）压力容器使用前必须办理注册登记手续，申领使用证，否则严禁使用。

（3）压力容器应根据设计要求装设安全泄放装置（安全阀、爆破片装置），其排放能力必须大于或等于压力容器的安全泄放量，以保证在其最大进汽工况下不超压。对安全阀、压力表、液位计等安全附件保护装置、监视仪表要进行定期校验。

（4）在役压力容器应按照《电站锅炉压力容器检验规程》（DL 647—2004）和《简单压力容器安全技术监察规程》（TSG R003—2007）的规定，定期进行检验。对于安全状况等级达不到监督使用标准三级的压力容器，必须要在最近一次大修中治理升级；评定为五级的容器应按报废处理，决不能再继续使用；停用 2 年及以上的压力容器，需要重新启用时，要进行再次检验，确认合格后才能使用。

（5）制定完善压力容器的运行操作规程，明确具体的压力容器操作方法、运行中应重点检查项目和部位以及紧急情况的处理措施。压力容器的操作人员应经过专业培训，持证上岗。

（6）严格按《电站压力式除氧器安全技术规定》（能源安保〔1997〕709 号）制定除氧器运行规程，规程中应明确除氧器两段抽汽的切换点，严禁高压蒸汽直接进入除氧器。推广滑压运行，逐步取消高压抽汽进入除氧器。除氧器应配备不少于 2 只全启闭式安全门，并有完善的自动调压和报警装置。

（7）制氢站应采用性能可靠的压力调整器，并加装液位差越限联锁保护装置、氢侧氢气纯度表和在线氢中含氧量监测表。对于在氢冷系统、制氢站进行检修作业应严格管理，禁止在制氢站中或氢冷发电机与储氢罐近旁进行明火作业或进行能产生火花的工作。

三、锅炉尾部再次燃烧事故及预防

锅炉尾部再次燃烧事故是指在锅炉尾部烟道内，因某种原因存积可燃物，其经氧化升温而发生再次燃烧，造成锅炉尾部受热元部件烧损的事故。

案例： 1995 年 10 月 13 日和 11 月 19 日，哈尔滨某电厂 3 号锅炉（2008t/h）空气预热器连续发生两次着火，导致空气预热器烧毁的事故。

锅炉尾部再次燃烧事故的原因：①由于炉膛温度低，油不能充分燃烧，使空气预热器积有油垢；②煤粉过粗，未完全燃烧的煤粉进入烟道并有部分沉积；③灭火后点火时间过长或运行中空气量不足。

烟风道及空气预热器挡板不严，漏入空气；在紧急停炉的过程中造成预热器温度急剧升高；或空气预热器因故障突然停转，会使排烟温度急剧升高。形成了着火条件。

预防锅炉尾部再次燃烧事故的主要措施主要是防止可燃物的沉积和着火初期的正确处理。

1. 防止可燃物的沉积

（1）锅炉空气预热器的传热元件在出厂和安装保管期间不得采用浸油防腐方式。

（2）锅炉空气预热器在安装后第一次投运时，应将杂物彻底清理干净，经制造、施工、建设、生产等各方验收合格，方可投入运行。

（3）锅炉炉膛燃烧工况不良，使未燃尽的可燃物带入锅炉尾部烟道，可能产生沉积。因此，运行中应按燃料的性质调整燃烧，组织好炉内燃烧工况，以防止未完全燃烧产物的形成。特别要注意，在低负荷运行及锅炉启、停时，因炉膛温度较低，燃烧工况不易稳定，燃料不易燃尽，加之烟气流速低，过剩氧量多，容易出现可燃物沉积和再次燃烧。

（4）在锅炉启动及低负荷运行中采用燃油或煤油混烧时，尤其应注意油的完全燃烧，未燃尽的油进入锅炉尾部烟道时，油与未燃尽的碳极易在受热面上沉积，从而引起再次燃烧。此时，应加强燃烧调整和锅炉尾部烟温的监视。由于油燃烧器的雾化质量至关重要，因此对存在漏油、雾化不良的油喷嘴应及时予以更换。

（5）应按规程规定进行吹灰、冲洗，以减少可燃物沉积。

2. 着火初期的正确处理

为确保空气预热器一旦着火能立即采取措施，必须确保停转报警装置及消防系统及设备处于正常备用状态；空气预热器空气侧和烟气侧挡板动作可靠、关闭严密；盘车装置正常、可靠。

当发现排烟温度不正常地升高时，应检查炉内燃烧工况，增加空气量，使炉内燃烧充分，必要时可用灭火装置灭火。如排烟温度急剧上升，炉膛负压波动剧烈，采取措施无效时，应立即停炉，切断煤粉，停止引、送风机，关闭所有风烟挡板隔绝空气，并用灭火装置灭火。

四、锅炉炉膛爆炸事故及预防

锅炉炉膛爆炸是指锅炉炉膛内可燃物聚集后引燃造成的炉膛压力升高超过炉膛承压设计强度，以至发生损坏。锅炉炉膛爆炸事故后果十分严重，轻者造成设备严重损坏，重者导致人身伤亡。

1. 锅炉炉膛爆炸事故的原因

（1）锅炉炉膛内有一定浓度具有爆炸性的燃料和空气混合物积存。如燃气锅炉的泄漏，煤粉锅炉燃烧恶化或灭火后没有及时切断燃料供应和没有进行完全吹扫就重新进行点火，均会引起锅炉炉膛燃料存积并引发炉膛爆炸事故。

（2）具有足够的点火能源。如锅炉点火或明火作业，就可能发生爆炸事故。

2. 预防锅炉炉膛爆炸事故的主要措施

首先是对锅炉安装灭火保护系统，而且只要锅炉准备点火运行其灭火保护系统就要投入运行，在任何情况下锅炉灭火保护系统均不能退出。

（1）为防止锅炉灭火及燃烧恶化，应加强煤质管理和燃烧调整，保持合适的风、粉配比，稳定燃烧，尤其是在低负荷运行时更为重要。其锅炉在系统调峰时的最低负荷应该不低于制造厂规定和现场燃烧试验所测定的最低稳燃负荷。

（2）为防止燃料进入停用的炉膛，应加强锅炉点火及停炉运行操作的监督。尤其是炉前油系统的管理。

（3）燃烧不稳时应投油助燃。明显灭火迹象时禁止投油，防止爆燃发生。

（4）保持锅炉制粉系统、烟风系统正常运行是保证锅炉燃烧稳定的重要因素。

（5）锅炉一旦灭火，应立即切断全部燃料；严禁投油稳燃或采用爆燃法恢复燃烧。

（6）锅炉每次点火前，必须按规定进行通风吹扫。

（7）锅炉炉膛结渣除影响锅炉受热面安全运行及经济性外，往往由于锅炉在掉渣的动态过程中，引起炉膛负压波动或灭火检测误判等因素而导致灭火保护动作，造成锅炉灭火。因此，除应加强燃烧调整和防止结渣外，还应保持吹灰器正常运行尤为重要。

（8）定期切换和试验燃油设备和点火装置，提高设备的可靠性，有缺陷的燃油设备禁止投入。防止在启动中，未点火的情况下大量的燃油漏入炉膛，或点火后油枪雾化不好，大量的油滴、气聚集在炉膛内出现爆燃。

（9）加强锅炉灭火保护装置（炉膛压力保护装置）的维护与管理，保证灭火保护装置正常投入运行。

（10）检修明火作业时应采取必要的安全技术措施。

五、锅炉汽包满水和缺水事故及预防

锅炉汽包满水事故一般是指锅炉水位严重高于汽包正常运行水位的上限值，使锅炉蒸汽严重带水，使蒸汽温度急剧下降，蒸汽管道发生水冲击。锅炉汽包缺水事故是指锅炉水位低于能够维持锅炉正常水循环的水位，蒸汽温度急剧上升，水冷壁管得不到充分的冷却，而发生过热爆管。锅炉汽包满水和缺水事故严重威胁机组的安全运行，一旦发生水位事故，运行人员又未能采取正确及时的措施予以处理，轻者造成机组非计划停运，严重时可造成汽轮机和锅炉设备的严重损坏或人身伤亡。

案例 1：某电厂发生引进型亚临界 1025t/h 强制循环汽包锅炉严重缺水重大事故。1997年 12 月 16 日，高压加热器满水，高压加热器水位保护动作，自动退出解列。高压加热器水位保护动作后，由于高压加热器入口三通阀电动头与阀芯传动机构固定键脱落，旁路门未能联动开启（CFIT 显示旁路门开启），导致锅炉断水；汽包水位计由于环境温度（温度补偿设计定值 50℃，实际 130℃）的影响造成了测量误差，水位虚高 108mm，使汽包低水位保护拒动；锅炉 A 循环泵在测量系统故障的情况下，又未采取替代措施而失去了保护作用，由于采用三取三的保护逻辑，因而在水循环破坏的情况下，B、C 循环泵差压低跳泵，A 泵只发差压低报警而未能跳泵，导致 MFT 未动作；值班人员未能对水循环破坏、锅炉断水作出正确的判断，并在发现主蒸汽温度以平均 45℃/min 速率升高的情况下，也未能按规程的规定实施紧急停机，最终造成水冷壁大面积爆破的重大事故。

案例 2：某电厂发生 2 号锅炉满水造成 2 号机组轴系断裂事故。1990 年 1 月 25 日 03：20，在 2 号锅炉灭火后的恢复过程中，因给水调整门漏流量大（漏流量达 120t/h），运行人员未能有效控制汽包水位，导致汽包水位直线上升，汽温急剧下降，造成汽轮机水冲击。运行人员未能及时发现汽温急剧下降，使低温蒸汽较长时间进入汽轮机。低温蒸汽进入汽轮机，造成汽缸等静止部件在温差应力作用下变形，转轴弯曲，动静部件发生径向严重碰磨，轴系断裂。

综合典型事故分析，水位表失灵和指示不正确、锅炉水位保护拒动、给水系统故障、违反运行规程、对水位监视不严、误判断、误操作、给水泵掉闸或给水系统严重泄漏等是造成锅炉汽包满水和缺水事故的主要原因。

防止措施：

（1）从汽包水位测量系统的配置、安装和使用维护以及给水系统的维护等方面出发，制定相应的反事故技术措施（具体参考《防止电力生产重大事故的二十五项重点要求》）。

（2）当在运行中无法判断汽包确实水位时，应紧急停炉。

（3）锅炉满水的处理：若轻微满水，可适当降低给水量，必要时可开启事故放水门维持水位。若汽温下降，负荷下降，并确认为严重满水时，应立即停炉，且继续放水调整给水量，维持水位在正常水位，待事故查明和消除后，可重新点火，恢复正常运行。

（4）锅炉缺水的处理：①若水位计能看到水位，应立即增加给水量，必要时可采取降负荷的措施维持水位。②若严重缺水且低水位保护动作时，按停炉处理。③若低水位保护拒动应紧急停炉。停炉后要调整水位为正常值，待事故查明和消除后再恢复机组运行。

（5）高压加热器保护装置及旁路系统应正常投入，并按规程进行试验，保证其动作可靠。当因某种原因需退出高压加热器保护装置时，应制定措施，经总工程师批准，并限期恢复。

（6）给水系统中各备用设备应处于正常备用状态，按规程规定进行定期切换。当失去备用时，应制定安全运行措施，限期恢复投入备用。

（7）建立锅炉汽包水位测量系统的维修和设备缺陷档案，对各类设备缺陷进行定期分析，找出原因及处理对策，并实施消缺。

（8）运行人员必须严格遵守值班纪律，监盘思想集中，经常分析各运行参数的变化，调整要及时，准确判断及处理事故。不断加强运行人员的培训，提高其事故判断能力及操作技能。

特别强调：为了保证锅炉的安全运行，在锅炉无水位保护时严禁投入启动、运行。锅炉汽包高、低水位保护的设置、整定值和延时值随炉型和汽包内部设备不同而异，具体规定应由锅炉制造厂负责确定，各单位不得自行确定。尤其是低水位保护的延时值应按锅炉断水而出力为额定的蒸发量、锅炉汽包水位在低保护跳闸值工况进行核算。

六、汽轮机超速和轴系断裂事故及预防

（一）防止汽轮机超速事故

机组的最高转速在汽轮机调节系统动态特性允许范围内称为正常转速飞升，超过危急保安器动作转速至 3360r/min 称为事故超速，大于 3360r/min 称为严重超速。严重超速可以导致汽轮发电机组严重损坏，甚至毁坏报废，是汽轮发电机组设备破坏性最大的事故。另外，由于轴承失稳和轴系临界转速偏低等原因所造成的事故超速，也往往会产生毁灭性的后果。

根据我国 12 台·次毁机事故的统计表明，约 70% 为严重超速，约 30% 为事故超速；其中 3 台为 200MW 机组，其余为 50MW 及以下的机组，抽汽机组约占 30%；平均事故率约为 1.5 年 1 台·次，近年来曾有 1 年 2 台·次的记录。因此，超速引发轴系断裂事故在我国较为突出。

导致汽轮机超速事故的原因较多，主要如下：

（1）机组在运行中突然甩负荷、调节系统动态特性或故障、超速保护系统故障。

（2）透平油和抗燃油的油质不合格而造成汽门卡涩。

（3）紧急停机时带负荷解列、机组甩负荷或事故状态下旁路系统未开启。

（4）抽汽机组的可调整供热抽汽逆止门故障导致热网蒸汽倒流。

（5）主油泵与汽轮机主轴间联轴器失效而造成转速监测失控。

（6）电液伺服阀（包括各类型电液转换器）等部套卡涩、汽门漏汽和保护拒动。

（7）计算机控制的机组计算机系统故障。

（8）中间再热单元机组蒸汽比容小，漏汽的质量流量大，主汽门和调速汽门的严密性差。

（9）运行操作调整不当：①油质管理不善，如汽封漏汽过大造成油中进水，引起调节和保护部套卡涩；②运行中同步器调整超过了正常调整范围，这时不但会造成机组甩负荷后飞升转速升高，而且还会使调节部套失去脉动，从而造成卡涩；③蒸汽带盐造成主汽门和调节汽门卡涩；④超速试验操作不当，转速飞升过快。

因此，为了杜绝事故的发生，消除事故的隐患，防止事故的萌生和发展，要求严格执行运行、检修操作规程。针对汽轮机超速事故的原因，采取相应的防止汽轮机超速事故的安全技术措施：

（1）新投产机组或汽轮机调节系统经过重大改造的机组要进行甩负荷试验。

（2）运行人员及热工人员要认真执行有关调节系统、保安系统和热工保护试验的规定；确保调节系统和保护系统状态良好。

（3）加强运行、检修管理，提高人员素质。提高运行人员对事故的判断、果断处理和应变能力（是防止机组严重超速的根本措施）。

（4）运行中发现主汽门、调节汽门卡涩时，要及时消除汽门卡涩。消除前要有防止超速的措施。主汽门卡涩不能立即消除时，要停机处理。

（5）各种超速保护均应正常投入运行，超速保护不能可靠动作时，禁止机组启动和运行。

（6）机组重要运行监视表计，尤其是转速表，显示不正确或失效，严禁机组启动。运行中的机组，在无任何有效监视手段的情况下，应立即停机。

（7）保证油质合格，在油质及清洁度不合格的情况下，严禁启动机组。

（8）机组大修后必须按规程要求进行汽轮机调节系统的静态试验，确认调节系统工作正常。在调节部套存在卡涩、调节系统工作不正常的情况下，严禁启动。

（9）在机组正常启动或停机过程中，应严格按运行规程要求投入旁路系统。

（10）抽汽轮机组的可调整抽汽逆止门应严密，连锁动作可靠，并能快速关闭，以防止抽汽倒流引起超速。

（11）按规程规定进行危急保安器试验、汽门严密性试验。

（12）电液伺服阀（包括各类电液转换器）的性能必须符合要求，否则不能投入运行。运行中严密监视其运行状态，不卡涩、不泄漏和系统稳定。

（13）采用滑压运行的机组以及在机组滑参数启动过程中，调节汽门要留有裕度，不应开到最大限度，以防同步器超过正常调节范围，发生甩负荷超速。

（14）定期检查主油泵的工作情况，发现问题及时处理。要慎重对待调节系统的重大改造，应在确保系统安全、可靠的前提下，进行全面、充分地论证。

（15）加强对蒸汽品质的监督，防止蒸汽带盐使门杆结垢造成卡涩。

（二）防止汽轮机轴系断裂事故

汽轮机轴系断裂事故后果极为严重，可以造成机毁人亡。轴系断裂事故的原因：①汽轮机超速；②发生油膜振荡；③振动超限；④转子的缺陷（存在残余应力、白点、偏析、夹杂物、气孔材质不均匀性和脆性等）；⑤加工和装配质量差（轴承安装不良，转子各零、部件间固定螺钉或联轴器连接螺钉松脱）；⑥高温蠕变损伤；⑦低周疲劳（零件工作周期可能作用的次数下能承受的应力极限值）、热疲劳和超限使用；⑧发电机非同期并网等。电网出现重大短路事故导致机组产生扭振。

防止轴系断裂的事故措施：

（1）确保转子的制造和安装及检修质量，减少轴系不平衡，确保轴瓦的设计参数合理，使转子比压在合格范围内，防止机组运行时轴系振动和油膜振荡的发生。

（2）防止发生机组超速，以免超速后由于其他技术原因引起设备扩大损坏，造成轴系断裂。

（3）机组主、辅设备的保护装置必须正常投入，已有振动监测装置的机组，振动超限跳机保护应投入运行。机组正常运行瓦振、轴振应达到有关标准的优良范围，并注意监视变化趋势。

（4）严格按超速试验规程的要求，机组冷态启动带 25％额定负荷（或按制造要求），运行 3～4h 后立即进行超速试验。

（5）新机组投产前、已投产机组每次大修中，必须对汽轮发电机大轴表面、中心孔、发电机转子护环、联轴器螺栓转子等进行探伤检查。对高温段应力集中部位可进行金相和探伤检查，选取不影响转子安全的部位进行硬度试验。

（6）运行 $1×10^5$h 以上的机组，每隔 3～5 年应对转子进行一次检查。运行时间超过 15 年、寿命超过设计使用寿命的转子、低压焊接转子、承担调峰启停频繁的转子，应适当缩短检查周期。

（7）新机组投产前和机组大修中，必须检查平衡固定螺钉、风扇叶片固定螺钉、定子铁芯支架螺钉、各轴承和轴承座螺钉的紧固情况，保证各联轴器螺钉的紧固和配合间隙完好，并有完善的防松动措施。还应该对运行时间较长的机组末级叶片进行检查。

（8）新机组投产前应对焊接隔板的主焊缝进行认真检查。大修中应检查隔板变形情况，最大变形量不得超过轴向隙的 1/3。

（9）防止发电机非同期并网；发电机出现非全相运行时，应尽力缩短发电机不对称运行的时间，加强对机组振动的监视，确保汽轮发电机组和轴系不受损伤。

七、汽轮机转子弯曲和轴瓦烧损事故及预防

（一）防止汽轮机转子弯曲

汽轮机大轴弯曲是汽轮发电机机组恶性事故中最为突出的事故，这种事故多数发生在高压大容量的汽轮机中。这是由于大容量汽轮机缸体结构复杂，使得汽缸的热膨胀和热变形变得复杂，增大了汽轮机大轴弯曲的危险性；另外，整段转子的采用也在一定程度上增大了汽轮机大轴弯曲的可能性。

大轴弯曲通常分为热弹性弯曲和永久性弯曲。热弹性弯曲中，转子内部温度不均匀所受应力未超过材料在该温度下的屈服极限，通过延长盘车时间，这种弯曲会自行消失。永久弯曲中，转子局部区域受到急剧加热（或冷却），其应力值超过转子材料在该温度下的屈服极限，使转子局部产生压缩塑性变形。当转子温度均匀后，该部位将有残余拉应力、塑性变形并不消失，造成转子的永久弯曲。

轴弯曲会汽封磨损，造成汽轮机通流部件间隙增大，导致汽轮机各级的漏汽损失增加，使汽轮机的相对内效率减小，电厂煤耗增加。另外，轴弯曲会使机组运行时振动增大，严重时可能导致其他事故发生（如损坏轴瓦、轴系短裂等）。

1. 大轴弯曲的原因

引起汽轮机大轴弯曲的原因是多方面的，在运行中造成的大轴弯曲主要有以下几种情况：

（1）汽轮机在不具备启动条件下启动。启动前，由于上下汽缸温差过大，大轴存在暂时热弯曲。机组强行启动引起强烈振动，使得动静间隙消失，引起大轴静止部分发生摩擦，从而使摩擦部分的转子局部过热（热点温度可达 650～1300℃），造成大轴弯曲变形。当转速低于第一临界转速时，大轴的弯曲方向和转子不平衡离心力的方向基本一致，所以往往产生越磨越弯，越弯越磨的恶性循环，以致使大轴产生永久弯曲。

（2）停机后在汽缸温度较高时，操作不当使冷汽、冷水进入汽缸时，汽缸和转子将由于上下缸温差产生很大的热变形，甚至中断盘车，加速大轴弯曲，严重时将造成永久弯曲。

（3）转子的原材料存在过大的内应力，在较高的工作温度下经过一段时间的运行以后，内应力逐渐得到释放，从而使转子产生弯曲变形。

（4）转子自身不平衡或套装转子在装配时偏斜也会造成大轴弯曲。

（5）轴封供汽操作不当。当汽轮机热态启动使用高温轴封蒸汽时，轴封蒸汽系统必须充分暖管，否则疏水将被带入轴封内，致使轴封体不对称地冷却，大轴产生热弯曲。

（6）运行人员在机组启动或运行中由于未严格执行规程规定的启动条件、紧急停机规定等，硬撑硬顶也会造成大轴弯曲。

（7）汽轮机在启动、停机和变负荷过程中，其滑销系统卡涩，汽缸膨胀收缩不畅，导致动静部分摩擦也可以造成转子弯曲。

此外，引起大轴弯曲的原因还有：轴封供汽和抽真空方式不合要求，主蒸汽温度急降，再热蒸汽带水，振动超标未及时停机，未按要求盘车等。

2. 防止大轴弯曲事故的措施

为防止大轴弯曲事故发生，通常可采取如下一些措施。

（1）认真做好每台机组的基础技术工作。

1）每台机组必须备有机组安装和大修的资料以及大轴原始弯曲度、临界转速、盘车电流及正常摆动值等重要数据，并要求主要值班人员熟悉掌握。

2）运行规程中必须编制各机不同状态下的启动曲线以及停机惰走曲线。

3）机组启停应有专门的记录。停机后仍要认真监视、定时记录各金属温度、大轴弯曲、盘车电流、汽缸膨胀、胀差等。

（2）设备、系统方面的技术措施。

1）汽缸应有良好的保温，保证机组停机后上下缸温差不超过35℃，最大不超过50℃。

2）机组在安装和大修中，必须考虑热状态变化的条件，合理地调整动静间隙，保证在正常运行中不会发生动静摩擦。

3）滑销系统必须保持良好的滑动性能。

4）疏水系统合理布置，保证疏水畅通，不反汽，不互相排挤。

5）汽轮机各监视仪表和保护必须完好，各部位金属温度表计齐全可靠，大轴弯曲指示准确。

（3）运行方面的技术措施。

1）汽轮机冲转前的大轴晃动度、上下缸温差（高中压外缸上下缸温差不超过50℃，内缸上下缸温差不超过35℃）、主蒸汽及再热蒸汽的温度等必须符合有关规程的规定，否则禁止启动。

2）汽轮机冲转前应充分连续盘车，一般不少于2～4h（热态取大值），并避免盘车中断，否则延长连续盘车时间。

3）热态启动时应严格遵守运行规程中的操作规定，当轴封需要使用高温汽源时，应注意与金属温度相匹配，轴封管路经充分疏水后方可投入。

4）启动升速过程中要认真检查汽封或其他动、静部分不应有摩擦，严格控制轴承振动，严格检测汽缸的绝对膨胀，防止出现滑销系统卡涩，如果发现异常，应查明原因并及时处理。一阶临界转速以下不超过0.03mm，过临界时不超过0.1mm，否则立即打闸停机，严禁硬闯临界转速或降速暖机。

5）热态启动时，为了防止抽真空时抽入冷空气，要求抽真空前必须投入盘车和先向轴封供汽。应先投轴封后抽真空，高压轴封使用的高温汽源应与金属温度相匹配，轴封汽管道应充分暖管、疏水，防止水或冷汽从轴封进入汽轮机。

6）机组在启、停和变工况运行时，要加强机组状态监视，控制各个参数在规定范围内。当汽温下降过快时，十分钟内下降 50℃时应立即打闸停机。

在机组启动、运行中和停机后，应严密监视高低压加热器、凝汽器、除氧器、各疏水联箱的水位。在机组启动前，主、再热蒸汽管道必须充分暖管、疏水，并确保疏水畅通，防止汽轮机进水、进冷汽。

7）机组停机后，应立即投入盘车，盘车电流大或有摩擦声时，严禁强行连续盘车，必须先改为手动的方式盘车 180°（将转子高点置于最高位置）。间断盘车，待摩擦消失后再投入连续盘车。当盘车盘不动时，禁止用吊车强行盘车，以免造成通流部分进一步损坏。同时可采取以下闷缸措施，以清除转子热弯曲：

①尽快恢复润滑油系统向轴瓦供油。

②迅速破坏真空，停止快冷。

③隔离汽轮机本体的内、外冷源，消除缸内冷源。

④关闭进入汽轮机所有汽门以及所有汽轮机本体、抽汽管道疏水门，进行闷缸。

⑤严密监视和记录汽缸各部分的温度、温差和转子晃动随时间的变化情况。

⑥当汽缸上、下温差小于 50℃时，可手动试盘车，若转子能盘动，可盘转 180°进行自重法校直转子，温度越高越好。

⑦转子多次 180°盘转，当转子晃动值及方向回到原始状态时，可投连续盘车。

⑧开启顶轴油泵。

⑨在不盘车时，不允许向轴封送汽。

8）停机后还应做好防止冷汽、冷水进入汽轮机的措施（如锅炉熄火、机组甩负荷或机组在启动过程中和低负荷运行时，应切断减温水，防止主、再热蒸汽带水）。

（二）防止汽轮机轴承烧损

1．轴瓦损坏原因

造成轴承损坏事故的因素很多，如设计结构、安装检修工艺及运行操作等，导致轴瓦损坏的主要有以下几个方面的原因。

（1）水冲击事故。对于高、中压缸对头布置的再热机组来说，当主蒸汽温度低，尤其是汽缸进水发生水冲击事故时，高压缸内瞬间增大的轴向推力方向与汽流方向一致，导致推力瓦的非工作瓦块承受巨大的轴向作用力而损坏。

当再热蒸汽温度低或中压缸进水时，则轴向推力的作用方向和中压缸汽流方向一致，这时推力瓦的工作面将承受巨大的轴向推力。此外，真空低或通流部分结垢时，也会使轴向推力发生较大的变化而损坏推力轴承。

（2）油质不合格。油质不合格使润滑油的性能和油膜发生变化。如果启动汽轮机，会造成各润滑部分不能很好地润滑，使轴瓦温度升高，造成轴瓦损坏；由于油质变坏，会使调节系统的部套生锈而卡涩，导致调节系统和保护装置失灵等。

（3）轴承油温升高。

1）所有轴承的温度均有升高现象。润滑油压和油量不足或冷油器工作失常所致（如冷油器冷却水量不足，夏季冷却水温过高以及冷油器脏污使传热不良等）。

2）某一轴承油温局部升高，可能是该轴承有杂物堵塞使油量减少，不足以冷却轴承而使油温升高，或轴承内混入杂物，摩擦产生热量使温度升高。

（4）轴承断油。造成轴承断油的主要原因有以下几点：

1）汽轮机运行中，在进行油系统切换时，发生误操作。

2）机组启动定速后，停止高压油泵时，未注意监视油压。当已出现射油器工作失常、主油泵出口逆止门不严或卡涩等情况时，仍然盲目停止高压油泵，造成高压油经主油泵出口逆止门回流，使主油泵失压而润滑油泵又未联动，引起断油。

3）油系统积存大量空气未能及时排除，往往会造成轴瓦瞬间断油，烧坏轴瓦。

4）启动、停机过程中润滑油泵工作失常。

5）油箱油位过低，空气漏入射油器，使主油泵断油。

6）厂用电中断，直流油泵不能及时投入时，造成轴瓦断油。

7）供油管道断裂，大量漏油造成轴瓦供油中断。

8）安装或检修时油系统存留棉纱等杂物，造成进油系统堵塞。

9）轴瓦在运行中移位，如轴瓦转动，造成进油孔堵塞。

10）由于系统漏油等原因，润滑油系统油压严重下降，低油压保护未能及时投入。

（5）机组强烈振动。机组发生强烈振动会使轴瓦乌金研磨损坏，同时还可能使轴瓦在运行中产生位移。机组强烈振动还会引起轴瓦损坏或工作失常。

（6）轴瓦制造不良。轴瓦制造不良主要表现为乌金浇铸质量不良。如在浇铸乌金前，瓦胎不挂锡或挂锡质量不良，因而运行中发生轴瓦乌金脱胎、乌金龟裂等问题。

（7）安装检修轴瓦调整不当。

2. 防止轴瓦损坏的技术措施

根据上述轴瓦损坏原因，在运行管理方面应采取如下技术措施：

（1）推力瓦轴承乌金温度升高，并接近规定最高值时，应降低进油温度或降低负荷以减小推力；改变高、中压缸的抽汽量以平衡正向、反向推力；合理调整主蒸汽及再热蒸汽温度等。如果轴向位移增大，推力瓦温度急剧升高，并伴随不正常的响声、噪声和振动，或轴向位移超过规程规定时，应迅速破坏真空紧急停机。

（2）汽轮机启动时，若油质不合格或油中含有杂质和含水量超标时，禁止向各轴承、密封油系统充油，并且应连续投入油过滤设备直至油质合格。油净化装置必须伴随机组连续运行。

（3）若轴承进油温度即冷油器出油温度升高，可开大冷油器冷却水出水门，增加冷却水量，降低轴承进油温度。

（4）若轴承油压降低，应分析原因，加以消除，必要时启动润滑油泵，维持正常轴承进油压力。如果所采取的措施无效，轴承进油压力降低到运行极限值，或轴承回油温度升高到运行极限值时，应立即紧急停机。

（5）冷油器进出口门及主要阀门要有明显的标示牌和挂有"禁止操作"警告牌。运行中倒换发电机密封油系统或切换滤网时，除事故情况外，均应在班长监护下由汽轮机运行负责人主持，按操作票进行。操作过程中要严密监视润滑油压变化情况，严防由于误操作而引起的机组轴承烧损事故。

（6）在进行供油系统的倒换操作时，要注意将准备投入的冷油器、滤网等容器内积存的空气排净。在切换冷油器操作时，要严格监护，防止误操作，并密切注意油压。

（7）润滑油系统的阀门应采用明杆门，以便识别开关状态或开启程度，并应有开关方向指示和手轮止动装置。

（8）高、低压备用油泵、低油压保护装置和所有油泵的联动装置要定期进行试验。润滑油压应以汽轮机中心线的标高距冷油器最远的轴瓦为准。

（9）直流油泵电源熔断器的容量，在不影响直流电源安全的条件下，宜选用较高等级，汽轮机大、小修后，均应进行直流润滑油泵的带负荷启动试验。交流润滑油泵应有可靠的自投备用电源。

（10）机组启动前向油系统供油时，应首先启动低压润滑油泵，并通过压缩线排出调速供油系统积存的空气，然后再启动高压调速油泵。

（11）启动机组并定速后切换高压油泵为主油泵运行的操作过程时要缓慢，并注意监视油泵出口和润滑油压的变化情况。发现油压变化异常时，应立即开启高压油泵出口门，查明原因并采取相应措施。（特别强调检修中要认真检查主油泵出口逆止门的状态，以确保其灵活、关闭严密，以防止停机过程中断油事故的发生）。

高压油泵出口油压应低于主油泵出口油压，在汽轮机到达额定转速以前主油泵应能自动投入工作，一般要求汽轮机转速达到 2800r/min 以后，主油泵应能开始投入工作。

（12）加强对轴瓦的运行监督，汽轮机轴承应装防止轴电流的装置。在轴承润滑油的进出口管路上和轴瓦乌金面上应装温度测点，并保证指示可靠。油位、油压、油温的报警、联锁和保护装置必须安装齐全，指示正确，并定期进行校验。

（13）油箱油位保持正常。滤网前后油位差超过规定值时，应及时清扫滤网。润滑油压要保持在设计要求的范围内运行。

（14）停机时，除事故情况外，均应先试验低压润滑油泵，然后停机。在停机惰走过程中要注意润滑油压的变化，如发现润滑油压低，油压继电器又投不上或低压润滑油泵不上油时，在汽轮机转速尚能保持轴瓦供油时，可再次挂闸使汽轮机恢复到额定转速运行，待查明原因，消除缺陷后再按正常步骤停机。

（15）在机组启停过程中，要合理控制润滑油温。汽轮机正常运行时，一般要求进入轴承的油温保持在 35～45℃ 之间，温升一般不超过 10～15℃。润滑油温过高或过低对油膜的稳定均不利。机组启动过程中，转速达到 2000r/min 以前，轴承的进油温度应接近或达到正常要求。所以对滑参数启动机组，由于其升速较快，冲转前油温应相对高一些，一般要求不低于 38℃。

在停机过程中，若轴承已磨损或擦伤，则转速降低到一定数值时，便会丧失形成油膜的能力，从而产生干摩擦或半干摩擦。这种油膜破坏的转速可根据乌金温度的突然升高（可超过正常值 50℃ 以上）来判断，其值一般为 200～2000r/min。当出现这种现象时，应采取措施增加降速率迅速停机，切不可在这一转速下停留。

（16）当发现在机组运行中有如下情况之一时，应立即打闸停机：

1）任一轴承回油温度超过 75℃ 或突然连续升高至 70℃ 时。

2）主轴瓦乌金温度超过厂家规定值时。

3）回油温度升高，且轴承内冒烟时。

4）润滑油泵启动后，油压低于运行规程允许值。

5）盘式密封瓦回油温度超过 80℃或乌金温度超过 95℃时。

（17）安装和检修时要彻底清除油系统杂物，并严防检修中遗留杂物堵塞管道。

严格执行运行、检修规程，是防止汽轮机轴承烧损事故的主要措施。因为机组在运行中出现异常情况时，如果采取的措施得当，可能就会避免一次重大事故的发生。反之，就会造成一次重大事故。而且，事故时如果采取的措施不当，往往还会扩大事故的发展。因此，要求生产指挥和运行人员一定要严格遵守运行规程，按运行规程规定的程序进行操作，以避免重大事故的发生。

八、发电机损坏事故及预防

（一）发电机损坏的原因

发电机主要由转子与定子两大部分构成。

1. 定子方面的事故

定子方面的事故多数是绝缘损坏导致定子相间短路，另外还有运行操作失误。其原因有：

（1）双水内冷发电机定子端部渗水、漏水（如引水管交叉接触，运行中产生互相摩擦使管壁磨损引起漏水；引水管之间以及与端罩间距离较近，可能相互之间放电烧损引水管引起漏水）。

（2）氢冷发电机氢气湿度过高。

（3）杂质、异物进入定子冷却水中造成定子水内冷系统水路堵塞，将使被堵塞水路的水流量减少或断水，造成绕组绝缘局部过热损坏。

（4）定子绕组内部受潮等。

（5）以及由于检修质量差造成定子绕组端部紧固不牢引起的线棒绝缘机械磨损或电磨损。

（6）金属异物留在机内引起的铁芯短路等。

（7）全氢冷发电机个别线棒风路被堵塞产生局部过热。

（8）定子单相接地故障。

（9）非同期并列产生的巨大冲击电流、强大的电动力和热效应，将使发电机定子损坏。

2. 转子方面的事故

转子方面的事故有机械构件设计不合理、检修质量不高或运行维护不当，导致发电机损坏，其原因有：

（1）运行后出现零部件松动、裂纹、变形、脱落。

（2）转子绕组匝间短路。①匝间绝缘制造工艺粗糙，出厂时即存在匝间短路以及绝缘电阻低等隐患；②由于发电机频繁启停调峰，使转子绕组在热循环应力作用下产生绕组变形；③频繁启停的发电机更容易向发电机内进油。

（3）冷却不良引起绕组过热、变形和损坏（如氢内冷转子绕组的个别端部、槽部由于杂物进入、槽楔垫条没有开孔、槽楔下垫条在运行中发生位移等出现通风孔堵塞现象，造成转子过热）。

（4）以及发电机三相不平衡（发电机非全相运行）、发生不对称短路出现的负序分量电流烧坏转子铁芯。

（5）发电机滑环绝缘损坏或转子槽口、引出线绝缘损坏或转子绕组严重变形及端部严重脏污，会造成发电机转子一点接地。

（二）防护措施

为防止发电机损坏事故发生，总体来说应重视运行维护、监测和检修工作。采取完善的发电机安全监测手段，如测温、检漏报警、转子匝间短路探测、氢气湿度检测以及其他在线监测装置，及时对存在缺陷的发电机组进行维修，提高检修质量；尤其是大容量机组，应按国家电力公司颁布的《防止电力生产重大事故的二十五项重点要求》，做好重点防护。

根据事故的原因，其相应的措施如下：

（1）加强机组检修期间发电机定子绕组端部的松动和磨损情况的外观检查，以及相应的振动特性试验工作。

（2）发电机环形接线、过渡引线、鼻部手包绝缘、引水管水接头等处是发电机机械强度和电气强度先天性比较薄弱的部位，应加强绝缘的检查。

（3）监视发电机定子水内冷系统的含氢量可以有效地发现定子绕组存在的早期绝缘故障。

（4）降低氢气湿度的主要措施有如下几点：①严格执行《氢冷发电机氢气湿度的技术要求》（DL/T 651—1998）。②防止向发电机内漏油，采用密封油净化措施控制油中含水量。③保持发电机氢气干燥器运行良好。

（5）防止定、转子内冷水路堵塞的措施：①大修时应对水内冷定子、转子线棒做分路流量试验，以便查出堵塞的分路，进行处理；②扩大发电机两侧汇水母管的排污口；③安装高强度耐腐蚀的不锈钢法兰，防止杂质进入线棒当中；④加强水内冷系统的水质化学监督和水质指标跟踪分析，确保水内冷发电机水质合格；⑤加强对定子线棒各层间及引水管出水间的温差监视，及时发现内冷回路堵塞的线棒。

（6）细检查确保引水管无任何伤痕、引水管间无交叉和引水管间以及与端罩间有足够的绝缘距离。

（7）全氢冷发电机在运行中要监控定子线棒出口风温温差，当定子线棒出口风温差达到8℃时，应立即作出停机处理。

（8）装设定子接地保护。当发电机发生定子接地短路（定子绕组单相接地电流超出表7-1的规定），接地保护报警或保护拒动，应立即停运发电机处理。

表7-1　　　　　　　　　发电机定子绕组单相接地电流允许值

发电机额定电压（kV）	发电机额定容量（MW）	接地电流允许值（A）
10.5	100	3
13.8～15.75	125～200	2（对于氢冷发电机为2.5）
18～20	300～600	1

（9）若并网发电机产生很大的冲击和强烈的振动，表计摆动剧烈而且并不衰减时，应紧急停运发电机，待试验检查确认机组无损坏时，方可再次启动。

（10）严格保持发电机进水支座石棉盘根冷却水压低于转子内冷水进水压力。

（11）防止转子绕组匝间短路：①改善转子匝间绝缘的制造工艺，提高转子匝间绝缘的质量水平；②加强转子在制造、运输、安装及检修过程中的管理，防止异物进入发电机；③改进密封油系统，确保密封油系统平衡阀、压差阀动作灵活、可靠和保持氢气压力的稳定，避免发电机在低氢压下运行，尽可能减少向发电机机内进油。

（12）大修中，必须检查转子通风孔的堵塞情况，并进行必要的处理。

（13）防止发电机非全相运行，发电机—变压器组的高压侧断路器应采用三相联动操动机构，并装设断路器失灵保护。

（14）当发电机的转子绕组发生一点接地时，应立即查明故障点与性质。如是稳定性的金属接地，应立即停机处理。

另外，造成发电机损坏的原因还有：

（1）发电机漏氢。对于氢冷发电机，冷却系统线棒绝缘磨损、连接处密封不良、焊缝开焊、绝缘冷水管损伤等引起的氢气泄漏，遇明火发生氢爆炸或造成火灾。防止氢气泄漏重点措施为：①保证氢冷系统严密。氢冷发电机检修后必须进行气密性试验，试验不合格，不许投运。②密封油系统平衡阀、压差阀必须动作灵活、可靠，以确保在机组运行中氢与油的压差在规定的范围内，发电机不向外漏氢。③在发电机出线箱与封闭母线连接处应装设隔氢装置，以防止氢气漏入封闭母线，并在封闭母线上加装可靠的漏氢探测装置监控。

（2）次同步谐振。可能造成轴系疲劳损伤而破坏。采取措施是防止电网系统与机组构成机电谐振的条件。

（3）励磁系统故障。该系统故障主要是欠励（失磁）、过励（转子过负荷）和过激磁（V/F），其对发电机危害较大。防止措施主要是做好励磁系统的选型、调试、检修及运行维护工作。

九、分散控制系统失灵和热工保护拒动事故及预防

现代大型发电机组分散控制系统（DCS）已是一种标准模式，是监视、控制机组启、停和运行的中枢系统，其安全、可靠与否对于保证机组的安全、稳定运行至关重要，若发生问题将有可能造成机组设备的严重损坏。

随着计算机技术和现代控制技术的飞速发展，DCS对机组监控覆盖面日趋完善，其渗透深度也随之增强。近年来，无论是新建的大型机组还是老机组进行热工自动化改造，其所设计的DCS系统控制功能已不仅仅局限于热机系统的监视、控制及大联锁等，发电机—变压器组、厂用电系统乃至开关场的控制也纳入DCS中，甚至像自动同期、励磁等指标、可靠性要求很高的专用设备，也有人尝试用DCS（设计专用智能板件）来实现其功能。而且目前机组控制室人机界面的设计也已经发生了深刻变化，常规仪表加硬手操的监控模式已基本被取消，取而代之的是大屏幕、CRT操作员站加软手操。因此，机组安全、经济运行对DCS的依赖性也越来越大。

鉴于目前已经投运的DCS系统一般还不能保证十分完善，特别是在选型和设计时，由于受设计思路和投资等因素的影响，在系统配置上可能不尽合理，并且已投入使用的DCS系统可靠性也不尽相同，有可能会因为DCS设备、系统本身问题或由于使用维护不当等原因而造成机组停运或设备损坏事故，因此，制定DCS及热工保护反事故措施是势在必行的。

1. DCS系统配置的基本要求

要做好DCS的反事故措施，提高DCS系统本身的抵御事故能力是关键，因此，在系统构成时必须重点考虑这个因素。近年来DCS所发生的故障，如恶性的系统瘫痪、操作员站

部分或全部"死机"以及局部系统失灵等典型故障，大多与 DCS 系统的配置不当有关，主要表现在 DCS 系统"资源（如控制器、网络、接口等）"配置过"紧"，导致系统或局部系统在某一特定的情况下负荷过高、非同一系统（装置）搭配通信不畅、冗余度不够或系统电源配置不合理等。实际上这类问题是非常常见的，设计与资金的矛盾，用户与 DCS 厂家在系统功能理解上的矛盾，都可以导致上述问题的发生。

2. DCS 故障的紧急处理措施

对于运行中 DCS 故障的紧急处理，首先，强调凡配备有 DCS 设备的电厂，应根据本单位 DCS 系统实际使用状况，制定 DCS 故障的处理措施，并编入到机组的运行规程。其次，由于机组类型、DCS 配置和机组运行方式等不同，其采取的措施也不相同。但其核心思想是保证机组运行的安全。对 DCS 故障处理把握性不大，或故障已严重威胁机组安全运行的情况下，决不能以侥幸的心理维持运行，应立即停机、停炉处理。在此重点强调了全部操作员站故障和通信总线故障（所有上位机"黑屏"、"死机"或数据不更新）、部分操作员站故障、控制器或相应电源故障等三种情况下的故障对策。

3. 防止热工保护拒动

对所涉及的热工保护（如 FSSS、ETS 及部分含有软逻辑的热工保护系统）其配置和技术指标必须满足 DCS 相应的标准要求（特别强调涉及保护的信号均应按重要 DCS 信号来考虑）。

对于由软逻辑构成的热工保护系统，特别强调了在进行机、炉、电联动试验时，必须将全部软逻辑纳入到相关系统的试验中。这是由于 DCS 系统近些年来的覆盖范围扩大而带来的新问题。特别是后备手操保留较多的系统更应注意整体的 DCS 软逻辑联动保护试验。

为了防止热工保护拒动，应当从以下三个方面来严格管理。

（1）热工保护必须健全。应上而未上的保护等于当然的"拒动"，这个道理显而易见。因此，首先应当按规程完善保护系统。实际上人们目前有一些重要保护不是投的很好，例如锅炉汽包水位保护、汽轮机振动保护等，主要是重视不够。

（2）热工保护必须好用。保护装置必须严格符合相关规程的要求，如电源可靠性、外设完好性和信号通道冗余配置，重要保护的静、动态及定值的定期试验，特别是锅炉炉膛安全监视保护系统的动态试验等必须满足要求，确保热工保护好用。

案例1：1997 年 12 月 16 日，某热电厂发生 4 号锅炉缺水事故。锅炉在较长时间下断水运行，导致水冷壁多处爆管，大面积过热损坏，初步估计直接经济损失约 312 万元的重大事故。该锅炉 A 炉水循环泵压差低跳泵保护由于测量系统故障，没有采取有效的措施而失去了保护功能，导致 MFT 未动作，使得事故闯过了后备保护的最后一道关口，造成了事故的扩大。

案例2：某电厂 200MW 机组的 670T/H 炉曾发生锅炉炉膛爆破事故。在事故调查时发现，该炉的炉膛负压保护定值严重失准，其整定值几乎到了在任何工况下都不可能动作的程度，根本无法保证锅炉的安全运行。

因此，热工保护装置的可靠、实用和定值准确是十分重要的。

（3）热工保护必须用好。也就是说有了保护就必须充分发挥它的作用，决不能随意解除运行中的保护，否则后果不堪设想。

案例3：1994 年，某发电厂发生 6 号锅炉灭火放炮事故。1994 年 1 月 4 日，在锅炉灭火保护装置解除后仅 6h，就发生了 6 号锅炉灭火放炮事故。

案例 4：1987 年，某发电厂发生 1 号汽轮机严重损坏事故。由于运行人员怀疑汽轮机轴向位移保护动作是误跳机，而将其解除又强行启动机组，结果导致汽轮机中压转子严重损坏的重大事故发生。

案例 5：1996 年 3 月 13 日，某热电厂发生超温超压事故。在此次事故中，因"机跳炉"联锁未投，致使机组跳闸后锅炉燃料没有联动切断。

复 习 思 考 题

1. 锅炉尾部再次燃烧事故的原因。
2. 锅炉汽包满水和缺水事故的主要原因。
3. 简述汽轮机超速事故的原因。
4. 简述引起汽轮机大轴弯曲的原因。
5. 发电机损坏的原因。

问 答 题

1. 何谓压力容器？
2. 何谓锅炉炉膛爆炸？
3. 锅炉炉膛爆炸事故的原因是什么？
4. 简述轴系断裂事故的原因。
5. 简述轴承损坏事故的原因。
6. 防止热工保护拒动应从哪些方面进行严格管理？

第 八 章

职业病预防与紧急救护

第一节 职业病预防

一、概述

职业病是指企业、事业单位和个体经济组织（统称用人单位）的劳动者在职业活动中，因接触粉尘、放射性物质和其他有毒、有害物质等因素而引起的疾病。

在生产过程中，工人经常与生产、施工中的一些有害因素接触，当其对人体的作用超过一定限度，并持续较长时间时，则可能产生由轻到重的三种不同后果：

（1）有害因素引起身体外表的改变，称为职业特征，如皮肤色素沉着等。

（2）有害因素降低身体对一般疾病的抵抗能力，表现为患病率增高或病情加重等。

（3）造成特定的功能和器质性病理改变，进而引起职业病。

电力企业职工在生产、施工过程中接触的有害因素主要有：生产性粉尘、噪声、高温、有毒物质、射线、微波辐射、低频辐射等。

职业性有害因素按其来源可分以下三类：

1. 施工过程中产生的职业性有害因素

（1）物理因素。如高温、低温、电离辐射、非电离辐射、生产性噪声、振动等。

（2）化学因素。生产性粉尘，如煤粉尘、硅尘、石棉尘、电焊尘等；铅、锰、汞、苯等有毒物质。

（3）生物因素。主要指某些病原微生物或致病寄生虫等。

2. 劳动过程中的职业有害因素

劳动强度过大或生产定额不当，精神紧张疲劳，劳动组织和制度不合理，个别器官或系统过度紧张，长时间处于不良体位或使用不合理的工具等。

3. 作业环境中的职业有害因素

作业环境中的有害因素主要是自然环境中的有害因素，如炎热季节露天作业的太阳辐射或长期在低温、潮湿处作业等。

按国家规定，职业危害是企业行为，应该由企业负责，并且永远由企业负责。职业安全、卫生管理人员的任务就是通过深入现场调查劳动条件，把那些严重影响职工身体健康的重点岗位和危害性作业找出来，进行重点治理，采取有效的防治措施，逐步减轻乃至消除职业危害，保护职工的健康与安全。

二、生产性粉尘与尘肺病

生产性粉尘是指在某些生产过程中飘逸到空气中，并能长时间漂浮在空气中的固体微粒，是生产环境中有害物质存在的一种形态。

（一）生产性粉尘的分类

（1）按其性质可分为：①无机粉尘：矿物性粉尘（如石英、石棉、煤及其他粉尘），金属粉尘（如铅、铁、铜、锰、锌等）。②人工无机粉尘：如水泥、金刚砂、石墨、玻璃等。③有机粉尘：植物性粉尘（如棉、麻、谷物、烟草等），动物性粉尘（如兽毛、毛发、骨质、角质等），人工合成有机性粉尘（如炸药、有机磷等）。④混合性粉尘：上述各类粉尘的两种或几种混合存在的粉尘。

（2）按其粒度可分为：①粗尘：粒子直径大于 $10\mu m$；②飘尘：粒子直径在 $10\sim0.1\mu m$ 之间；③烟尘：粒子直径在 $0.1\sim0.001\mu m$ 之间。

（3）按卫生学角度可分为：①非吸入性粉尘：粒子直径大于 $15\mu m$ 的粉尘；②可吸入性粉尘：粒子直径小于 $15\mu m$ 的粉尘；③呼吸性粉尘：粒子直径在 $5\mu m$ 以下的粉尘。

（二）生产性粉尘对人体的影响

1. 尘肺病

所谓尘肺病，是指人体在生产活动中吸入粉尘而发生肺组织纤维化为主的疾病的总称。

由于尘肺病具有晚发性、进行性的特点，该病致残率、病死率均较高。习惯上，接触什么粉尘致病，诊断后就称什么尘肺。迄今发现的尘肺有：矽肺（吸入含有游离二氧化硅的粉尘）、硅酸盐肺（石棉肺、水泥肺、滑石肺）、煤肺、电焊工尘肺、铸工尘肺、磨工尘肺等。此外，尘肺病通常伴有并发性疾病，如并发结核、呼吸系统感染、自发性气胸、肺原性心脏病等。

2. 尘肺病的致因

尘肺病发病与吸入粉尘中游离二氧化硅含量、粉尘浓度、粉尘分散度、粉尘的荷电性等有关，此外，所从事工作的劳动强度、个人身体状况和个人防护情况等对尘肺的发病也有一定的影响。

（1）游离二氧化硅含量：粉尘中游离二氧化硅含量越高，发病时间越短，病变速度越快，越易患尘肺。

（2）粉尘浓度、接尘时间：作业场所空气中粉尘浓度越高，接尘时间越长，吸入人体的量就越多，越易患尘肺。

（3）粉尘分散度（粉尘被粉碎的程度）：粉尘对人体呼吸系统的危害程度与粉尘的分散度有密切的关系，粒径越小，沉降速度越慢，进入肺部的几率越大，对人体危害越大。

1）$50\mu m$ 的尘粒，能完全被阻留在鼻、鼻咽、气管和大支气管内；

2）$15\sim10\mu m$ 的粉尘能被阻留在上呼吸道内；

3）$10\sim5\mu m$ 的粉尘能达到肺泡内，但大部分也同样被阻留在呼吸道内；

4）$5\sim0.1\mu m$ 的粉尘易被阻留在肺泡内形成尘肺。

（4）粉尘的荷电性：粉尘在产生和运动过程中，由于相互摩擦碰撞或吸附空气中离子而荷电。粉尘粒子的荷电性对粒子进入肺内也有影响，荷电的尘粒比不荷电的尘粒易滞留在肺泡和支气管中。

（5）其他因素：劳动强度越大，越容易患尘肺；个人体质越差，越不注意个人防护，就越易患尘肺病。

3. 电力企业常见的几种尘肺病

尘肺是威胁电力企业职工身体健康和生命安全的主要职业病，截至 1997 年底统计，全国电力行业职工接尘总数 168 502 人，累计发生尘肺 6372 例，累计患病率 3.78%；累计死亡 1555 人，累计死亡率 24.4%；现患尘肺 4817 例，现患率 2.90%。疑似尘肺（0⁺）6132 人。其中，1990～1997 年累积新增尘肺 2093 例，增长 48.91%，尤其是火电系统的发病趋势构成了电力行业尘肺发病继续增长的主要因素。

电力企业现已发现 8 种尘肺：矽肺、煤肺、水泥尘肺、电焊工尘肺、铸工尘肺、石棉肺、陶工尘肺和其他尘肺。其中以矽肺、煤肺和电焊工尘肺为主。

（1）矽肺。矽肺是由于长期吸入含有游离二氧化硅（SiO_2）的粉尘（矽尘）而引起的以肺部弥漫性纤维化为主的疾病。矽肺是尘肺中发病最多，病情进展最快，危害最大的一种。

矽尘一般指富含游离二氧化硅的粉尘，以石英为代表。在电力企业中，常见的接触岗位包括火电厂锅炉检修作业、隧道和涵洞的风钻打洞与爆破等；除锈过程中均可接触矽尘。

上述工种的工人皆有可能患矽肺，但决定发病与否、进展的速度及病变的轻重与下述因素有关：空气中粉尘浓度；粉尘中游离二氧化硅含量；粉尘颗粒大小；接触时间以及个体的防御能力等。矽肺的产生，快者数年或更短，慢者几十年。一旦接触含高浓度游离二氧化硅的粉尘，尤其是直径 $0.5\sim2\mu m$ 大小的粉尘被大量吸入肺内，即使脱离此种作业环境，也会在若干年后出现矽肺。

（2）煤工肺。煤矿开采过程中产生的含有 5％ 以下游离二氧化硅的煤尘称为单纯性煤尘，但煤层和岩层经常交错存在，因此大部分工人接触的是煤矽混合尘。

长期吸入煤尘可引起肺组织纤维化，称为煤肺。煤肺发病工龄多在 20～30 年以上，病情进展缓慢，危害较轻。长期吸入大量煤矽尘引起的以肺纤维化为主的疾病称为煤矽肺，是接触煤尘的工人中最常见的一种尘肺病。发病工龄多在 15～20 年，病变发展较快，危害较重。在我国煤工尘肺是煤肺和煤矽肺的总称。

煤工尘肺常见于井下单纯采煤工、选煤厂的选煤工、煤球制造工、码头煤粉装卸工及煤炭粉碎工等工种。电力系统煤工尘肺多发于燃料输煤工。

煤尘的致病作用和危害程度与其中游离二氧化硅的含量直接相关，另外与煤尘中所含金属含量有关，如其中镍、铅、铜等含量越高，煤工小土肺发病率越高，而锌、钛、铁则反之。不同变质期，不同品位的煤尘，致病能力不同，高变质期比低变质期的尘肺致病力强，且与其粉尘表现活性、分散度等有关。

（3）电焊工尘肺。电焊工尘肺是长期大量吸入电焊烟尘所致的尘肺。焊接作业已被广泛应用。焊接作业的种类较多，有自动氩弧焊、气体保护焊、等离子焊和手工电弧焊（手把焊）等。以手把焊应用较为普遍。焊工尘肺病例绝大多数发生在手把焊工中。焊工尘肺的发病工龄一般为 10～20 年。在高浓度烟尘环境中，3～5 年即可发病。总之，发病快慢与焊接环境、粉尘浓度、气象条件、通风状况、焊接种类、焊接方法、操作时间及电流强度等有密切关系，此外，在发病和病程进展上存在个体差异。

电焊烟尘是由于高温使焊药、焊条芯和被焊接材料溶化蒸发，逸散在空气中氧化冷凝而形成的颗粒极细的气溶胶。电焊尘可因使用的焊条不同有所差异。如使用焊条.T422 焊接时，电焊尘主要为氧化铁，还有二氧化锰、非结晶型二氧化硅、氟化物、氮氧化物、臭氧、一氧化碳等；使用 0507 焊条时，除上述成分外，还有氧化铬、氧化镍等。因此，电焊工尘肺是一种混合性尘肺。

（三）尘肺病的预防

世界各国几乎都有尘肺存在，尤其以发展中国家为甚。原国家电力公司 1996 年召开了全国电力行业粉尘治理暨尘肺病防治工作会议，会上提出了在电力工业"根治粉尘源，消灭尘肺病"的奋斗目标。欲达到这一目标任重道远，必须采取强有力和效果明显的措施。在工程项目的可研、设计、施工、投产验收各个阶段从安全卫生角度考虑，严格把关，尽量防止生产性职业有害因素的影响；在日常生产活动中，从法律措施、组织管理措施、防尘技术措施、个人防护措施和卫生保健措施抓起，搞好尘肺病预防工作。

1. 法律措施

（1）立法和执法。新中国成立以来，我国政府颁布了一系列旨在防止粉尘危害、保护工人健康的法令和条例。2001 年颁布了《中华人民共和国职业病防治法》，强调职业危害的宏观控制和企业法人与劳动者的责任、权力、义务，将控制职业危害的责任赋予企业的每一个人，是促进企业搞好尘肺防治工作的法律保证。根据这些国家法规条例，各级地方政府、企事业主管部门及厂矿十分重视尘肺防治工作，制订本地区和部门尘肺病防治规划和制度，有专人负责实施，并加强宣传教育，建立防尘设施维护制度，对防尘工作定期检查、评比、总结。各级卫生防疫和职业病监督机构定期对企业粉尘浓度、尘肺发病情况依法进行监测和监督。所有这些使得不少厂矿作业场所粉尘浓度逐年下降，尘肺发病率降低，发病工龄和死亡年龄均有延长。

（2）粉尘最高允许浓度。《工业企业设计卫生标准》（GB Z1—2002）中对 9 种生产性粉尘的最高允许浓度作了规定，1983～1996 年又增加了 40 项粉尘卫生标准，总共达 49 项。

2. 组织管理措施

（1）加强管理，逐步实现防尘工作制度化、规范化。各级领导要提高对防尘工作重要性的认识，把防尘工作纳入日常工作计划；设专、兼职人员分管防尘工作，建立健全尘肺防治管理机构、监测机构，制定尘肺病防治管理制度和工作规划、计划。

（2）加强对尘肺病防治工作的宣传力度，不断提高广大干部和工人对防尘工作重要性、必要性和迫切性的认识，提高职工自我防护意识。

（3）加强对防尘工作的全过程管理。对新建、改建、扩建项目，在可行性研究、设计、施工、投产验收时考虑防尘要求，坚持"三同时"，防止产生新的污染源。

（4）加强防尘设备的维护管理。防尘设备投入使用后，必须有专人负责管理，建立各种规章制度，定期维修，最大限度地发挥防尘设施的作用，防止重治轻管。

（5）搞好监督和监测工作，这是尘肺病防治的一项经常性的重要工作。定期对作业场所进行监测分级和评价，及时了解作业现场的劳动环境，以便有针对性、有重点地进行粉尘治理。

（6）加强群众监督。各级工会负责组织职工对本单位尘肺病防治工作进行监督，教育职工遵守操作规程和防尘制度。

3. 防尘技术措施

（1）改革工艺设备和操作方法，采用先进技术，逐步实现机械化、自动化，这是消除粉尘和减少粉尘危害的根本途径。例如，用含游离二氧化硅较低的石灰石（70 砂）代替游离二氧化硅含量较高的石英砂等。

（2）采用湿式作业，水力除尘，这是一种简便、经济、有效的防尘方法。如采用水雾电弧气刨代替干式电弧气刨切割飞边、毛刺；湿式配料；打水风钻；在车间内进行洒水清扫，用水清洗地面；水力清砂等。

（3）密闭尘源，使生产过程管道化、机械化、自动化，尽量避免粉尘与人体直接接触，这是防止粉尘外逸的有效方法，常与通风除尘配合使用。

（4）通风除尘。即用通风的方法，把从尘源处产生的含尘气体抽走，经除尘器净化后再排入大气。采用此方法时应注意风机、除尘器的选择，及通风管道的合理安装。

（5）积极开展科学研究，探索粉尘治理新途径，依靠科技进步，推动尘肺病防治工作。

4. 个人防护措施

这是预防尘肺病的辅助性措施。在暂时无法降低粉尘浓度的条件下，佩戴防尘口罩、防尘面具和防尘头盔等，是防止粉尘侵入人体的最后一道防线。

5. 卫生保健措施

（1）接尘人员健康检查。根据《粉尘作业工人医疗预防措施办法》规定，从事粉尘作业工人必须进行就业前和定期健康检查，脱离粉尘作业时还应做脱尘作业检查。

就业前检查。在从事接尘作业（含转岗准备接尘）之前，必须进行就业前检查。检查项目有职业史；自觉症状和既往病史；结核病接触史；一般临床检查；拍摄胸大片以及必要的其他实验室检查。发生患有职业禁忌症的，不准安排接尘岗位。

（2）定期检查。对从事接触粉尘作业的职工，要按国家规定定期体检、建档，早期发现，早期治疗。一般电力企业对接触粉尘的工作人员每年进行一次职业病检查。

同时，良好的个人卫生习惯对于预防尘肺病也是至关重要的。如不在车间进食、吸烟，饭前洗手，工作后换工作服、淋浴等。合理营养、劳逸结合、增强体质也有利于预防尘肺病。

以上防尘措施应综合运用，以某一种或某几种作为主要措施，而其他作为辅助性措施，如电站建设中的岩石开挖、轧石作业，应紧紧抓住一个水字；铸工车间的型砂制作和铸件清砂，则水、密、风并重。

实践证明，只要领导重视，认真贯彻执行《中华人民共和国职业病防治法》，加强管理，充分依靠群众，积极采取防尘综合措施，把作业场所粉尘浓度控制在国家规定的允许浓度以下，尘肺病是可以防止或减少的。

三、生产性毒物的危害及预防

生产性毒物：凡是作用于人体产生有害作用的物质都是毒物。在生产过程中的原材料、半成品、副产品、废弃物和夹杂物等，都可能成为对人体有害的化学物质或有毒成分，通称为生产性毒物。

职业中毒：毒物进入人体后，机体组织将发生化学或者物理化学的反应，并在一定的条件下破坏人体的正常生理机能，引起某些器官或系统发生永久性的病变，称为中毒。职工在生产过程中由于工业生产性毒物而引起的中毒，称为职业中毒。

（一）生产性毒物进入人体的途径

生产性毒物进入人体的途径有三种：呼吸道、皮肤和消化系统。其中最主要的是由呼吸道进入，其次是皮肤，而从消化道进入，仅在特殊情况下发生。

1. 呼吸道进入

这是最主要、最常见、最危险的途径。生产过程中产生的气体、蒸气、烟、雾、尘、气溶胶状态的毒物都能通过呼吸道进入人体，同时，整个呼吸道也能将毒物吸到体内。

经过这个途径进入人体的毒物，不先经肝脏解毒直接进入血液，产生毒作用，因而危害最大。

2. 皮肤侵入

皮肤吸收毒物主要通过表皮、毛囊及汗腺导管。如苯、甲苯、二甲苯、醇类经皮肤很快被吸收。经过这个途径进入的毒物，也不先经过肝脏解毒直接进入血液，故而危害也较大。

3. 消化道进入

毒物从消化道进入人体，主要是在有毒作业场所中工作，由于卫生习惯不良或违章作业引起的。如班后、饮前不洗手，并且用手拿食物，将毒物带入消化道。再如用嘴吸汽油，也会将毒物吸入胃中，被机体吸收。

（二）防毒措施

1. 防毒的组织管理措施

（1）加强领导，制定规划。各级领导要提高对防毒工作的认识，把防毒工作纳入企业的管理轨道。认真贯彻国家有关防毒的政策、法规、法令，切实抓好防毒管理。每年在编制生产计划的同时，编制防毒计划，对于所需经费、设备、器材要同生产计划一起安排解决，真正做到有计划地改善职工的劳动条件。

（2）加强防毒的宣传教育，提高职工对各种化学物质的性质的认识，增强职工的自我防护意识。

（3）加强对防毒工作的全过程管理。对新建、改建、扩建的项目，在设计、施工、验收投产的各个阶段，要考虑防毒要求，坚持将防止毒害的措施与工程建设同时设计、同时施工、同时验收投入运行，简称"三同时"的原则，防止产生新的污染。对已存在毒物污染的老企业，要组织职工积极开展有毒治理工作；对一时解决不了的有毒作业点，要加强职工的个人防护。

（4）建立健全防毒管理制度。针对生产条件和存放毒物的性质制定各种规章制度，并确保其贯彻执行。如有毒物料的储运、保管、领用登记制度；设备检修和事故处理的通风排毒、防护监护制度等。

（5）建立有毒作业人员岗前体检、定期体检、疗养制度；有毒物质定期监测报表制度；防毒设施维护保养制度等。

2. 防毒技术措施

（1）以无毒、低毒物料或工艺代替有毒、高毒物料或工艺，是最理想的防毒措施，可以从根本上消除或缓解毒物对人体的危害，并大大减轻环境污染。如：以无毒、低毒物料代替苯的工艺有三种：

1）电溶涂漆，即以水作溶剂，消除苯污染，同时，涂漆质量较好，漆膜均匀，附着力强，硬度高。

2）无溶剂滴漆，主要适用于电机绕组的绝缘浸漆，即在预热的绕组转动时，从端部滴落规定量的绝缘浸漆，然后加热固化的一种快速浸漆方法，这种工艺所用的无溶剂绝缘漆是可聚合的树脂组成的液体，这种漆加热可固化，没有挥发物质，如无溶剂环氧漆。不饱和聚酯、聚氨酯漆及有机硅树脂漆等。

3）用醇类、200号汽油、120号汽油、甲醛脂、抽余油、丙酮等低毒物料代替苯做稀料，可降低空气中有毒物质的毒性。

在焊接作业中，使用低锰焊条，如：使用"结—507—D"型焊条代替原高锰焊条，既可降低发尘量，又可减少锰中毒。

另外，以无汞仪表代替汞仪表，已被广泛使用，如以电子仪表代替汞仪表，某些流量仪表可用酒精、甲苯、镓等代替。

（2）实现生产设备的机械化、密闭化，以及生产过程的自动化。在电力系统有毒作业场所实行生产设备的机械化、密闭化，生产过程的自动化很有必要，可以防止有毒物质外逸，同时可以减轻接触有毒物质职工的劳动强度，使其由直接接触有毒物质变为间接接触或与有毒物质隔离，变为不接触有毒物质，更好地保障职工的身体健康。如电焊自动化、静电喷漆、密闭镀锌等。

（3）通风排毒。通风排毒是电力建设系统采取的主要防毒措施，包括自然通风和机械通风两种。单靠自然通风排毒，往往效果不佳，一般通风排毒常采用机械通风。有毒物质排出前，要经过净化处理，排入大气的毒物浓度和排放量应符合国家标准的要求。

3. 个人防护措施

这是防止有毒物质进入人体的最后一道防线，是一项十分重要的防护措施，包括皮肤防护和呼吸防护。

电力系统中有毒作业的个人防护主要措施如下：

（1）接触苯的作业。采用送风面罩、防苯口罩防止苯从呼吸道进入。为防止皮肤干裂或发生皮炎，可用防苯手套。防苯手套的配制方法如下：甘油 140g、水 260g、干酪素 140g 混合，加热至 60～70℃搅拌调匀，膨胀，然后降温至 40℃左右加氨水 40mL 调匀干燥后即可使用。

（2）接触锰的作业。操作时，人应在上风向，电焊作业如不能采用通风排烟，应采用通风焊帽，操作人员应穿用个人防护服，尽可能全部覆盖外露皮肤，并将操作区域用屏蔽防护，防止伤害周围生产人员。

（3）接触酸的作业。接触酸的职工，除了应穿耐酸工作服及手套、防护靴外，还应注意皮肤防护，一般在暴露部位涂抹防护膏。防护膏的配方是：①硬脂酸：氧化锌：植物油（动物油）为 12：3：85；②蜂蜡：安息香树胶：无水羊毛脂：酒精为 2：5：5：88。如果工作中不慎将酸溅入眼中，应立即到冲洗间冲洗，然后到医院处理。在重要的临时现场，也应设置必要的冲洗措施。

另外，接触有毒物质的职工，都应采取相应的防护措施，例如穿工作服、戴防护手套、防护镜等。对于电力企业中存在的各种有毒物质，在作业场所都应配备相应的防毒面具或防毒口罩，以备在事故情况下或其他特殊情况下使用，在选用防毒面具时，应该注意不同颜色的滤毒罐可防不同种类的有毒物质。

4. 防毒的卫生保健措施

防止职业中毒，采取卫生保健措施也是必不可少的。

（1）接触有毒物质的职工应该养成良好的卫生习惯，不要在作业场所饮食、吸烟，休息室与作业场所最好远离；注意饭前要洗脸、洗手，下班后淋浴，工作服要定期清洗，工作服用完后应该放入工作箱内，不可带到家中。

（2）企业应该按照国家规定发给从事有毒作业的职工保健食品及保健津贴，以便补充营养，增强体质，更好地抵抗有毒物质的侵害。

（3）从事有毒作业的职工应定期进行体检，以便职业中毒者早期发现，尽早治疗。

（4）在有毒作业场所宜配备中毒急救器材，并普及中毒急救知识。

四、物理因素的危害及预防

（一）高温的危害及预防

1. 高温的危害

高温作业，主要是指工业企业和服务行业工作地点具有生产性热源，其工作地点气温等于或高于本地区夏季室外通风设计计算温度 2℃ 及以上的作业。一般将热源散热量大于 23W/m³ 的车间称为热车间或高温车间。

从事高温作业的职工，由于未能采取有效的防暑降温措施，外界热量不断地作用于人体，而体内热量散发困难，使体内蓄热过多，再加以体内盐分随汗流大量排出，于是引起头晕、头痛、体温升高、恶心、呕吐等症状，严重时出现虚脱、晕倒，甚至危及生命，这就是中暑。

（1）高温中暑按发病机理可分为：

1）热射病：在高温环境下劳动时，体温调节发生障碍，使身体过热所致。

2）日射病：强烈的太阳光辐射直接作用于无防护的头部，穿透颅骨使颅内组织受热，引起脑膜及脑组织充血、水肿所致。

3）热痉挛：由于大量出汗和饮水过多，体内盐分随汗流大量排出，导致电解质平衡紊乱。

（2）中暑的临床表现及处理原则：

1）先兆中暑，在高温环境下劳动一定时间，出现轻度头晕、头痛、大量出汗、口渴、恶心。无力等症状，体温不超过 37.5℃。

2）轻症中暑，除先兆中暑的症状外，还有面色潮红或苍白、皮肤湿冷、呕吐、脉搏细弱而快等症状，体温在 38.5℃ 以上。

3）重症中毒，除具有上述症状外，还可能突然晕倒或痉挛，或皮肤干燥无汗，体温升高，在 40℃ 以上。

对先兆中暑和轻症中暑，首先应将患者扶到通风良好的阴凉处休息，解开衣襟，擦去汗液，并给予适量的浓茶、淡盐水和其他含盐的清凉饮料。也可以适当地服人丹、解暑片等解暑药，或用清凉油涂前额、鼻唇处。对体温升高者，可用冷毛巾敷头、颈或两腋及腹股沟处。对重症患者，应立即送往医院。

2. 防暑降温措施

首先要加强领导，开展防暑降温宣传工作，并采取有效的组织措施、技术措施个体防护和卫生保健措施。

（1）组织措施：加强领导，改善管理，严格遵守国家有关高温作业卫生标准、《高温作业分级》和《防暑降温措施暂行办法》搞好本企业防暑降温工作。

1）根据具体情况，调整作业时间，早晚工作，中午休息，并适当安排工间休息。

2）注意做好防暑降温设备的维护管理，充分发挥设备的作用。

（2）技术措施：

1）合理布置和疏散热源，应尽可能将各种热源布置在车间外，组织及时运走高温的成品。半成品或堆放在车间下风向侧。

2）采用隔离或绝热措施，减少热量辐射。

3）通风降温。利用高温车间热源和夏季主导风向，合理组织自然通风，还可根据温度。

辐射热、气流速度的情况，在局部工作地点使用电风扇、喷雾风扇或空气淋浴等局部送风装置。

（3）个体防护：对从事高温作业和夏季露天作业的人员，应穿着结实、耐热、导热系数小而透气性能好的工作服，并根据工作需要发给工作帽、围裙、护腿等。

（4）卫生保健措施：①搞好高温、露天作业工人就业前和入暑前的健康检查。凡有心、肺、血管器质性疾病，持久性高血压，胃溃疡，活动性肺结核，肝脏疾病，肾脏疾病，贫血，明显的内分泌疾病（如甲状腺功能亢进），中枢神经系统器质性疾病，过敏性皮肤疤痕患者，重病后恢复期及体弱者，均不宜从事高温作业。②合理供应清凉饮料，补充水分、盐分。如通常在饮料中加 0.1％、0.15％的食盐。常用的清凉饮料有盐汽水、酸梅汤、绿豆汤、茶以及一些中草药（如竹叶、金银花、山格甘草、佛甲草、夏枯草）等。

（二）噪声的危害与预防

噪声是指由不同频率和不同强度的音响，无规律地组合在一起所形成的声音。它是人们不需要的声音，或者是指那些听起来使人厌烦的声音。表示噪声强弱的物理量称为噪声级。

噪声级的划分如下：以纯音为标准音，定此时听阈（正常人耳刚能引起声响感觉的声压，称为听阈）的声压为 0 位，而将听阈至痛阈（声压增大至人耳感到疼痛时称为痛阈）的整个听域分为 130 等分，单位为分贝（dB），由此得出的声音数值为声压级。噪声级使用听觉修正回路的 A、B、C 特性测量，测得的噪声级分别为 A 声级、B 声级、C 声级。由于 A 声级与人耳的感音特性相似，故常用 A 声级作为噪声卫生评价指标。

1. 噪声分类

在生产过程中产生的噪声，通常称为生产性噪声，主要有以下三种：

（1）机械性噪声。由于机械撞击、摩擦、转动而产生的。如磨煤机、风钻打眼放炮、轧石筛分、锯木、铆、锻等工作时产生的噪声。

（2）流体动力性噪声。由于气体压力突变或流体流动而产生的，如送引风机、锅炉排气放空等发出的声音。

（3）电磁性噪声。由于电机中交变力相互作用而产生的，如发电机、变压器等发出的嗡嗡声。

电力生产建设中，在磨煤机、送引风机运行，锅炉排气放空，等离子弧焊接，风钻打眼放炮，轧石筛分，锯木，及铆工、锻工工作时可接触到生产性噪声。

2. 噪声对人体的危害

噪声对人体的危害是多方面的。首先，噪声损害人体的听觉器官。人们短时间处于一定的噪声级下，会引起听觉疲劳，产生暂时性的听力减退；如果接触生产性噪声，会出现两耳轰鸣、听觉失灵，进而发生听力丧失或噪声性耳聋。调查表明，长期在 95dB 以上噪声环境中工作，将会引起永久性耳聋。

其次，噪声还能引起多种疾病。长期接触高噪声，往往会引起消化不良、食欲不振、恶心呕吐、心跳加快、血压上升、神经衰弱等症状。

最后，噪声还会影响工作和休息。在噪声环境里，容易使人烦躁与疲劳，注意力分散，影响交谈与思考，降低工作效率。如果噪声在 55dB 以上，对睡眠有严重影响。在生产作业现场，噪声还会影响现场指挥和操作联系，以致发生事故。

3. 预防措施

（1）降低声源的噪声，是控制噪声最有效和最直接的措施。通过研制与选择低噪声设备，改进生产加工工艺，提高机械设备加工精度和装配质量，使发声体变为不发声体，或者降低发声体的辐射功率，是控制噪声的根本途径。

（2）在传播途径上降低噪声，如果由于技术或经济原因，无法降低声源的噪声时，必须在噪声的传播途径上采取适当的措施。利用天然地形，如山冈、土坡或已有的建筑物，能阻止或屏蔽一部分噪声的传播，还可采取绿化的方式降低环境噪声。

依靠上述方法仍不能有效地控制噪声，就需要在噪声传播途径上直接采取声学措施，包括吸声、隔声、隔振、消声等一些常用的噪声控制技术。各种噪声控制技术措施都有其特点和适用范围，采取何种措施应根据具体噪声源情况进行选定。

（3）个体防护。这是控制噪声的最后一环，常用的防噪声用具有耳塞、防声棉、耳罩、头盔等。它们主要是利用隔声原理来阻止噪声传入人耳。

（4）卫生保健措施。对有明显的听觉器官、心血管、神经系统等器质性疾病者，不应参加接触高噪声的作业。

（三）振动的危害与预防

1. 振动的危害

振动是物体经过一定时间间隔，周期地通过同一平衡位置的一种运动。它常与噪声相结合作用于人体。振动可直接作用于人体，也可通过地板及其他物体，间接作用于人体。

振动的频率、加速度和振幅是振动对人体影响最重要的因素，频率在 40～300Hz，振幅在 0.5～5mm 的振动，时间一长即可引起振动病。频率高、振幅大、加速度越大，振动病的发生越快。频率高而振幅小的振动，主要作用于组织的神经末梢；频率低而振幅大的振动则易使前庭器官受到损害。

振动病的主要症状：局部振动主要为手的损害，早期患者多感手指麻木、关节不灵活；晚期主要表现为肢端痉挛，两手发绀、多汗、指甲脆弱。

全身振动主要为足部周围神经与血管的改变，常感足痛、足易疲劳等，患者可能有头晕、头痛、乏力、心悸等症状。

2. 预防措施

预防振动与预防噪声一样，也是从振源、振动传播途径和振动所危害的对象三个环节进行治理。

（1）从振源上控制：首先，选择振动小的机器设备；其次，加强维护，使设备处于最佳状态，特别是避免产生共振。

（2）从传播途径上控制，通过隔振器、减振器、减振沟以及距离的自然衰减等措施，降低振动的影响。

（3）加强个人防护，从事振动作业的职工，操作时应戴防振手套，或在振动工具上加防振垫。冬季在有振动作业的场所，温度保持在 16℃ 以上。

（四）电离辐射危害与预防

1. 概念及分类

辐射是电辐射源发射出的电磁波和微粒子流的总称。它包括电离辐射和非电离辐射两种。电离辐射是量子能量在 12eV 以上的粒子，所引起物质产生电离的过程。

电离辐射的种类有四种：

α射线：是带正电荷的粒子流，其电离作用很强，穿透能力差，在空气中的射程只有3～8cm，一张纸或健康皮肤便可将其挡住。

β射线：带负电的高速电子源，电离能力较α射线小得多，穿透能力较强，在空气中的射程有几米至十几米。

γ射线：是波长较短，不带电的电离辐射（统称为光子），以光速向四周扩散，穿透能力极强，能穿透金属，但电离能力很弱。

X射线：是由原子核外的电子壳层中发射出来的，性质与γ射线大致相同。

2. 电离辐射对人体的危害

电力生产、电力建设中γ射线、X射线用于金属探伤，作业时由于不了解放射线特性，反复受超过允许剂量的体外照射，当累积量（一次连续照射或多次反复照射所受到的总剂量）达到一定量时，可能引起慢性放射病；如在短时间内，接受大剂量电离辐射，可能引起急性放射病。

当氩弧焊和等离子弧焊使用钍钨棒作焊极时，在施焊、钍钨棒磨尖和储存中，也接触一定量的放射性。钍在衰变过程中放射出的α射线占90%、β射线占9%、γ射线占1%。据测定，工作地点γ射线外照射强度在允许水平以下，对健康不足以造成损害。

电离辐射对人体的危害主要是慢、急性放射病，包括躯体效应和遗传效应。

慢性放射病的临床表现为头痛、乏力、易激动、睡眠不良、食欲降低、心悸、多汗等，进而出现顽固性头晕、头痛、记忆力减退，常伴有恶心、腹胀、鼻和牙龈出血、低烧、毛发脱落、贫血等症状，最后导致极度疲乏、血压降低、胃肠功能紊乱、肝大，甚至发展为急性白血病。在血象方面，早期白细胞波动不定，以后逐渐下降，白细胞分类主要是中性粒细胞减少，淋巴细胞、单核细胞和嗜酸性细胞相对增加，较晚则有血小板、红细胞、血红蛋白的降低，以及白细胞形态的改变。

急性放射病的临床表现为神经系统过度兴奋、剧烈的头痛、头晕，甚至丧失知觉；同时伴有恶心、烦躁、食欲降低、腹泻、血便、脱水等症状。病情轻重与接受剂量有关：剂量当量在20～100rem时，被照射者会短暂出现轻微淋巴细胞和中性粒细胞减少；在100～200rem时，会出现疲乏、呕吐、淋巴细胞和中性粒细胞减少，而且恢复很慢，可能出现远期效应；剂量当量更高时，会出现恶心、呕吐、周身不适，甚至死亡。病情发展一般要经过初期（1～3天）、假愈期（3～10天）、极期（30～35天）和恢复期（3～4个月）四个阶段。

电离辐射的远期效应潜伏期很长。远期效应主要有白血病、再生障碍性贫血、恶性肿瘤、白内障以及对早期胎儿的影响等。遗传效应是指电离辐射对生殖细胞的损伤并在后代身上显示出来的效应。

3. 预防措施

对放射性污染源的防护应严格执行1979年卫生部、公安部、科委联合公布的《防水性剂量当量和限制剂量当量》。

（1）外防护。对射线、射线探伤现场应采取如下防护措施：

时间防护：在不影响工作的前提下，尽可能减少对人体的受照时间，培训工作人员熟悉和掌握操作技巧，达到操作敏捷准确，以减少照射时间，也可采用多人轮换操作的方法。

距离保护：在保证效果的前提下，操作人员应尽量远离放射源。如：利用镊子、钳子、机械手等操作，增加人体和放射源间的距离。

屏蔽防护：是外防护应用最多的方法。即在人与放射源之间放置屏蔽材料，以减少射线强度。如防 β 射线用铝、有机玻璃、塑料等低原子序数物质；防 γ、X 射线用铅、铁等密度较大的金属材料及混凝土、砖等；防中子可用密度轻的材料如石蜡、硼酸和水等。

（2）内防护。主要指使用放射性同位素而言。如使用放射性同位素时，禁止用口吸取溶液；严禁在工作场所饮食、吸烟；室内应用湿拖布擦拭，防止灰尘飞扬；放射性同位素储存室应安装排气管；所有操作要在隔离屏蔽通风小室内进行。工作服和手套要经常清洗。如使用 Co60 探伤或打钨极氩弧焊时，要注意内照射。

（3）防止射线通过皮肤进入人体。操作人员操作时要非常小心，不要让沾有放射性物质的器物割破皮肤。手部有伤口，必须停止工作；不要用有机溶剂洗手。

（4）个体防护。从事放射性工作的人员要配备个人防护用具，如工作服、帽子、橡皮手套、鞋子以及口罩、面具等。

（5）卫生保健。对从事放射线的工作人员，应进行就业前健康检查，凡血红蛋白低于11％（男）或 10％（女），红细胞数低于 4000/mm³，血小板持续低于 10 万/mm³ 者，均不能从事放射性工作。

对在职放射性人员，如受照范围接近年最大允许剂量当量水平者，每年体检一次；低于30％者，每 2～3 年体检一次。如有条件，在职放射性人员，应佩戴剂量仪，工作场所剂量测量结果及个人每日所受剂量应记录备查。

（五）非电离辐射的危害与防护

非电离辐射是指量子能量在 12eV 以下的粒子，这些粒子不引起物质产生电离。它包括紫外线、红外线、可见光、射频辐射（微波、高频电磁场）等。电力生产、建设中受影响的主要是紫外线（电焊工）和射频辐射。紫外线对人体的影响主要是造成皮肤和眼睛的损害；射频辐射主要是引起中枢神经和植物神经系统机能障碍，临床表现主要为神经衰弱综合征。因此，也应采取相应的防护措施。

第二节　紧　急　救　护

一、一般原则

（1）紧急救护的基本原则是在现场采取积极措施保护伤员生命，减轻伤情，减少痛苦，并根据伤情需要，迅速联系医疗部门救治。

急救的成功条件是动作快，操作正确。任何拖延和操作错误都会导致伤员伤情加重或死亡。

（2）要认真观察伤员全身情况，防止伤情恶化。发现呼吸、心跳停止时，应立即在现场就地抢救，用心肺复苏法支持呼吸和循环，对脑、心重要脏器供氧。应当记住只有在心脏停止跳动后分秒必争地迅速抢救，救活的可能才较大。

（3）现场工作人员都应定期进行培训，学会紧急救护法。会正确解脱电源、会心肺复苏法、会止血、会包扎、会转移搬运伤员、会处理急救外伤或中毒等。

（4）生产现场和经常有人工作的场所应配备急救箱，存放急救用品，并应指定专人经常检查、补充或更换。

二、触电急救

在电力生产过程中，人身触电事故时有发生。但触电并不等于死亡。实践证明，只要救护者当机立断，用最快速、正确的方法对触电者施救，多数触电者可以"起死回生"。触电急救的关键是迅速脱离电源及正确的现场急救。

（一）触电急救必须分秒必争

一经明确触电者心跳、脉搏停止的，立即就地迅速用心肺复苏法进行抢救，并坚持不断地进行，同时及早与医疗急救中心（医疗部门）联系，争取医务人员接替救治。在医务人员未接替救治前，不应放弃现场抢救，更不能只根据没有呼吸或脉搏擅自判定伤员死亡，放弃抢救。只有医生有权做出伤员死亡的诊断。与医务人员接替时，应提醒医务人员在触电者转移到医院的过程中不得间断抢救。

（二）迅速脱离电源

（1）触电急救。首先要使触电者迅速脱离电源，越快越好。因为电流作用的时间越长，伤害越重。

（2）脱离电源。就是要把触电者接触的那一部分带电设备的所有断路器（开关）、隔离开关（刀闸）或其他断路设备断开；或设法将触电者与带电设备脱离开。在脱离电源过程中，救护人员也要注意保护自身的安全。

（3）低压触电可采用下列方法使触电者脱离电源。

1）如果触电地点附近有电源开关或电源插座，可立即拉开开关或拔出插头，断开电源。但应注意到拉线开关或墙壁开关等只控制一根线的开关，有可能因安装问题只能切断中性线而没有断开电源的相线。

2）如果触电地点附近没有电源开关或电源插座（头），可用有绝缘柄的电工钳或有干燥木柄的斧头切断电线，断开电源。

3）当电线搭落在触电者身上或压在身下时，可用干燥的衣服、手套、绳索、皮带、木板、木棒等绝缘物作为工具，拉开触电者或挑开电线，使触电者脱离电源。

4）如果触电者的衣服是干燥的，又没有紧缠在身上，可以用一只手抓住他的衣服，拉离电源。但因触电者的身体是带电的，其鞋的绝缘也可能遭到破坏，救护人不得接触触电者的皮肤，也不能抓他的鞋。

5）若触电发生在低压带电的架空线路上或配电台架、进户线上，对可立即切断电源的，则应迅速断开电源，救护者迅速登杆或登至可靠地方，并做好自身防触电、防坠落安全措施，用带有绝缘胶柄的钢丝钳、绝缘物体或干燥不导电物体等工具将触电者脱离电源。

（4）高压触电可采用下列方法之一使触电者脱离电源。

1）立即通知有关供电单位或用户停电。

2）戴上绝缘手套，穿上绝缘靴，用相应电压等级的绝缘工具按顺序拉开电源开关或熔断器。

3）抛掷裸金属线使线路短路接地，迫使保护装置动作，断开电源。注意抛掷金属线之前，应先将金属线的一端固定可靠接地，然后另一端系上重物抛掷，注意抛掷的一端不可触及触电者和其他人。另外，抛掷者抛出线后，要迅速离开接地的金属线8m以外或双腿并拢站立，防止跨步电压伤人。在抛掷短路线时，应注意防止电弧伤人或断线危及人员安全。

（5）脱离电源后救护者应注意的事项。

1）救护人不可直接用手、其他金属及潮湿的物体作为救护工具，而应使用适当的绝缘工具。救护人最好用一只手操作，以防自己触电。

2）防止触电者脱离电源后可能的摔伤，特别是当触电者在高处的情况下，应考虑防止坠落的措施。即使触电者在平地，也要注意触电者倒下的方向，注意防摔。救护者也应注意救护中自身的防坠落、摔伤措施。

3）救护者在救护过程中特别是在杆上或高处抢救伤者时，要注意自身和被救者与附近带电体之间的安全距离，防止再次触及带电设备。电气设备、线路即使电源已断开，对未做安全措施挂上接地线的设备也应视作有电设备。救护人员登高时应随身携带必要的绝缘工具和牢固的绳索等。

4）如事故发生在夜间，应设置临时照明灯，以便于抢救，避免意外事故，但不能因此延误切除电源和进行急救的时间。

（6）现场就地急救。触电者脱离电源以后，现场救护人员应迅速对触电者的伤情进行判断，对症抢救。同时设法联系医疗急救中心（医疗部门）的医生到现场接替救治。要根据触电伤员的不同情况，采用不同的急救方法。

1）触电者神志清醒、有意识，心脏跳动，但呼吸急促、面色苍白，或曾一度昏迷，但未失去知觉。此时不能用心肺复苏法抢救，应将触电者抬到空气新鲜，通风良好地方躺下，安静休息1～2h，让他慢慢恢复正常。天凉时要注意保温，并随时观察呼吸、脉搏变化。

2）触电者神志不清，判断意识无，有心跳，但呼吸停止或极微弱时，应立即用仰头抬颏法，使气道开放，并进行口对口人工呼吸。此时切记不能对触电者施行心脏按压。如此时不及时用人工呼吸法抢救，触电者将会因缺氧过久而引起心跳停止。

3）触电者神志丧失，判定意识无，心跳停止，但有极微弱的呼吸时，应立即施行心肺复苏法抢救。不能认为尚有微弱呼吸，只需做胸外按压，因为这种微弱呼吸已起不到人体需要的氧交换作用，如不及时人工呼吸即会发生死亡，若能立即施行口对口人工呼吸法和胸外按压，就能抢救成功。

4）触电者心跳、呼吸停止时，应立即进行心肺复苏法抢救，不得延误或中断。

5）触电者和雷击伤者心跳、呼吸停止，并伴有其他外伤时，应先迅速进行心肺复苏急救，然后再处理外伤。

6）发现杆塔上或高处有人触电，要争取时间及早在杆塔上或高处开始抢救。触电者脱离电源后，应迅速将伤员扶卧在救护人的安全带上（或在适当地方躺平），然后根据伤者的意识、呼吸及颈动脉搏动情况来进行前1）～5）项不同方式的急救。应提醒的是高处抢救触电者，迅速判断其意识和呼吸是否存在是十分重要的。若呼吸已停止，开放气道后立即口对口（鼻）吹气2次，再测试颈动脉，如有搏动，则每5s继续吹气1次；若颈动脉无搏动，可用空心拳头叩击心前区2次，促使心脏复跳。若需将伤员送至地面抢救，应再口对口（鼻）吹气4次，然后立即用绳索参照图8-1所示的下放方法，迅速放至地面，并继续按心肺复苏法坚持抢救。

（7）触电者衣服被电弧光引燃时，应迅速扑灭其身上的火源，着火者切忌跑动，方法可利用衣服、被子、湿毛巾等扑火，必要时可就地躺下翻滚，使火扑灭。

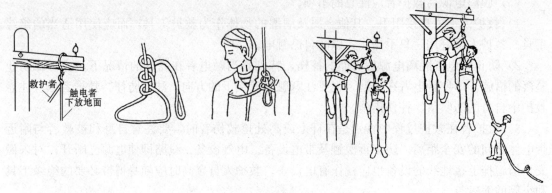

图 8-1　杆塔上或高处触电者放下方法

（三）伤员脱离电源后的处理

1. 判断意识和通畅呼吸道

（1）判断伤员有无意识的方法。

图 8-2　判断伤员有无意识

1）轻轻拍打伤员肩部，高声喊叫，"喂！你怎么啦？"，如图 8-2 所示。

2）如认识，可直呼喊其姓名。有意识，立即送医院。

3）无反应时，立即用手指甲掐压人中穴、合谷穴约 5s。

注意：以上 3 步动作应在 10s 以内完成，不可太长，伤员如出现眼球活动、四肢活动及疼痛感后，应即停止掐压穴位，拍打肩部不可用力太重，以防加重可能存在的骨折等损伤。

（2）呼救。一旦初步确定伤员神志不清，应立即招呼周围的人前来协助抢救，也应该大叫"来人啊！救命啊！"，如图 8-3 所示。

注意：一定要呼叫其他人来帮忙，因为一个人作心肺复苏术不可能坚持较长时间，而且劳累后动作易走样。叫来的人除协助作心肺复苏外，还应立即打电话给救护站或呼叫受过救护训练的人前来帮忙。

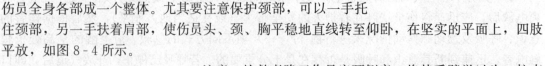

图 8-3　呼救

（3）将伤员旋转适当体位。正确的抢救体位是：仰卧位。患者头、颈、躯干平卧无扭曲，双手放于两侧躯干旁。

如伤员摔倒时面部向下，应在呼救同时小心将其转动，使伤员全身各部成一个整体。尤其要注意保护颈部，可以一手托住颈部，另一手扶着肩部，使伤员头、颈、胸平稳地直线转至仰卧，在坚实的平面上，四肢平放，如图 8-4 所示。

图 8-4　放置伤员

注意：抢救者跪于伤员肩颈侧旁，将其手臂举过头，拉直双腿，注意保护颈部。解开伤员上衣，暴露胸部（或仅留内衣），冷天要注意使其保暖。

2. 通畅气道

当发现触电者呼吸微弱或停止时，应立即通畅触电者的气道以促进触电者呼吸或便于抢救。通畅气道主要采用仰头举颏

（颌）法。即一手置于前额使头部后仰，另一手的食指与中指置于下颌骨近下颏或下颌角处，抬起下颏（颌），如图 8-5 和图 8-6 所示。

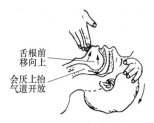
舌根前
移向上
会厌上抬
气道开放

图 8-5　抑头举颏法

图 8-6　抬起下颏法

　　注意：严禁用枕头等物垫在伤员头下；手指不要压迫伤员颈前部、颏下软组织，以防压迫气道，颈部上抬时不要过度伸展，有假牙托者应取出。儿童颈部易弯曲，过度抬颈反而使气道闭塞，因此不要抬颈牵拉过甚。成人头部后仰程度应为 90°，儿童头部后仰程度应为 60°，婴儿头部后仰程度应为 30°，颈椎有损伤的伤员应采用双下颌上提法。

　　3. 判断呼吸

　　在通畅呼吸道之后，由于气道通畅可以明确判断呼吸是否存在。维持开放气道位置，用耳贴近伤员口鼻，头部侧向伤员胸部，眼睛观察其胸有无起伏；面部感觉伤员呼吸道有无气体排出；或耳听呼吸道有无气流通过的声音，如图 8-7 所示。

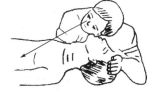

图 8-7　看、听、试伤员呼吸

　　注意：①保持气道开放位置。②观察 5s 左右时间。③有呼吸者，注意保持气道通畅。④无呼吸者，立即进行口对口人工呼吸。⑤通畅呼吸道。部分伤员因口腔、鼻腔内异物（分泌物、血液、污泥等）导致气道阻塞时，应将触电者身体侧向一侧，迅速将异物用手指抠出。⑥不通畅而产生窒息，以致心跳减慢。可因呼吸道畅通后，随着气流冲出，呼吸恢复，而致心跳亦恢复。

　　4. 判断伤员有无脉搏

　　在检查伤员的意识、呼吸、气道之后，应对伤员的脉搏进行检查，以判断伤员的心脏跳动情况。具体方法如下：

　　（1）在开放气道的位置下进行（首次人工呼吸后）。

　　（2）一手置于伤员前额，使头部保持后仰；另一手在靠近抢救者一侧触摸颈动脉。

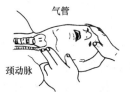
气管

颈动脉

图 8-8　触摸颈动脉搏

　　（3）可用食指及中指指尖先触及气管正中部位，男性可先触及喉结，然后向两侧滑移 2～3cm，在气管旁软组织处轻轻触摸颈动脉搏动，如图 8-8 所示。

　　注意：①触摸颈动脉不能用力过大，以免推移颈动脉，妨碍触及。②不要同时触摸两侧颈动脉，造成头部供血中断。③不要压迫气管，造成呼吸道阻塞。④检查时间不要超过 10s。⑤未触及搏动：心跳已停止，或触摸位置有错误；触及搏动：有脉搏、心跳，或触摸感觉错误（可能将自己手指的搏动感觉为伤员脉搏）。⑥判断应综合审定：如无意识，无呼吸，瞳孔散大，面色紫绀或苍白，再加上触不到脉搏，可以判定心跳已经停止。⑦婴、幼儿因颈部肥胖，颈动脉不易触及，可检查肱动脉，肱动脉位于上臂内侧腋窝和肘关节之间的中点，用食指和中指轻压在内侧，即可感觉到脉搏。

不同状态下电击伤患者的急救措施见表 8-1。

表 8-1　　　　　　　　　　不同状态下电击伤患者的急救措施

神志	心跳	呼吸	对症救治措施
清醒	存在	存在	静卧、保暖、严密观察
昏迷	停止	存在	胸外心脏按压术
昏迷	存在	停止	口对口（鼻）人工呼吸
昏迷	停止	停止	同时作胸外心脏按压和口对口（鼻）人工呼吸

（四）口对口（鼻）呼吸

当判断伤员确实不存在呼吸时，应即进行口对口（鼻）的人工呼吸，其具体方是：

（1）在保持呼吸通畅的位置下进行。用按于前额一手的拇指与食指，捏住伤员鼻孔（或鼻翼）下端，以防气体从口腔内经鼻孔逸出，施救者深吸一口气屏住并用自己的嘴唇包住（套住）伤员微张的嘴。

（2）用力快而深地向伤员口中吹（呵）气，同时仔细地观察伤员胸部有无起伏，如无起伏，说明气未吹进，如图 8-9 所示。

（3）一次吹气完毕后，应即与伤员口部脱离，轻轻抬起头部，面向伤员胸部，吸入新鲜空气，以便作下一次人工呼吸。同时使伤员的口张开，捏鼻的手也可放松，以便伤员从鼻孔通气，观察伤员胸部向下恢复时，则有气流从伤员口腔排出，如图 8-10 所示。

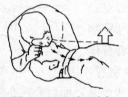

图 8-9　口对口吹气

图 8-10　口对口吸气

抢救一开始，应即向伤员先吹气两口，吹气有起伏者，人工呼吸有效；吹气无起伏者，则表示气道通畅不够，或鼻孔处漏气、或吹气不足、或气道有梗阻。

图 8-11　吹时不要压胸部

注意：①每次吹气量不要过大，大于 1200mL 会造成胃扩张。②吹气时不要按压胸部，如图 8-11 所示。③儿童伤员需视年龄不同而异，其吹气量约为 800mL 左右，以胸廓能上抬时为宜。④抢救一开始的首次吹气两次，每次时间为 1~1.5s。⑤有脉搏无呼吸的伤员，则每 5s 吹一口气，每分钟吹气 12 次。⑥口对鼻的人工呼吸，适用于有严重的下颌及嘴唇外伤，牙关紧闭、下颌骨骨折等情况的伤员，难以采用口对口吹气法。⑦婴、幼儿急救操作时要注意，因婴、幼儿韧带、肌肉松弛，故头不可过度后仰，以免气管受压，影响气道通畅，可用一手托颈，以保持气道平直；另外婴、幼儿口鼻开口均较小，位置又很靠近，抢救者可用口贴住婴幼儿口与鼻的开口处，施行口对口鼻呼吸。

（五）人工循环（体外按压）

人工建立的循环方法有两种：第一种是体外心脏按压（胸外按压），第二种是开胸直接压迫心脏（胸内按压）。在现场急救中，采用的是第一种方法，应牢记掌握。

（1）按压部位：胸骨中 1/3 与下 1/3 交界处，如图 8－12 所示。

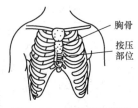

图 8－12　胸外按压位置

（2）伤员体位：伤员应仰卧于硬板床或地上。如为弹簧床，则应在伤员背部垫一硬板。硬板长度及宽度应足够大，以保证按压胸骨时，伤员身体不会移动。但不可因找寻垫板而延误开始按压的时间。

（3）快速测定按压部位的方法：快速测定按压部位可分 5 个步骤，如图 8－13 所示。

1）首先触及伤员上腹部，以食指及中指沿伤员肋弓处向中间移滑，如图 8－13（a）所示。

2）在两侧肋弓交点处寻找胸骨下切迹。以切迹作为定位标志，不要以剑突下定位如图 8－13（b）所示。

3）然后将食指及中指两横指放在胸骨下切迹上方，食指上方的胸骨正中部即为按压区，如图 8－13（c）所示。

4）以另一手的掌根部紧贴食指上方，放在按压区，如图 8－13（d）所示。

5）再将定位之手取下，重叠将掌根放于另一手背上，两手手指交叉抬起，使手指脱离胸壁，如图 8－13（e）所示。

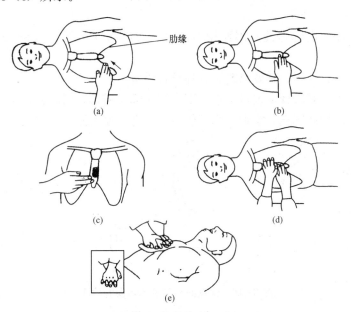

图 8－13　快速测定按压部位分解图
(a) 二指沿肋弓向中移滑；(b) 切迹定位标志；(c) 按压区；
(d) 掌根部放在按压区；(e) 重叠掌根

（4）按压姿势：正确的按压姿势，如图 8－14 所示。抢救者双臂绷直，双肩在伤员胸骨上方正中，靠自身重量垂直向下按压。

（5）按压用力方式：

1）按压应平稳，有节律地进行，不能间断。

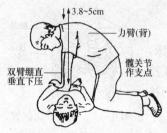

图 8-14　按压正确姿势

2）不能冲击式的猛压。

3）下压及向上放松的时间应相等，如图 8-15 所示。压按至最低点处，应有一明显的停顿。

4）垂直用力向下，不要左右摆动。

5）放松时定位的手掌根部不要离开胸骨定位点，但应尽量放松，务使胸骨不受任何压力。

（6）按压频率：按压频率应保持在 100 次/min。

（7）按压与人工呼吸比例：按压与人工呼吸的比例关系通常是，单人为 15：2，双人复苏为 5：1，婴儿、儿童为 5：1。

（8）按压深度：通常，成人伤员为 3.8～5cm，5～13 岁伤员为 3cm，婴幼儿伤员为 2cm。

（9）胸外心脏按压常见的错误：

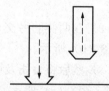

图 8-15　按压用力方式

1）按压除掌根部贴在胸骨外，手指也压在胸壁上，这容易引起骨折（肋骨或肋软骨）。

2）按压定位不正确，向下易使剑突受压折断而致肝破裂。向两侧易致肋骨或肋软骨骨折，导致气胸、血胸。

3）按压用力不垂直，导致按压无效或肋软骨骨折，特别是摇摆式按压更易出现严重并发症，如图 8-16（a）所示。

4）抢救者按压时肘部弯曲，因而用力不够，按压深度达不到 3.8～5cm，如图 8-16（b）所示。

5）按压冲击式，猛压，其效果差，且易导致骨折。

6）放松时抬手离开胸骨定位点，造成下次按压部位错误，引起骨折。

7）放松时未能使胸部充分松弛，胸部仍承受压力，使血液难以回到心脏。

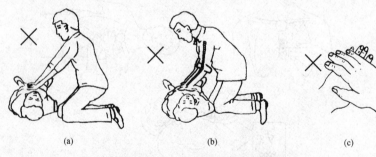

(a)　　　　　　　　　　(b)　　　　　　　　　　(c)

图 8-16　常见的心肺复苏错误的手法

8）按压速度不自主地加快或减慢，影响按压效果。

9）双手掌不是重叠放置，而是交叉放置，如图 8-16（c）所示胸外心脏按压常见错误。

（六）心肺复苏法

1. 操作过程的步骤

（1）首先判断昏倒的人有无意识。

（2）如无反应，立即呼救，叫"来人啊！救命啊！"等。

（3）迅速将伤员放置于仰卧位，并放在地上或硬板上。

（4）开放气道（仰头举颏或颌）。

（5）判断伤员有无呼吸（通过看、听和感觉来进行）。

（6）如无呼吸，立即口对口吹气两口。

（7）保持头后仰，另一手检查颈动脉有无搏动。

（8）如有脉搏，表明心脏尚未停跳，可仅做人工呼吸，每分钟 12～16 次。

（9）如无脉搏，立即在正确定位下在胸外按压位置进行心前区叩击 1～2 次。

（10）叩击后再次判断有无脉搏，如有脉搏即表明心跳已经恢复，可仅做人工呼吸即可。

（11）如无脉搏，立即在正确的位置进行胸外按压。

（12）每作 15 次按压，需作两次人工呼吸，然后再在胸部重新定位，再作胸外按压，如此反复进行，直到协助抢救者或专业医务人员赶来。按压频率为 100 次/min。

（13）开始 1min 后检查一次脉搏、呼吸、瞳孔，以后每 4～5min 检查一次，检查不超过 5s，最好由协助抢救者检查。

（14）如有担架搬运伤员，应该持续作心肺复苏，中断时间不超过 5s。

2. 心肺复苏操作的时间要求

0～5s：判断意识。

5～10s：呼救并放好伤员体位。

10～15s：开放气道，并观察呼吸是否存在。

15～20s：口对口呼吸两次。

20～30s：判断脉搏。

30～50s：进行胸外心脏按压 15 次，并再人工呼吸 2 次，以后连续反复进行。

以上程序尽可能在 50s 以内完成，最长不宜超过 1min。

3. 双人复苏操作要求

（1）两人应协调配合，吹气应在胸外按压的松弛时间内完成。

（2）按压频率为 100 次/min。

（3）按压与呼吸比例为 15∶2，即 15 次心脏按压后，进行 2 次人工呼吸。

（4）为达到配合默契，可由按压者数口诀 1，2，3，4，…，14 吹，当吹气者听到"14"时，做好准备，听到"吹"后，即向伤员嘴里吹气，按压者继而重数口诀 1，2，3，4，…，14 吹，如此周而复始循环进行。

（5）人工呼吸者除需通畅伤员呼吸道、吹气外，还应经常触摸其颈动脉和观察瞳孔等，如图 8-17 所示。

4. 心复苏法注意事项

（1）吹气不能在向下按压心脏的同时进行。数口诀的速度应均衡，避免快慢不一。

（2）操作者应站在触电者侧面便于操作的位置，单人急救时应站立在触电者的肩部位置；双人急救时，吹气人应站在触电者的头部，按压心脏者应站在触电者胸部、与吹气者相对的一侧。

（3）人工呼吸者与心脏按压者可以互换位置，互换操作，但中断时间不超过 5s。

（4）第二抢救者到现场后，应首先检查颈动脉搏动，然后再开始做人工呼吸。如心脏按压有效，则应触及搏动，如不能触及，应观察心脏按压者的技术操作是否正确，必要时

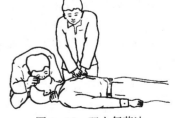

图 8-17　双人复苏法

应增加按压深度及重新定位。

（5）可以由第三抢救者及更多的抢救人员轮换操作，以保持精力充沛、姿势正确。

（七）心肺复苏的有效指标、转移和终止

1. 心肺复苏的有效指标

心肺复苏术操作是否正确，主要靠平时严格训练，掌握正确的方法。而在急救中判断复苏是否有效，可以根据以下五方面综合考虑：

（1）瞳孔。复苏有效时，可见伤员瞳孔由大变小。如瞳孔由小变大、固定、角膜混浊，则说明复苏无效。

（2）面色（口唇）。复苏有效，可见伤员面色由紫绀转为红润，如若变为灰白，则说明复苏无效。

（3）颈动脉搏动。按压有效时，每一次按压可以摸到一次搏动，如若停止按压，搏动亦消失，应继续进行心脏按压；如若停止按压后，脉搏仍然跳动，则说明伤员心跳已恢复。

（4）神志。复苏有效，可见伤员有眼球活动，睫毛反射与对光反射出现，甚至手脚开始抽动，肌张力增加。

（5）出现自主呼吸。伤员自主呼吸出现，并不意味可以停止人工呼吸。如果自主呼吸微弱，仍应坚持口对口呼吸。

2. 转移和终止

（1）转移。在现场抢救时，应力争抢救时间，切勿为了方便或让伤员舒服去移动伤员，从而延误现场抢救的时间。

现场心肺复苏应坚持不断地进行，抢救者不应频繁更换，即使送往医院途中也应继续进行。鼻导管给氧绝不能代替心肺复苏术。如需将伤员由现场移往室内，中断操作时间不得超过 7s；通道狭窄、上下楼层、送上救护车等的操作中断不得超过 30s。

将心跳、呼吸恢复的伤员用救护车送医院时，应在伤员背部放一块面积大小合适的硬板，以备随时进行心肺复苏。将伤员送到医院而专业人员尚未接手前，仍应继续进行心肺复苏。

（2）终止。何时终止心肺复苏是一个涉及医疗、社会、道德等方面的问题。不论在什么情况下，终止心肺复苏，决定于医生，或医生组成的抢救组的首席医生，否则不得放弃抢救。高压或超高压电击的伤员心跳、呼吸停止，更不应随意放弃抢救。

3. 电击伤伤员的心脏监护

被电击伤并经过心肺复苏抢救成功的电击伤员，都应让其充分休息，并在医务人员指导下进行不少于 48h 的心脏监护。因为伤员在被电击过程中，由于电压、电流、频率的直接影响和组织损伤而产生的高钾血症，以及由于缺氧等因素，引起的心肌损害和心律失常，经过心肺复苏抢救，在心跳恢复后，有的伤员还可能会出现"继发性心脏跳停止"，故应进行心脏监护，以对心律失常和高钾血症的伤员及时予以治疗。

对前面详细介绍的各项操作，现场心肺复苏法应进行的抢救步骤可归纳如图 8 - 18 所示。

（八）抢救过程注意事项

1. 抢救过程中的再判定

（1）按压吹气 1min 后（相当于单人抢救时做了 4 个 15：2 压吹循环），应用看、听、试方法在5～7s时间内完成对伤员呼吸和心跳是否恢复的再判定。

（2）若判定颈动脉已有搏动但无呼吸，则暂停胸外按压，而再进行2次口对口人工呼吸，接着每5s吹气一次（即每分钟12次）。如脉搏和呼吸均未恢复，则继续坚持心肺复苏法抢救。

（3）抢救过程中，要每隔数分钟再判定一次，每次判定时间均不得超过5～7s。在医务人员未接替抢救前，现场抢救人员不得放弃现场抢救。

2. 现场触电抢救，对采用肾上腺素等药物应持慎重态度

如没有必要的诊断设备条件和足够的把握，不得乱用。在医院内抢救触电者时，由医务人员经医疗仪器设备诊断，根据诊断结果决定是否采用。

三、创伤急救

（一）创伤急救的基本要求

（1）创伤急救原则上是先抢救，后固定，再搬运，并注意采取措施，防止伤情加重或污染。需要送医院救治的，应立即

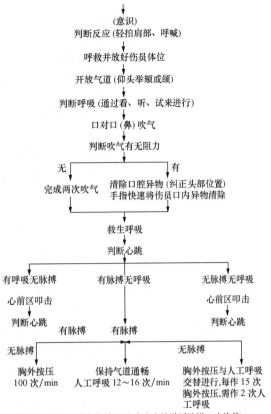

图8-18　现场心肺复苏的抢救程序

做好保护伤员措施后送医院救治。急救成功的条件是：动作快，操作正确，任何延迟和误操作均可加重伤情，并可导致死亡。

（2）抢救前先使伤员安静躺平，判断全身情况和受伤程度，如有无出血、骨折和休克等。

（3）外部出血立即采取止血措施，防止失血过多而休克。外观无伤，但呈休克状态，神志不清，或昏迷者，要考虑胸腹部内脏或脑部受伤的可能性。

（4）为防止伤口感染，应用清洁布片覆盖。救护人员不得用手直接接触伤口，更不得在伤口内填塞任何东西或随便用药。

（5）搬运时应使伤员平躺在担架上，腰部束在担架上，防止跌下。平地搬运时伤员头部在后，上楼、下楼、下坡时头部在上，搬运中应严密观察伤员，防止伤情突变。伤员搬运时的方法如图8-19所示。

（二）止血

（1）伤口渗血：用较伤口稍大的消毒纱布数层覆盖伤口，然后进行包扎。若包扎后仍有较多渗血，可再加绷带适当加压止血。

（2）伤口出血呈喷射状或鲜红血液涌出时，立即用清洁手指压迫出血点上方（近心端），使血流中断，并将出血肢体抬高或举高，以减少出血量。

（3）用止血带或弹性较好的布带等止血时，如图8-20所示，应先用柔软布片或伤员的

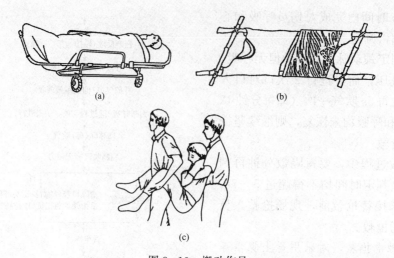

图 8-19　搬动伤员

(a) 正常担架；(b) 临时担架及木板；(c) 错误搬运

衣袖等数层垫在止血带下面，再扎紧止血带以刚使肢端动脉搏动消失为度。上肢每 60min，下肢每 80min 放松一次，每次放松 1～2min。开始扎紧与每次放松的时间均应书面标明在止血带旁。扎紧时间不宜超过 4h。不要在上臂中 1/3 处和窝下使用止血带，以免损伤神经。若放松时观察已无大出血可暂停使用。

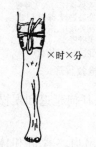

×时×分

图 8-20　止血带

(4) 严禁用电线、铁丝、细绳等作止血带使用。

(5) 高处坠落、撞击、挤压可能有胸腹内脏破裂出血。受伤者外观无出血但常表现面色苍白，脉搏细弱，气促，冷汗淋漓，四肢厥冷，烦躁不安，甚至神志不清等休克状态，应迅速躺平，抬高下肢，如图 8-21 所示，保持温暖，速送医院救治。若送院途中时间较长，可给伤员饮用少量糖盐水。

(三) 骨折急救

(1) 肢体骨折可用夹板或木棍、竹竿等将断骨上、下方两个关节固定，如图 8-22 所示，也可利用伤员身体进行固定，避免骨折部位移动，以减少疼痛，防止伤势恶化。

开放性骨折，伴有大出血者，应先止血，再固定，并用干净布片覆盖伤口，然后速送医院救治。切勿将外露的断骨推回伤口内。

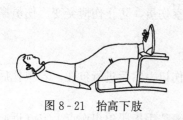

图 8-21　抬高下肢

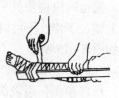

(a)　　　　　　(b)

图 8-22　骨折固定方法

(a) 上肢骨折固定；(b) 下肢骨折固定

(2) 疑有颈椎损伤，在使伤员平卧后，用沙土袋（或其他代替物）放置头部两侧（见图

8-23）使颈部固定不动。应进行口对口呼吸时，只能采用抬颏使气道通畅，不能再将头部后仰移动或转动头部，以免引起截瘫或死亡。

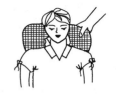

图 8-23　颈椎骨折固定

（3）腰椎骨折应将伤员平卧在平硬木板上，并将腰椎躯干及二侧下肢一同进行固定预防瘫痪（见图 8-24）。搬动时应数人合作，保持平稳，不能扭曲。

（4）骨折固定和注意事项：

1）骨折固定应先检查意识、呼吸、脉搏及处理严重出血；

2）骨折固定的夹板长度应能将骨折处的上下关节一同加以固定；

3）骨断端暴露时，不要拉动。

图 8-24　腰椎骨折固定

（四）颅脑外伤

（1）应使伤员采取平卧位，保持气道通畅，若有呕吐，应扶好头部和身体，使头部和身体同时侧转，防止呕吐物造成窒息。

（2）耳鼻有液体流出时，不要用棉花堵塞，只可轻轻拭去，以利降低颅内压力。也不可用力擤鼻，排除鼻内液体，或将液体再吸入鼻内。

（3）颅脑外伤时，病情可能复杂多变，禁止给予饮食，速送医院诊治。

（五）烧伤急救

（1）电灼伤、火焰烧伤或高温气、水烫伤均应保持伤口清洁。伤员的衣服鞋袜用剪刀剪开后除去。伤口全部用清洁布片覆盖，防止污染。四肢烧伤时，先用清洁冷水冲洗，然后用清洁布片或消毒纱布覆盖送医院。

（2）强酸或碱灼伤应迅速脱去被溅染衣物，现场立即用大量清水彻底冲洗，要彻底，然后用适当的药物给予中和；冲洗时间不少于20min；被强酸烧伤应用5％碳酸氢钠（小苏打）溶液中和；被强碱烧伤应用0.5％～5％醋酸溶液或5％氯化铵或10％枸橼酸液中和。

（3）未经医务人员同意，灼伤部位不宜敷搽任何东西和药物。

（4）送医院途中，可给伤员多次少量口服糖盐水。

（六）冻伤急救

（1）冻伤使肌肉僵直，严重者深及骨骼，在救护搬运过程中动作要轻柔，不要强使其肢体弯曲活动，以免加重损伤，应使用担架，将伤员平卧并抬至温暖室内救治。

（2）将伤员身上潮湿的衣服剪去后用干燥柔软的衣服覆盖，不得烤火或搓雪。

（3）全身冻伤者呼吸和心跳有时十分微弱，不应误认为死亡，应努力抢救。

（七）动物咬伤急救

（1）毒蛇咬伤后，不要惊慌、奔跑、饮酒，以免加速蛇毒在人体内扩散。

1）咬伤大多在四肢，应迅速从伤口上端向下方反复挤出毒液，然后在伤口上方（近心端）用布带扎紧，将伤肢固定，避免活动，以减少毒液的吸收。

2）有蛇药时可先服用，再送往医院救治。

（2）犬咬伤：

1）犬咬伤后应立即用浓肥皂水冲洗伤口，同时用挤压法自上而下将残留伤口内唾液挤出，然后再用碘酒涂搽伤口。

2）少量出血时，不要急于止血，也不要包扎或缝合伤口。

3）尽量设法查明该犬是否为"疯狗"，对医院制订治疗计划有较大帮助。

（八）溺水急救

（1）发现有人溺水应设法迅速将其从水中救出，呼吸心跳停止者用心肺复苏法坚持抢救。曾受水中抢救训练者在水中即可抢救。

（2）口对口人工呼吸因异物阻塞发生困难，而又无法用手指除去时，可用两手相叠，置于脐部稍上正中线上（远离剑突）迅速向上猛压数次，使异物退出，但也不用力太大。

（3）溺水死亡的主要原因是窒息缺氧。由于淡水在人体内能很快经循环吸收，而气管能容纳的水量很少，因此在抢救溺水者时不应"倒水"而延误抢救时间，更不应仅"倒水"而不用心肺复苏法进行抢救。

（九）高温中暑急救

（1）烈日直射头部，环境温度过高，饮水过少或出汗过多等可以引起中暑现象，其症状一般为恶心、呕吐、胸闷、眩晕、嗜睡、虚脱，严重时抽搐、惊厥甚至昏迷。

（2）应立即将病员从高温或日晒环境转移到阴凉通风处休息。用冷水擦浴，湿毛巾覆盖身体，电扇吹风，或在头部置冰袋等方法降温，并及时给员口服盐水。严重者送医院治疗。

（十）有害气体中毒急救

（1）气体中毒开始时有流泪、眼痛、呛咳、咽部干燥等症状，应引起警惕。稍重时会头痛、气促、胸闷、眩晕。严重时会引起惊厥昏迷。

（2）怀疑可能存在有害气体时，应即将人员撤离现场，转移到通风良好处休息。抢救人员进入险区应戴防毒面具。

（3）已昏迷病员应保持气道通畅，有条件时给予氧气吸入。呼吸心跳停止者，按心肺复苏法抢救，并联系医院救治。

（4）迅速查明有害气体的名称，供医院及早对症治疗。

复 习 思 考 题

1. 职业病的概念及特征。
2. 生产性粉尘的种类。
3. 生产性毒物与职业中毒的概念及进入人体的途径。
4. 高温中暑的种类、临床表现及处理原则。
5. 噪声的危害与预防。
6. 电离辐射危害与预防。
7. 人体触电的急救方法。
8. 创伤急救的种类和方法。

问 答 题

1. 简述电力生产接触的职业性有害因素（按其种类）。
2. 简述尘肺病的致因及电力企业主要的几种尘肺病。

3. 防尘的技术措施和个人防护措施有哪些？

4. 简述防毒的技术措施和个人防护措施。

5. 简述防暑降温的技术措施和个人防护。

6. 简述振动的危害与预防。

7. 紧急救护法的一般原则有哪些？

8. 人身触电抢救应遵循哪些安全措施？

9. 心肺复苏法的基本措施是什么？

参 考 文 献

[1] 蓝小萌. 电业安全. 北京：中国电力出版社，2002.

[2] 国家电力公司发输电运营部.《防止电力生产重大事故的二十五项重点要求》辅导教材. 北京：中国电力出版社，2001.

[3] 电力安全技术与管理手册编委会. 电力安全技术与管理手册. 北京：中国电力出版社，2001.

[4] 神头第二发电厂. 电业安全工作问答. 北京：中国电力出版社，2005.